高等院校统计学精品教材

应用时间序列分析

——基于Python

主　编／王春宁

副主编／赵　煜

中国统计出版社
China Statistics Press

图书在版编目（CIP）数据

应用时间序列分析：基于 Python / 王春宁主编；
赵煜副主编 . —— 北京：中国统计出版社，2022.9
高等院校统计学精品教材
ISBN 978—7—5037—9963—1

Ⅰ . ①应… Ⅱ . ①王… ②赵… Ⅲ . ①软件工具—程
序设计—应用—时间序列分析—高等学校—教材 Ⅳ .
①O211.61—39

中国版本图书馆 CIP 数据核字（2022）第 167348 号

应用时间序列分析——基于 Python

作　　者/王春宁
责任编辑/姜　洋
封面设计/李雪燕
出版发行/中国统计出版社有限公司
通信地址/北京市丰台区西三环南路甲 6 号　邮政编码/100073
发行电话/邮购(010)63376909　书店(010)68783171
网　　址/http://www.zgtjcbs.com/
印　　刷/河北鑫兆源印刷有限公司
经　　销/新华书店
开　　本/787mm×1092mm 1/16
字　　数/390 千字
印　　张/17.25
版　　别/2022 年 9 月第 1 版
版　　次/2022 年 9 月第 1 次印刷
定　　价/54.00 元

前　　言

　　时间序列分析是统计学非常重要的一个分支,它遵循统计学基本原理,利用样本信息估计总体性质。但是由于时间的不可重复性,大多数时间序列的观察样本有且只有一个。这种特殊的数据结构使得时间序列分析具有独特且自成体系的一套分析方法。

　　本书旨在介绍时间序列分析的基本概念、原理及模型,涵盖了时间序列分析中最基本的线性模型及非线性模型。本书共有七章,可作为一个学期的课程教材,供高等院校统计学、经济学等专业本科生和研究生使用。

　　本书使用 Python 作为数据分析软件。本书特色之一在于采用模型、数据双向分析:第一,从模型出发,模拟过程。通过对模拟数据的直观分析,反射出模型的理论属性;第二,从数据出发,拟合模型。通过对实际数据的分析,从多角度挖掘数据信息,拟合经验模型。为了帮助读者在学习理论知识的同时,能够熟练掌握 Python 中时间序列的分析过程,本书在每一章的案例分析中,给出并详细说明每一步分析对应的代码及输出结果。需要说明的是,书中个别数据虽显陈旧,但却是时间序列分析中的经典案例,故本书仍采用这些数据进行分析。为了方便读者学习和进行实际操作,本书所有例题、案例及习题中的数据都放在中国统计出版社网站(网址:http://www.zgtjcbs.com),读者可免费下载。为便于教师授课,编者制作了本书课件,教师可在网上下载使用。

本书出版得到兰州财经大学统计学院资助,由兰州财经大学统计学院王春宁、赵煜共同编写。各章编写分工如下:第一、二、六、七章由王春宁编写,第三、四、五章由赵煜编写。最后由王春宁对全书进行统稿。兰州财经大学统计学院研究生李晨欣、魏毛毛负责各章例题、习题数据的搜集、习题答案及各章内容校对工作;韩旭昊、刘迪和杨盛文负责各章案例分析的数据搜集、代码测试与整理等工作;本书课件由王春宁、赵煜及五位同学共同完成。在此对他们的辛勤工作表示感谢。

本书在编写过程中参考了大量相关著作,期间也得到了兰州财经大学统计学院领导的大力支持,统计学院的各位老师对本书提出了许多宝贵建议,在此表示衷心感谢。由于编者学识水平有限,书中难免存在不妥之处,恳请专家和读者批评指正。

王春宁　赵　煜

2022 年 5 月

目　　录

第1章 时间序列分析概论

人类在探索世界、寻找大自然规律时,常常会按照时间的先后顺序观察某种随机现象,进而得到一组以时间序列形式呈现的观察数据。例如,为找到尼罗河的泛滥规律,7000年前的古埃及人逐一记录了尼罗河每日的涨落情况,这就形成了历史上最早的时间序列的观察数据。如何研究时间序列在长期变动过程中的统计规律,这就形成了时间序列分析。本章将介绍时间序列分析中的基本概念、思想及相关理论。

1.1 时间序列

1.1.1 时间序列的定义

时间序列是指按照时间先后顺序记录的一组观察值序列。生活中,许多观察到的数据都是以时间序列的形式呈现的。例如在经济领域中,股票每日开盘价和收盘价、某种产品的月销售量、贷款的年利率等;气象学中,每天的最高、最低温度;环境科学中,空气污染指数等数据,都是相应时间序列的一组观察值。这些观察到的数据有着独特的特点:数据之间存在某种相依性,而这种相依性使得用历史值预测未来成为可能。

在统计学研究中,所谓时间序列是指一组随机变量的集合。通常,将按时间顺序排列的一组随机变量

$$\cdots, X_1, X_2, \cdots, X_t, \cdots \tag{1.1}$$

表示随机事件的时间序列,简记为 $\{X_t, t \in T\}$,或记为 $\{X_t\}$。将上述时间序列的 n 个有序观察值用

$$x_1, x_2, \cdots, x_n \tag{1.2}$$

或 $\{x_t, t = 1, 2, \cdots, n\}$ 表示,称为观察长度为 n 的观察值序列。有时也将式(1.2)称为时间序列(1.1)的一个样本实现。

时间序列的定义中强调了"时间"顺序的重要性。这里的"时间"不仅指年、月、日等,还可以是代表速度、温度或其他递增取值的物理量。如图1.1,将某材料裂纹长度按所承受的压力周期排列,数据见附录A1.1,也是一个时间序列。其中,横轴表示所承受的压力周期,纵轴表示这种材料的裂纹长度。

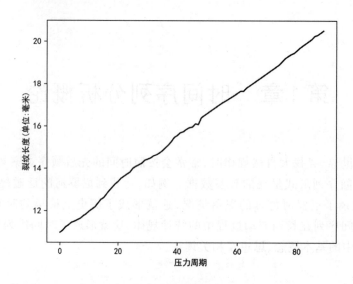

图 1.1　材料裂纹扩散长度与压力周期图

下面我们介绍一些不同领域中经典的时间序列观察数据的时序图。

例 1.1　1820—1869 年太阳黑子的数据，数据见附录 A1.2。

图 1.2 是 1820—1869 年太阳黑子活动数据的时序图。从时序图中可以看出，太阳黑子活动具有一定的周期性，周期长度为 11 至 12 年左右。在每个周期内，太阳黑子数都是先增加后减少。

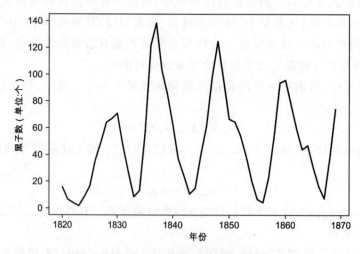

图 1.2　1820—1869 年太阳黑子数据时序图

例 1.2　2012 年 1 月—2020 年 12 月美元对人民币汇率月度数据，数据见附录 A1.3。

从图 1.3 看出，自 2012 年以来，美元兑人民币汇率既有上升又有下降过程。总体呈现小幅上升态势，且在 2020 年 5 月达到最大值。

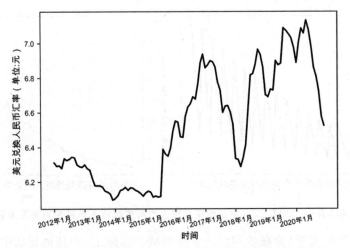

图 1.3　2012 年 1 月—2020 年 12 月美元对人民币汇率时序图

例 1.3　2000—2020 年中国居民消费价格指数,数据见附录 A1.4。

居民消费价格指数(CPI),又称消费者物价指数,是反映家庭所购买的消费商品和服务价格水平变动情况的宏观经济指标。其变动在一定程度上反映了通货膨胀或通货紧缩的程度。CPI 上涨的初期,说明经济处于复苏或繁荣阶段。CPI 如果持续上涨,则可能会出现物价上涨,甚至出现通货膨胀的情况,最终造成货币贬值。所以,CPI 可以作为观察通货膨胀程度的一个重要指标。图 1.4 给出了 2000—2020 年中国居民消费价格指数年度数据的时序图。

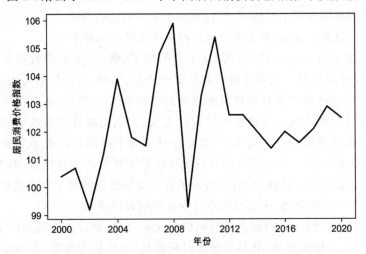

图 1.4　2000—2020 年中国居民消费价格指数时序图

例 1.4　2001 年 1 月—2020 年 12 月中国城镇居民人均可支配收入和中国社会消费品零售总额季度数据,数据见附录 A1.5、A1.6。

图 1.5 中,左图是中国城镇居民人均可支配收入的时序图,右图是中国社会消费品零售总额的时序图。可以看出,中国城镇居民人均可支配收入和中国社会消费品零售总额的变动具有某些共同特征。比如,二者均呈现出周期变化,长期来看都呈现出上升趋势等。

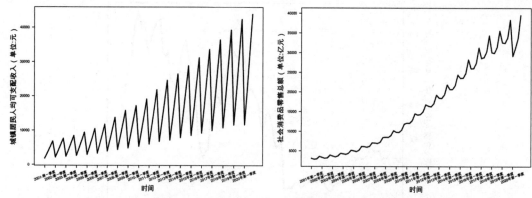

图 1.5 2001 年 1 月—2020 年 12 月中国城镇居民人均可支配收入与社会消费品零售总额时序图

上述例子涉及天文学、金融学和经济学等领域。实际上,在其他领域中时间序列也有着广泛的应用。此外,从上述例子中我们看到时间序列数据的产生依赖于时间,即数据取值依赖于时间的变化。由于序列受到各种偶然因素的影响,在每一时刻上的取值表现出某种随机性,前后时刻(不一定是相邻时刻)的数值之间存在着统计上的依赖关系(即某种相关性)。从整体上看,时间序列不一定是时间的单调函数,它往往呈现某种趋势性或周期性的变化。综上所述,时间序列的本质特征是:观测值有序排列,观测值之间具有一定的相关性。

1.1.2 时间序列的分类

根据时间序列所研究的不同依据,可以从如下三方面进行分类。

1. 按研究对象的多少分为:单变量时间序列和多变量时间序列

如果研究对象只有一个变量,如例 1.1 中太阳黑子、例 1.2 中汇率数据及例 1.3 中 CPI 数据,都称为单变量时间序列。如果研究对象是多个变量,如例 1.4 中同时考虑中国城镇居民人均可支配收入和中国社会消费品零售总额序列的变动特点及关系;又如在环境数据序列中,同时考虑按日排列的因呼吸问题前往医院就诊人数、二氧化硫日平均水平、二氧化氮日平均水平及可吸入的悬浮颗粒的日平均水平,这类序列中每个时刻对应着多个变量,这样的时间序列称为多变量时间序列。单变量时间序列描述了单个变量的变化规律,而多变量时间序列不仅描述了每个变量的变化规律,同时还揭示了各个变量之间的相互影响关系。

2. 按序列的统计特征分为:平稳时间序列和非平稳时间序列

如果一个时间序列的统计特征不随时间的变化而改变,则称该序列为严平稳序列。如果一个时间序列的一、二阶矩存在,并且对任意时刻满足:①均值为常数;②协方差为时间间隔 k 的函数,则称该序列为宽平稳序列。反之,不具有平稳性的时间序列称为非平稳时间序列。本书中除非特别指明,一般所说的平稳时间序列都指宽平稳时间序列。

3. 按序列的分布规律分为:高斯型时间序列和非高斯型时间序列

如果一个时间序列服从高斯分布(正态分布),则称该序列为高斯型时间序列,否则称为非高斯型时间序列。对非高斯型时间序列,可以通过适当变换,将其近似看成高斯型时间序列。

1.2　时间序列分析

1.2.1　时间序列分析的定义

不论是天文学中太阳黑子数,还是金融领域中的汇率、资产收益等,亦或是经济领域中居民消费价格指数、国民收入、某一商品的销售量等都形成一个时间序列。这些时间序列有一个共同的特点:它包含产生该序列系统的历史行为的全部信息。我们面临的问题就是如何通过已观测到的序列值去推断时间序列 $\{X_t, t \in T\}$ 内在的统计特征和发展规律。用于解决上述问题的方法就称为时间序列分析,它是一种根据动态数据揭示系统动态结构和变化规律的统计方法。时间序列分析旨在通过建立一个描述数据的随机模型,该模型能够反映系统内在的动态依存关系,进而能够对系统的未来行为进行预测和控制。

1.2.2　时间序列分析的产生与发展

最早的时间序列分析可以追溯到7000年前的古埃及。作为四大文明古国之一,古埃及灿烂的史前文明很大程度上得益于其对尼罗河泛滥规律的研究和利用。古埃及人对尼罗河涨落情况进行逐日记录,即构成了历史上最早的时间序列。通过对这个序列长期观察和比较,他们发现天狼星第一次和太阳同时升起的那天后,大约再过200天,尼罗河开始泛滥。泛滥将持续七八十天左右,这段时间内含有大量矿物质的泥沙逐渐沉积。洪水过后,土地肥沃,非常适宜播种农作物,且收成丰厚。通过对这一时间序列的分析,古埃及人调整了农作物种类及播种时间,农业得到迅速发展,进而解放出大批劳动力转向非农业生产,继而创造了灿烂的史前文明。这种通过绘图观察、数据比较等寻找出尼罗河泛滥规律的方法就是描述性时间序列分析的方法之一。描述性时间序列分析在农业、天文、物理等自然科学领域以及经济、人口等人文科学领域都有着广泛应用。又如,19世纪德国药剂师、业余天文学家施瓦贝通过长期观察、记录和分析发现了太阳黑子的活动周期为11年左右(参看例1.1);在中国,《史记·货殖列传》中记载了春秋战国时期的计然和范蠡总结出中国农业生产的规律:"六岁穰、六岁旱,十二岁一大饥"。

随着研究问题的复杂和研究领域的扩大,单纯的描述性时序分析并不能揭示序列中随机性的变化规律。例如,金融、经济等领域中,变量的发展变化往往呈现出某种随机性,而仅靠简单的观察、描述并不能准确地提取出序列变化规律并预测其未来发展趋势。为了能够对这类时序数据做出准确分析,人们开始尝试利用数理统计学的原理对时间序列进行分析,从而发展出专门研究时间序列随机规律性的方法,也就是人们现在常说的频域分析方法(即随机性时间序列分析)。频域分析法起源于20世纪20年代,英国统计学家G.U.Yule于1927年首次提出用自回归(AR)模型去拟合一个时间序列的发展变化。与此同时,英国数学家、天文学家G.T.Walker研究印度大气规律时使用了移动平均(MA)模型。1938年,瑞典计量经济学家和统计学家Herman Wold对平稳时间序列分解时提出了自回归移动平均(ARMA)模型。1970年,由统计学家George E.P.Box和Gwilym M.Jenkins联合出版了《时间序列分析:预测与控制》(Time Series Analysis:Forecasting and Control)一书,该书的出版是时间序列分析发展中重要的里程碑。他们不仅系统梳理了平稳时间序列的建模理论、方法和步骤等,同时还提出了求和自回归移动平均(ARIMA)模型,用于研究分析非平稳时间序列。为了纪念 Box 和 Jenkins 两位学者对时间序列分析的突出贡献,现在人们常把求和自回归移动平均模型称为 Box-Jenkins 模型。

Box-Jenkins 模型主要用于单变量、同方差场合的线性模型。随着计算机技术和处理数据技术的飞速发展,人们发现经济系统中的时间序列大多数是不平稳的,同时变量与变量之间还存在着相互关联、相互影响等作用。为解决这些在实际中遇到的问题,20 世纪 70 年代以后,时间序列分析发展方向主要集中在研究多变量、异方差及非线性等场合下的时间序列。例如,多变量场合下,Sims(1980)提出向量自回归(VAR)模型,C.Granger(1987)提出协整模型等;异方差场合下,美国计量经济学家、统计学家 Robert F.Engle(1982)提出条件异方差(ARCH)模型等;非线性场合下,Granger 和 Andersen(1978)提出双线性模型,Howell Tong(1978)提出门限自回归模型等。

目前,时间序列分析的应用领域越来越广泛,随之也产生了许多新的研究热点。例如,面板数据模型、非线性可加自回归模型以及基于神经网络或深度学习的模型探究。

1.2.3 时间序列分析方法

时间序列分析的目的是根据时间序列的有限观测值,从中尽可能提取更多信息,找出相应系统的内在统计规律。为了实现通过对时间序列的分析进而揭示系统的动态规律,人们从认识到实践再到认识的循环过程中,产生了一系列分析研究时间序列的方法。通常,时间序列分析方法可分为两大类:描述性时序分析和统计时序分析。下面我们分别介绍这两类分析方法。

1.描述性时序分析

早期对时间序列的分析常常都是通过对数据的直观比较和绘图观测来找出序列中蕴含的发展变化规律。例如,通过比较分析尼罗河涨落情况,找出其泛滥的规律;例 1.1 中通过绘制太阳黑子活动的时间序列图观测出其具有周期性等。

描述性时序分析,不需要借助任何模型、参数等,仅仅是将观测序列按照时间先后顺序描绘出来,通过直观的数据比较,总结序列的波动特点,寻找序列中蕴含的发展规律。该方法操作简单,结果易于解释,往往是时间序列分析中的第一步。

2.统计时序分析

随着研究领域的多样化,人们发现仅仅依赖描述性分析去研究时间序列有很大的局限性。分析时间序列的目的之一就是对其未来发展方向做出预判,而随机变量的发展有很强的随机性,仅通过对序列变化特点的观察很难做出准确预测。为此,从 20 世纪开始学者们尝试利用数学、统计等方法分析时间序列,这类方法主要分为两类:频域分析法与时域分析法。

频域分析法也称为谱分析法,强调谱密度与时间序列谱分解,大多是对时间序列作非参数描述。频域法假设任何一个无趋势的序列都可以分解成若干个不同频率的周期波动。早期的频域法主要借助富里埃分析从频率的角度揭示时间序列的规律。20 世纪 60 年代,随着最大熵谱估计理论的引入,频域法进入现代分析阶段。频域分析法是一种非常有效的动态数据分析方法,但由于分析过程复杂,结果抽象,其使用存在一定的局限性。

时域分析法是一种通过相关函数分析随机序列的参数化方法。其基本出发点是任何事件的发展都具有一定的惯性,即序列值之间存在某种依存关系(相关关系),这种依存关系具有特定的统计规律。因此,时域分析法的基本思路是从序列值之间的依存关系中探寻出序列发展变化的规律,并通过拟合适当的数学模型描述这种变化规律,进而利用该模型对序列的未来值进行预测。该方法理论基础知识扎实,分析步骤规范,分析结果易于解释,是时间序列分析的主流方法。

1.3　时间序列分析的基本概念

1.3.1　时间序列与随机过程

1.随机过程

在概率论与数理统计中,我们将感兴趣的随机现象抽象成一个随机变量(或者说用一个随机变量去刻画这个随机现象),通过对随机变量的研究进而了解其背后随机现象的特点。对于一些简单的随机现象,用一个随机变量去刻画就足够了。例如,掷一次骰子,出现的点数、某种产品下个月销售量等。而对某些复杂的随机现象,则需要用多个随机变量去刻画。例如,考察某地区的气象状况时,气温、气压、风力等都是需要同时关注的。除此之外,有时我们还需要通过对某个随机现象进行持续观察,才能了解其变化发展的特点。例如,刻画某一城市一年的降水量时,就需要用一族随机变量描述这一随机现象的全部特征。通常这样的随机变量族称为随机过程。

定义 1.1　随机过程。

数学上,随机过程被定义为一组随机变量,即 $\{X_t, t \in T\}$,其中参数指标集 T 表示时间 t 的变化范围。对每一个固定时刻 t 来说,X_t 是一个随机变量,这些随机变量的全体就构成了一个随机过程。

其中,参数指标集 T 可以是离散集合,也可以是连续集合。当指标集 T 为离散集合时,$\{X_t\}$ 为离散随机过程;当指标集 T 为连续集合时,则 $\{X_t\}$ 为连续随机过程。由于参数指标集 T 通常表示时间,故我们将指标集为离散时间的随机过程称为时间序列。也就是说,如果参数指标集为离散的时间集合,即 $T = \{0, \pm 1, \pm 2, \cdots\}$,则随机过程 $\{X_t, t \in T\}$ 可表示为 $\{X_t, t = 0, \pm 1, \pm 2, \cdots\}$,此时随机过程是关于离散时间 t 的随机函数,称为时间序列。

可以看出,时间序列是一类特殊的随机过程。从时间顺序角度看,构成时间序列的随机变量是随时间产生的,任意时刻 t 总有随机变量与之对应。因此时间序列是一组随机变量的集合,即是一个多维随机变量。

2.时间序列的概率分布

对于一个随机变量而言,如果知道了其分布函数就可以完全掌握这个随机变量的统计特征。时间序列作为一类特殊的随机过程,其实质是一个多维随机变量,如果能获得它们的联合分布函数也就能了解其所有的统计特征。对于由一组随机变量形成的时间序列,其统计特征完全由其有限维分布族刻画。

定义 1.2 时间序列的有限维分布族。

时间序列 $\{X_t, t \in T\}$ 中任意 k 个随机变量 $X_{t_1}, X_{t_2}, \cdots, X_{t_k}$ 的联合分布函数

$$F_{t_1 t_2 \cdots t_k}(x_1, x_2, \cdots, x_k), \quad t_1, t_2, \cdots, t_k \in T, k \geqslant 1$$

称为时间序列的 k 维分布函数。k 维分布函数全体

$$\{F_{t_1 t_2 \cdots t_k}(x_1, x_2, \cdots, x_k), t_1, t_2, \cdots, t_k \in T, k \geqslant 1\}$$

称为时间序列的有限维分布族。其中，$x_1, x_2, \cdots, x_k \in R, T = \{0, \pm 1, \pm 2, \cdots\}$。

由定义 1.2 可知，当 $k = 1$ 时，$F_t(x), t \in T$ 是时间序列的一维分布函数，$\{F_t(x), t \in T\}$ 是时间序列的一维分布族；当 $k = 2$ 时，$F_{t_1 t_2}(x_1, x_2), t_1, t_2 \in T$ 是时间序列的二维联合分布函数，$\{F_{t_1 t_2}(x_1, x_2), t_1, t_2 \in T\}$ 则是时间序列的二维分布族。

3. 时间序列的数字特征

一个时间序列的统计特征可以由其有限维分布族描述，但是由于有限维分布族的复杂性，想要完全掌握时间序列的全部有限维分布族是不可能的。所以在实际分析中，主要使用时间序列的各种数字特征来描述该时间序列。

定义 1.3 时间序列的均值函数。

对时间序列 $\{X_t, t = 0, \pm 1, \pm 2, \cdots\}$，称

$$\mu_t = EX_t = \int x dF_t(x), \quad t = 0, \pm 1, \pm 2, \cdots \tag{1.3}$$

为其均值函数。其中，EX_t 表示 t 固定时，随机变量 X_t 的期望；$F_t(x)$ 为随机变量 X_t 的一维分布函数。

定义 1.4 时间序列的自协方差函数。

对时间序列 $\{X_t, t = 0, \pm 1, \pm 2, \cdots\}$，称

$$\gamma(t, s) = E[(X_t - EX_t)(X_s - EX_s)]$$
$$= \iint (x - \mu_t)(y - \mu_s) dF_{t,s}(x, y), \quad t, s = 0, \pm 1, \pm 2, \cdots \tag{1.4}$$

为其自协方差函数。其中，$F_{t,s}(x, y)$ 为随机向量 (X_t, X_s) 的二维联合分布函数。特别地，当 $t = s$ 时，$\gamma(t, t) = VarX_t$，即 $\gamma(t, t)$ 表示随机变量 X_t 的方差。

从自协方差函数的定义中不难看出，$\gamma(t, s)$ 满足对称性，即 $\gamma(t, s) = \gamma(s, t)$。

定义 1.5 时间序列的自相关函数（autocorrelation function, ACF）。

对时间序列 $\{X_t, t = 0, \pm 1, \pm 2, \cdots\}$，称

$$\rho(t, s) = Corr(X_t, X_s) = \frac{Cov(X_t, X_s)}{\sqrt{VarX_t} \cdot \sqrt{VarX_s}} = \frac{\gamma(t, s)}{\sqrt{\gamma(t, t)} \sqrt{\gamma(s, s)}}, \quad t, s = 0, \pm 1, \pm 2, \cdots$$
$$\tag{1.5}$$

为其自相关函数。

从自相关函数定义可知：

(1) 当 $t = s$ 时，$\rho(t, t) = 1$；

(2) 满足对称性，即 $\rho(t, s) = \rho(s, t)$；

(3) 对任意 t, s，有 $|\rho(t, s)| \leqslant 1$。

自相关函数 $\rho(t, s)$ 反映了时间序列在两个不同时刻对应的随机变量 X_t, X_s 之间相互依赖

程度,是一种简单相关。这种相关关系受到 X_t, X_s 之间其他变量 $X_{t+1}, \cdots, X_{s-1}$ 的影响。为了度量 X_t, X_s 之间剔除其他影响变量后的纯相关关系,人们提出偏自相关函数概念。

定义 1.6　时间序列的偏自相关函数(partial autocorrelation function,PACF)。

对时间序列 $\{X_t, t = 0, \pm 1, \pm 2, \cdots\}$,称

$$\phi(t, s) = Corr(X_t, X_s | X_t, X_{t+1}, \cdots, X_{s-1}), \quad t < s\, 且\, t, s = 0, \pm 1, \pm 2, \cdots \qquad (1.6)$$

为其偏自相关函数。偏自相关函数 $\phi(t, s)$ 是在剔除中间变量影响后得到的 X_t, X_s 之间的纯相依程度,是一种条件相关。

由定义 1.3—定义 1.6 看出,时间序列的这些数字特征都和时间有关,是时间的函数。随着时间的改变,数字特征的取值也会有所变化。对于不同的时间序列而言,其数字特征的变化也会表现出不同特点。比如,有些时间序列的均值函数不随时间改变而变化;有些时间序列的方差函数不随时间改变而变化;有些时间序列的自相关函数、偏自相关函数随时间推移出现逐渐变小的规律等。这些变化特征都是今后我们识别模型的基础,这部分内容会在后续章节中详细讨论。

4.时间序列的运算

(1)时间序列的滞后(延迟)运算

定义 1.7　时间序列的滞后(延迟)运算。

对时间序列 $\{X_t, t = 0, \pm 1, \pm 2, \cdots\}$,令

$$Z_t = X_{t-d} = B^d X_t$$

则称时间序列 $\{Z_t\}$ 是由时间序列 $\{X_t\}$ 的 d 步滞后(延迟)运算所形成的。其中,$d \in Z^+$,B 称为滞后(延迟)算子。

关于滞后(延迟)算子 B 有以下性质成立:

(i) $B^0 = 1$;

(ii)对任意常数 c 有,$B(c \cdot X_t) = c \cdot B(X_t) = c \cdot X_{t-1}$;

(iii)对任意两个时间序列 $\{X_t\}$ 和 $\{Y_t\}$,有 $B(X_t \pm Y_t) = X_{t-1} \pm Y_{t-1}$;

(iv) $(1 - B)^n = \sum_{i=1}^{n} (-1)^i C_n^i B^i$,其中 $C_n^i = \dfrac{n!}{i!(n-i)!}$。

(2)时间序列的差分运算

定义 1.8　时间序列的 p 阶差分运算。

时间序列 $\{X_t, t = 0, \pm 1, \pm 2, \cdots\}$ 的 p 阶差分运算定义如下:

$$\nabla^p X_t = \nabla(\nabla^{p-1} X_t) = \nabla^{p-1} X_t - \nabla^{p-1} X_{t-1}$$

通常记为 $\nabla^p X_t$,表示对原始序列进行 p 阶差分运算。

由定义知,当 $p = 1$ 时,$\nabla X_t = X_t - X_{t-1}$ 称为对原时间序列的一阶差分运算;对一阶差分运算后的序列再进行一次一阶差分运算,记为 $\nabla^2 X_t = \nabla(X_t - X_{t-1})$,称为对原时间序列的二阶差分运算。

定义 1.9　时间序列的 k 步差分运算。

时间序列 $\{X_t, t = 0, \pm 1, \pm 2, \cdots\}$ 的 k 步差分运算如下:

$$\nabla_k X_t = X_t - X_{t-k}$$

通常记为 $\nabla_k X_t$,表示对原始序列进行 k 步差分运算。由定义看出,k 步差分运算就是指相距 k

期的两个随机变量之间的减法运算。

（3）差分运算的滞后算子表示

将滞后算子引入时间序列的差分运算,对 p 阶差分运算和 k 步差分运算,分别有下式成立:

$$\nabla^p X_t = (1 - B)^p X_t, \quad \nabla_k X_t = (1 - B^k) X_t$$

1.3.2 平稳时间序列

平稳性是某些时间序列所具有的一种统计特征。根据限制条件严格程度的不同,平稳时间序列又可分为严平稳时间序列和宽平稳时间序列。

1. 严平稳时间序列

定义 1.10 严平稳时间序列。

如果时间序列 $\{X_t, t = 0, \pm 1, \pm 2, \cdots\}$ 的概率分布不随时间的平移而改变,即对任意 $m \in Z^+, s \in Z$ 和 $t_1 < t_2 < \cdots < t_m$,有

$$F_{t_1 t_2 \cdots t_m}(x_1, x_2, \cdots, x_m) = F_{t_1+s, t_2+s, \cdots, t_m+s}(x_1, x_2, \cdots, x_m)$$

则称时间序列 $\{X_t, t = 0, \pm 1, \pm 2, \cdots\}$ 为严平稳时间序列。

由定义可知严平稳时间序列的有限维联合分布函数只与随机变量对应的时间间隔有关,而与时间的起止点无关。由于严平稳时间序列的概率分布不随时间的平移而改变,从而其所有统计特征也不会随时间的平移而改变。实际上正如前面所提到,想要获得时间序列所有有限维联合分布函数是一件很困难的事,所以严平稳时间序列往往只具有理论意义。而实际问题中更多遇到的是约束条件比较宽松的宽平稳时间序列。

2. 宽平稳时间序列

定义 1.11 宽平稳时间序列。

如果时间序列 $\{X_t, t = 0, \pm 1, \pm 2, \cdots\}$ 满足如下条件:

（1）对 $\forall t \in T$,有 $EX_t^2 < \infty$,即二阶矩存在;

（2）对 $\forall t \in T$,有 $EX_t = \mu, \mu$ 为常数;

（3）对 $\forall t, s \in T$,有 $\gamma(t, s) = \gamma(t-s, 0) = \gamma_{t-s}$,

则称时间序列 $\{X_t, t = 0, \pm 1, \pm 2, \cdots\}$ 为宽平稳时间序列,也称为弱平稳、二阶平稳。

由约束条件及式(1.4)、式(1.5)可知,宽平稳时间序列的二阶矩有限,均值、方差 $(VarX_t = \gamma_0)$ 均为与时间无关的常数,自协方差函数与自相关函数都只依赖随机变量对应的时间间隔,而与时间的起止点无关。

严平稳时间序列和宽平稳时间序列的区别在于:前者概率分布不随时间平移而改变,后者均值与方差不随时间平移而改变;一个严平稳时间序列不一定是宽平稳时间序列,反过来一个宽平稳时间序列不一定是严平稳时间序列。但是,当一个严平稳时间序列具有有限二阶矩时,该序列也一定是宽平稳时间序列;而当宽平稳时间序列为正态序列,即序列的任何有限维联合分布都是正态分布时,该序列也一定是严平稳时间序列。

实际应用中,大多研究宽平稳时间序列。今后遇到平稳时间序列,如无特别说明,均指宽平稳时间序列。另外,如果一个时间序列不满足平稳条件,人们通常将其称为非平稳时间序列。

3.白噪声序列

在时间序列分析中,经常遇到一类特殊的平稳序列——白噪声序列,其定义如下。

定义 1.12　白噪声(white noise)序列。

如果时间序列$\{X_t, t=0, \pm1, \pm2, \cdots\}$满足如下条件:

(1)对$\forall t \in T$,有$EX_t = \mu, \mu$为常数;

(2)对$\forall t, s \in T, \gamma(t,s) = \begin{cases} \sigma^2, & t=s \\ 0, & t \neq s \end{cases}$,

则称时间序列$\{X_t, t=0, \pm1, \pm2, \cdots\}$为白噪声序列,记为$X_t \sim WN(\mu, \sigma^2)$。白噪声是一类特殊的平稳序列。从定义看出,其均值、方差都为常数,且序列值之间没有任何相关关系,即序列没有"记忆性",是一个纯随机序列。虽然白噪声序列在实际中很难碰到,但它作为时间序列模型结构的重要组成部分起着非常重要的作用。

对于一个白噪声序列$\{X_t\}$,当$\mu=0$时,称为零均值白噪声序列;当$\mu=0, \sigma^2=1$时,称为标准白噪声序列;当它为独立序列时,称为独立白噪声序列;当它为独立正态序列时,称为正态白噪声序列。本书后续的讨论中,除非特别指出,涉及到的白噪声均指零均值正态白噪声。

4.平稳时间序列的数字特征

一个平稳时间序列$\{X_t, t=0, \pm1, \pm2, \cdots\}$的统计特征完全由其数字特征刻画。下面将分别介绍平稳时间序列的均值、方差、自协方差函数等数字特征。

(1)均值

由定义知,平稳时间序列具有常数均值,故式(1.3)可写为
$$EX_t = \mu, \quad \forall t \in T$$

其中,μ为常数。

(2)方差

平稳时间序列具有常数方差,即
$$VarX_t = \gamma_0, \quad \forall t \in T$$

其中,γ_0为常数。

(3)自协方差函数

根据平稳时间序列的定义,自协方差函数只依赖随机变量对应的时间间隔,而与时间的起止点无关,故式(1.4)可写为
$$\gamma(t, t-k) = E[(X_t - \mu)(X_{t-k} - \mu)] = \gamma_k, \quad k \in Z$$

此时,也将γ_k称为延迟k自协方差函数。特别地,当$\mu=0$时,
$$\gamma_k = E(X_t X_{t-k}), \quad k \in Z$$

(4)自相关函数

由自相关函数与自协方差函数的关系可知,自相关函数也只依赖随机变量对应的时间间隔,而与时间的起止点无关,故式(1.5)可写为
$$\rho(t, t-k) = \frac{\gamma(t, t-k)}{\sqrt{\gamma(t,t)}\sqrt{\gamma(t-k, t-k)}} = \frac{\gamma_k}{\gamma_0} = \rho_k$$

且满足:$\rho_k = \rho_{-k}$,且$|\rho_k| \leq 1$。相应地,ρ_k称为延迟k自相关函数。

需要注意,自相关函数具有非唯一性,即一个平稳的时间序列有唯一的自相关函数,但是

一个自相关函数却不是唯一一对应一个平稳的时间序列。这种不唯一性增加了利用自相关函数确定模型的难度，后面将对此问题展开讨论。

（5）偏自相关函数

根据式（1.6）知平稳时间序列的偏自相关函数可写为如下形式：

$$\phi_{kk} = \frac{E\left[\left(X_t - \hat{X}_t\right)\left(X_{t-k} - \hat{X}_{t-k}\right)\right]}{E\left(X_{t-k} - \hat{X}_{t-k}\right)^2} \tag{1.7}$$

其中，$\hat{X}_t = E[X_t | X_{t-1}, \cdots, X_{t-(k-1)}]$，$\hat{X}_{t-k} = E[X_{t-k} | X_{t-1}, \cdots, X_{t-(k-1)}]$ 为条件期望；ϕ_{kk} 称为延迟 k 偏自相关函数。偏自相关函数度量了在给定其他变量 $X_{t-1}, \cdots, X_{t-(k-1)}$ 的条件下，X_t 与 X_{t-k} 间的条件相关程度。

5. 平稳时间序列的意义

对于随机变量的研究，往往是通过随机变量的样本信息推断相应总体信息，其数据结构具有如下形式，见表1.1。对随机变量 X 进行 n 次观察后，得到其 n 个样本观测值 $x_1, x_2, \cdots, x_n$，利用样本就可以对总体 X 进行统计推断。比如，可以用样本均值 $\bar{x} = \frac{1}{n}\sum_{i=1}^{n} x_i$ 作为总体期望的估计值。

表 1.1　随机变量及其样本观测值

随机变量	样本观测值			
X	x_1	x_2	$\cdots$	x_n

同样，对一个随机过程来说，想要研究其背后随机现象的动态统计规律，仍然也需要借助随机过程的样本做进一步分析。对于每一个固定时刻 $t \in T$ 来说，X_t 作为一个随机变量，都有对应的观测值（即样本），这一系列的观测值构成了随机过程 $\{X_t, t \in T\}$ 的一个样本，也称为随机过程 $\{X_t, t \in T\}$ 的一次实现或一条样本路径。从理论上讲，对同一个随机过程进行 n 次重复观察，可以得到该随机过程的 n 次实现或 n 条样本路径，其数据结构如表1.2所示。

表 1.2　随机过程数据结构表

样本	$\{X_t\}$					
	$\cdots$	X_{t_1}	X_{t_2}	$\cdots$	X_{t_k}	$\cdots$
1	$\cdots$	$x_{t_1,1}$	$x_{t_2,1}$	$\cdots$	$x_{t_k,1}$	$\cdots$
2	$\cdots$	$x_{t_1,2}$	$x_{t_2,2}$	$\cdots$	$x_{t_k,2}$	$\cdots$
$\vdots$	$\vdots$	$\vdots$	$\vdots$	$\vdots$	$\vdots$	$\vdots$
n	$\cdots$	$x_{t_1,n}$	$x_{t_2,n}$	$\cdots$	$x_{t_k,n}$	$\cdots$

表1.2中，每一列元素表示随机变量 X_{t_i} 在不同实验下的样本观测值，每一行元素表示随机过程 $\{X_t, t \in T\}$ 的第 i 条样本路径。根据 n 条样本路径可以对总体随机过程 $\{X_t, t \in T\}$ 进行统计推断。现实中，随机过程的样本实现往往有且仅有一个，即其数据结构如表1.3所示。

表 1.3　时间序列数据结构表

样本	$\{X_t\}$					
	...	X_1	X_2	...	X_t	...
1	...	x_1	x_2	...	x_t	...

作为一类特殊的随机过程,时间序列在任意时间点往往也只能获得相应随机变量的一个观测值。如果没有其他的辅助信息,通常对具有这种结构的数据是无法分析的。平稳性概念的提出则可以帮助我们有效分析这类数据。

考虑前面提到,平稳时间序列的均值、方差为常数。这就意味着时间序列中每一个随机变量的均值、方差都相同,即原来的均值序列$\{\mu_t, t \in T\}$现在变成了常数序列$\{\mu, t \in T\}$。此时,每个随机变量均值的估计不再是原来的

$$\hat{\mu}_t = X_t$$

而可以写为

$$\hat{\mu} = \bar{X} = \frac{1}{T} \sum_{t=1}^{T} X_t \tag{1.8}$$

其中,T表示时间序列观测样本的长度。

由于序列的方差也是常数,相应地其估计可由下式给出:

$$\hat{\gamma}_0 = \frac{1}{T-1} \sum_{t=1}^{T} (X_t - \bar{X})^2 \tag{1.9}$$

由此可见,平稳性的提出极大减少了随机变量的个数,进而增加了样本容量;降低了时序数据分析的难度,同时提高了估计精度。

同样,由于平稳时间序列的二阶矩也具有平稳性质,所以延迟k自协方差函数、自相关函数都可由下式估计:

$$\hat{\gamma}_k = \frac{1}{T} \sum_{t=k+1}^{T} (X_{t-k} - \bar{X})(X_t - \bar{X}), \ \forall 0 < k < T \tag{1.10}$$

$$\hat{\rho}_k = \frac{\hat{\gamma}_k}{\hat{\gamma}_0} = \frac{\sum_{t=k+1}^{T} (X_{t-k} - \bar{X})(X_t - \bar{X})}{\sum_{t=1}^{T} (X_t - \bar{X})^2}, \ \forall 0 < k < T \tag{1.11}$$

平稳时间序列延迟k偏自相关函数的估计如下:

$$\hat{\phi}_{11} = \hat{\rho}_1$$

$$\hat{\phi}_{k+1, k+1} = \left(\hat{\rho}_{k+1} - \sum_{j=1}^{k} \hat{\rho}_{k+1-j} \hat{\phi}_{kj} \right) \left(1 - \sum_{j=1}^{k} \hat{\rho}_j \hat{\phi}_{kj} \right)^{-1}, \ \forall 0 < k < T \tag{1.12}$$

其中,

$$\hat{\phi}_{k+1, j} = \hat{\phi}_{kj} - \hat{\phi}_{k+1, k+1} \hat{\phi}_{k, k+1-j}, \ j = 1, 2, \cdots, k$$

式(1.8)—(1.12)分别称为时间序列的样本均值、样本方差、样本自协方差、样本自相关系数(sample autocorrelation function, SACF)及样本偏自相关系数(sample partial autocorrelation fanction, SPACF)。

需要特别指出,正如前文所述,大多数时间序列由单个样本实现,故不可能计算总体平

均。然而平稳时间序列具有遍历性,这就意味着当样本长度足够长时,任意一个样本函数的时间平均可替代其总体平均,故式(1.8)—(1.12)是时间的平均。

1.3.3 线性差分方程

差分方程实质上就是由序列差分后形成的方程。

定义 1.13 p 阶线性差分方程。

把如下形式的方程

$$X_t - \varphi_1 X_{t-1} - \cdots - \varphi_p X_{t-p} = f(t) \tag{1.13}$$

称为序列 $\{X_t\}$ 的 p 阶线性差分方程。其中,$\varphi_1, \cdots, \varphi_p$ 为实系数,$f(t)$ 为 t 的某个已知函数。

特别地,当 $f(t) = 0$ 时,式(1.13)称为 p 阶齐次线性差分方程;当 $f(t) \neq 0$ 时,式(1.13)称为 p 阶非齐次线性差分方程。

时间序列分析中,求解差分方程的解起着非常重要的作用。根据差分方程的理论,线性差分方程(1.13)的解和其特征根密切相关。下面我们首先介绍线性差分方程(1.13)的特征方程及特征根。

对线性差分方程(1.13),令 $X_t = \lambda^t, f(t) = 0$ 代入其中,得到

$$\lambda^t - \varphi_1 \lambda^{t-1} - \cdots - \varphi_p \lambda^{t-p} = 0$$

对上式两边同时除以 λ^{t-p} 得

$$\lambda^p - \varphi_1 \lambda^{p-1} - \cdots - \varphi_p = 0 \tag{1.14}$$

式(1.14)称为线性差分方程(1.13)的特征方程,其根 $\lambda_1, \lambda_2, \cdots, \lambda_p$ 称为线性差分方程(1.13)的特征根。

线性差分方程求解的基本思路是:先求出线性差分方程(1.13)对应的齐次线性差分方程的通解,然后求式(1.13)的一个特解,最后一般解等于通解加特解。根据特征根的不同情形,我们分以下几种情况讨论通解的形式。

(1) $\lambda_1, \lambda_2, \cdots, \lambda_p$ 为不同的实根

此时差分方程的通解为

$$X_t = \sum_{i=1}^{p} c_i \lambda_i^t \tag{1.15}$$

其中,$c_1, c_2, \cdots, c_p$ 为任意实数。

(2) $\lambda_1, \lambda_2, \cdots, \lambda_p$ 中有重根

不妨设 $\lambda_1 = \lambda_2 = \lambda_q \neq \lambda_{q+1} \neq \cdots \neq \lambda_p$,此时通解为

$$X_t = (c_1 + c_2 t + \cdots + c_q t^{q-1}) \lambda_1^t + \sum_{i=q+1}^{p} c_i \lambda_i^t$$

其中,$c_1, c_2, \cdots, c_p$ 为任意实数。

(3) $\lambda_1, \lambda_2, \cdots, \lambda_p$ 中有复根

由于方程(1.13)中系数均为实数,故复根一定共轭出现,此时通解表达形式同式(1.15)。

例 1.5 试求 $X_t - 3X_{t-1} + 2X_{t-2} = 3^t$ 的解。

解:(1)先求通解

由式(1.14)知该差分方程的特征方程为

$$\lambda^2 - 3\lambda + 2 = 0$$

解得 $\lambda_1 = 1, \lambda_2 = 2$，由式(1.15)知其通解为

$$X_t = c_1 + c_2 \cdot 2^t$$

其中，c_1, c_2 为任意实数。

（2）再求 $X_t - 3X_{t-1} + 2X_{t-2} = 3^t$ 的一个特解

令特解 $X_t = c3^t$，代入原方程有

$$c3^t - 3 \cdot c3^{t-1} + 2 \cdot c3^{t-2} = 3^t$$

得 $c = \dfrac{9}{2}$，即特解 $X_t = \dfrac{9}{2} \cdot 3^t$。

（3）一般解等于通解加特解

原差分方程的一般解为

$$X_t = c_1 + c_2 \cdot 2^t + \frac{9}{2} \cdot 3^t$$

例 1.6　若平稳时间序列 $\{X_t\}$ 由过程 $X_t = I_1 X_{t-1} + \cdots + I_p X_{t-p} + \varepsilon_t$ 生成，试讨论该过程特征根的性质。

解：由定义 1.13 知，该过程是 p 阶非齐次线性差分方程。根据其特征方程

$$\lambda^p - I_1 \lambda^{p-1} - \cdots - I_p = 0$$

可以求出相应特征根分别为 $\lambda_1, \lambda_2, \cdots, \lambda_p$。假设其特解为 $X_t = f(t)$ 满足序列生成过程，即

$$f(t) - \sum_{i=1}^{p} I_i f(t-i) = \varepsilon_t$$

假设特征根无重根，则该过程的一般解为

$$X_t = \sum_{i=1}^{p} c_i \lambda_i^t + f(t)$$

其中，$c_1, c_2, \cdots, c_p$ 为任意实数。

由于 $\{X_t\}$ 是一个平稳序列，该序列应在其均值 μ 附近波动，不会随着时间的变化而呈现发散状，即需要满足

$$\lim_{t \to \infty} X_t = \lim_{t \to \infty} \left[\sum_{i=1}^{p} c_i \lambda_i^t + f(t) \right] = \mu$$

由于上式中 $c_1, c_2, \cdots, c_p$ 为任意实数，故为保证上式成立，必须要求对任意的 t，每个 $\lambda_i^t (i = 1, 2, \cdots, p)$ 都不能发散，也就是

$$\lim_{t \to \infty} c_i \lambda_i^t < \infty, \quad i = 1, 2, \cdots, p$$

进而得出

$$|\lambda_i| < 1, \quad i = 1, 2, \cdots, p$$

结论表明，平稳过程特征根的绝对值都要小于 1，即都在单位圆内。

1.4　时间序列分析的一般步骤

人们对世界的认识往往是遵循由简单到复杂的过程。类似地，对时间序列进行分析时，

首先研究相对简单、统计性质较好的平稳时间序列,然后再过渡到非平稳时间序列。所以,研究一个时间序列时,首先需要通过平稳性检验判断该序列是平稳或非平稳序列。

如果是非平稳序列,由于它不具有二阶矩平稳的性质。所以对它的研究、分析要复杂一些,通常要对其进行某些变换、处理后才能拟合模型。

如果是平稳序列,我们有一套非常成熟的建模方法。但是对平稳序列建模之前,还需要进一步检验序列是否为白噪声。因为只有序列值之间具有密切的相关性(亦即序列的历史值对序列的未来发展变化有影响),这才值得我们去挖掘序列中蕴含的有效信息,进而对序列的未来发展做出有效预测。由于白噪声序列值之间无相关性,是一类没有"记忆"的序列,也就是序列的历史值对其未来值没有任何影响。从统计分析角度来说,这类序列没有任何的分析价值。

综上,对时间序列分析时,首先要做预处理,即检验是否为平稳序列,是否为白噪声序列,然后才可以对序列进行后续建模分析。

1.4.1　时间序列的预处理

1.平稳性检验

时间序列的平稳性检验主要有两类方法:根据时序图的波动特征和样本 ACF、PACF 图衰减速度判断平稳性的图检验方法;构造检验统计量进行平稳性检验的统计检验方法。

(1)时序图检验

时序图检验法的原理在于平稳时间序列具有常数期望和方差,故一个平稳序列其时序图的表现应该是:序列始终在一个常数(常数均值)附近波动,同时序列波动的范围应该有界(常数方差)。若在时序图中序列波动表现出某种上升或下降的趋势,或者存在某种周期波动特征,那么该序列往往不是平稳序列。如本章第1.1节中例1.1关于1820—1869年太阳黑子数序列的时序图(图1.2)。从图1.2中看出序列波动具有明显的周期性,故通过图检验法可初步判定序列非平稳。

例1.7　考察等时间间隔连续观测70个某化学反应数据的时序图,数据见附录A1.7。

图1.6是某化学反应观测值时序图。可以看出,序列围绕着数值50上下波动,同时序列波动没有明显上升或下降趋势,同时也无明显的周期波动,故通过序列时序图初步判断为平稳序列。

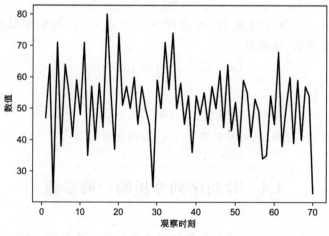

图1.6　某化学反应观测值时序图

例 1.8(续例 1.2) 考察 2012 年 1 月—2020 年 12 月美元对人民币汇率数据的时序图,描述序列波动特征。

汇率序列时序图(见本章第 1.1 节中图 1.3)所示,从 2012 年 1 月至 2015 年 7 月,美元对人民币汇率从 6.31 一路跌至最低 6.09 附近;2015 年 8 月以后呈现震荡上升,2020 年 5 月达最大值 7.13,然后呈现急速下降趋势。序列波动中存在着持续时间较长的上升和下降过程,此时通过时序图检验法判断汇率序列是否具有平稳性就没有前两个序列那么容易下结论。

(2)样本 ACF、PACF 图检验

利用样本自相关与偏自相关函数图进行平稳性检验,也是图检验法的一种。在对时间序列建模过程中的数据处理、模型识别及模型检验等诸多环节,我们都需要时时关注样本自相关函数与样本偏自相关函数的变化特征。作为理论自相关函数与理论偏自相关函数的估计,我们可以从样本自相关函数与样本偏自相关函数的特征入手,判断序列的平稳性。若样本 ACF 与样本 PACF 呈指数衰减、阻尼正弦波或截尾态势,可初步判断其来自平稳时间序列;若样本 ACF 呈线性缓慢衰减或震荡缓慢衰减(大尾震荡)态势,样本 PACF 呈截尾态势,则可初步判断数据来自非平稳时间序列。

例 1.9(续例 1.7) 考察等时间间隔连续观测 70 个某化学反应数据的样本自相关和偏自相关图。

从图 1.7 由样本 ACF 和 PACF 呈现出的变化特征可判断该序列为平稳序列。

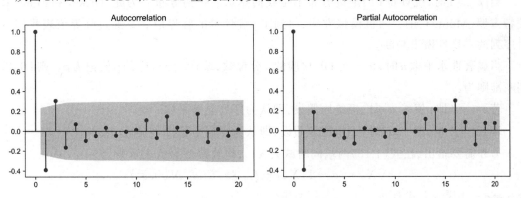

图 1.7　某化学反应观测值样本自相关和偏自相关图

通过上述分析可以看出,平稳性的图检验法简便、直观,对于那些具有明显平稳或非平稳特征的序列,通过图检验方法可以很容易做出判断。由于样本数据只是过程的一次实现,且受随机扰动影响,其样本 ACF 与样本 PACF 的图像会受到一定干扰,增加推断的难度与不确定性。因此应结合数据背景及原始序列图综合判断,必要时需进行其他检验进一步判定。下面我们介绍两种统计检验方法:DF 检验和 ADF 检验。

(3)DF 检验

单位根检验最早是由统计学家 Dickey 和 Fuller 提出的用于检验序列平稳性的方法,后来人们就以二位学者名字首字母命名了这种序列平稳性的检验方法,称为 DF 检验。

DF 检验有三种检验模型,分别为:

第一类:无漂移项、无趋势项的检验模型

$$X_t = \rho X_{t-1} + \xi_t, \; \xi_t \sim i.i.d. \; N(0, \sigma^2) \tag{1.16}$$

第二类:带有漂移项的检验模型

$$X_t = a + \rho X_{t-1} + \xi_t, \; \xi_t \sim i.i.d. \; N(0, \sigma^2)$$

第三类:带有趋势项的检验模型

$$X_t = a + \rho X_{t-1} + \delta t + \xi_t, \; \xi_t \sim i.i.d. \; N(0, \sigma^2)$$

其中,ρ 是系数,a 是常数,δ 是线性趋势常数。

下面以式(1.16)即第一类检验模型说明 DF 检验原理。

若序列波动可由式(1.16)描述,可得其特征根为 $\lambda = \rho$。由例 1.6 分析可知,当特征根满足 $|\rho| < 1$ 时,该序列平稳。故可以通过检验特征根 ρ 在单位圆内还是单位圆外来检验序列的平稳性。考虑到生活中绝大多数时间序列都是非平稳的,故对单位根检验建立如下假设:

$$H_0: |\rho| \geqslant 1, \; H_1: |\rho| < 1$$

检验统计量为

$$\tau = \frac{\hat{\rho} - 1}{S(\hat{\rho})}$$

其中,$\hat{\rho}$ 为系数 ρ 的估计值,$S(\hat{\rho})$ 为 $\hat{\rho}$ 的标准差。检验统计量 τ 也称为 DF 统计量。

当 $|\rho| \geqslant 1$ 时,统计量 τ 的渐进分布不是我们熟悉的任何分布。为此,Dickey 和 Fuller 采用蒙特卡罗(Monte Carlo)随机模拟方法,得到了 τ 统计量的临界值表。通过临界值表我们可以对序列的平稳性做出判断。

当显著性水平取 α 时,记 τ_α 为 DF 检验的 α 分位数,统计量 τ 对应的 p 值记为 p。则 DF 检验判断准则为:

若 $\tau \leqslant \tau_\alpha$(即 p 值 $\leqslant \alpha$)时,拒绝原假设,即认为序列显著平稳;

若 $\tau > \tau_\alpha$(即 p 值 $> \alpha$)时,不拒绝原假设,即认为序列平稳性不显著。

另外需要指出,在式(1.16)两端同时减去 X_{t-1},检验模型等价表示为

$$\nabla X_t = (\rho - 1) X_{t-1} + \xi_t, \; \xi_t \sim i.i.d. \; N(0, \sigma^2)$$

令 $\eta = \rho - 1$ 代入上式有

$$\nabla X_t = \eta X_{t-1} + \xi_t, \; \xi_t \sim i.i.d. \; N(0, \sigma^2)$$

故原假设和备择假设可改写为

$$H_0: \eta \geqslant 0, \; H_1: \eta < 0$$

相应地,检验统计量简化为

$$\tau = \frac{\hat{\eta}}{S(\hat{\eta})}$$

其中,$\hat{\eta}$ 为系数 η 的估计值,$S(\hat{\eta})$ 为 $\hat{\eta}$ 的标准差。

(4)ADF 检验

DF 检验考虑了一种最简单的序列平稳性检验,即序列值只受前一期(即滞后一期)数据影响。如果序列值除了受前一期数据影响外,还受前 p($p > 1$)期影响时,又该如何检验序列的平稳性呢?为此,Dickey 和 Fuller 提出了改进的 DF 检验,适用于更广泛的序列平稳性检验,

称为增广(Augmented)DF检验,记为 ADF 检验。

类似于 DF 检验,ADF 检验也有三种检验模型,我们以第一类检验模型为例介绍 ADF 检验。

考虑无漂移项、无趋势项滞后 p 期的检验模型

$$X_t = \varphi_1 X_{t-1} + \varphi_2 X_{t-2} + \cdots + \varphi_p X_{t-p} + \xi_t \tag{1.17}$$

其中,$\xi_t \sim i.i.d. N(0, \sigma^2)$。检验模型对应的特征方程为

$$\lambda^t - \varphi_1 \lambda^{t-1} - \varphi_2 \lambda^{t-2} \cdots - \varphi_p \lambda^{t-p} = 0 \tag{1.18}$$

记式(1.18)的特征根为 $\lambda_1, \lambda_2, \cdots, \lambda_p$。

若所有单位根都在单位圆内,即

$$|\lambda_i| < 1, \quad i = 1, 2, \cdots, p$$

则序列平稳。

若有一个特征根不满足上述条件,不妨设 $\lambda_1 = 1$ 代入式(1.18)得

$$\varphi_1 + \varphi_2 + \cdots + \varphi_p = 1$$

这说明如果检验模型的回归系数之和为 1,则序列非平稳。

为构造检验统计量,首先在式(1.17)两端同时减去 X_{t-1},同时通过添项和减项的方法,可将第一类检验模型写为

$$\nabla X_t = \eta X_{t-1} + \sum_{i=1}^{p-1} \beta_i \nabla X_{t-i} + \xi_t$$

其中,

$$\eta = \sum_{i=1}^{p} \varphi_i - 1, \quad \beta_i = -\sum_{j=i+1}^{p} \varphi_j$$

此时,检验假设为

$$H_0: \eta \geq 0, \quad H_1: \eta < 0$$

相应地,ADF 检验统计量为

$$\tau = \frac{\hat{\eta}}{S(\hat{\eta})}$$

其中,$\hat{\eta}$ 为系数 η 的估计值,$S(\hat{\eta})$ 为 $\hat{\eta}$ 的标准差。

同理,ADF 检验的其他两类检验模型分别如下:

第二类:带有漂移项的检验模型

$$X_t = a + \eta X_{t-1} + \sum_{i=1}^{p-1} \beta_i \nabla X_{t-i} + \xi_t, \quad \xi_t \sim i.i.d. N(0, \sigma^2)$$

第三类:带有趋势项的检验模型

$$X_t = a + \delta t + \eta X_{t-1} + \sum_{i=1}^{p-1} \beta_i \nabla X_{t-i} + \xi_t, \quad \xi_t \sim i.i.d. N(0, \sigma^2)$$

其中,a 是常数,δt 是线性趋势常数。

和 ADF 检验类似,通过蒙特卡罗(Monte Carlo)方法,可以得到了 ADF 统计量的临界值表,判断准则和 DF 检验一致。

例 1.10(续例 1.7)　检验化学反应序列的平稳性($\alpha = 0.05$)。

由图 1.6 看出序列均值不为 0,故选择第二类检验模型进行单位根检验,结果如下:

```
ADF statists=-5.376, p_value=0.000
   critical value:
        1%level:-3.530
        5%level:-2.905
        10%level:-2.590
```

从 ADF 检验结果看出该序列是平稳序列,这与图检验法结果一致。

例 1.11(续例 1.2) 检验 2012 年 1 月—2020 年 12 月美元对人民币汇率序列的平稳性。

第一类检验模型,结果如下:

```
ADF statists=0.133, p_value=0.727
   critical value:
        1%level:-2.587
        5%level:-1.944
        10%level:-1.615
```

第二类检验模型,结果如下:

```
ADF statists=-1.666, p_value=0.449
   critical value:
        1%level:-3.494
        5%level:-2.889
        10%level:-2.582
```

第三类检验模型,结果如下:

```
ADF statists=-2.300, p_value=0.434
   critical value:
        1%level:-4.047
        5%level:-3.453
        10%level:-3.152
```

根据检验结果可知,不论采用哪类检验模型,都说明序列具有非平稳性。

2. 白噪声检验

正如本节一开始提到的,一个平稳序列可能是白噪声序列。也就是说,序列中没有蕴含任何有价值的相关信息,对这一类序列就不需要继续进行分析。因此,当一个序列具有了平稳性,我们还需要判断其是否为白噪声序列。

根据白噪声定义 1.12,我们知道白噪声序列具有如下性质:

$$\gamma_k = 0, \ \forall k \neq 0$$

即

$$\rho_k = 0, \ \forall k \neq 0$$

这说明白噪声序列中延迟 k 相关系数都为 0,也就是白噪声序列是一个纯随机序列。但是对一个白噪声序列的观测值而言,其样本自相关函数值不会恰好全为 0。

例 1.12 考察标准正态白噪声序列的自相关函数图。

图 1.8 是标准正态白噪声序列的自相关函数图,可以看出这个白噪声序列的样本自相关系数取值都很小,但没有一个取值恰好为 0。这就提示我们,需要找到一个从统计意义下判断

序列有无自相关性的办法。

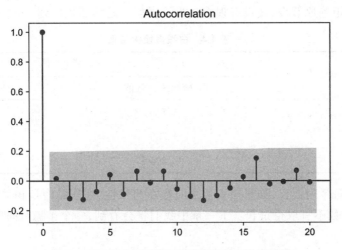

图 1.8　标准正态白噪声序列样本自相关函数图

定理 1.1　Bartlett 定理。

如果一个时间序列是纯随机的,得到其一个观察期数(长度)为 T 的样本序列,那么该序列的延迟非零阶的样本自相关系数将近似服从均值为 0,方差为序列观察期数倒数的正态分布,即

$$\hat{\rho}_k \dot{\sim} N\left(0, \frac{1}{T}\right), \quad \forall k \neq 0$$

根据 Bartlett 定理就可以构造出检验统计量用以检验序列的纯随机性。具体来说,该检验的原假设为延迟阶数小于或等于 k 的序列值之间相互独立,备择假设为延迟阶数小于或等于 k 的序列值之间存在相关性,即

$$H_0: \rho_1 = \rho_2 = \cdots = \rho_k, \quad \forall k \geqslant 1$$
$$H_1: 至少存在一个 \rho_m \neq 0, \quad \forall k \geqslant 1, m \leqslant k$$

其检验统计量有两个:

(1)Q 统计量

$$Q = T \sum_{m=1}^{k} \hat{\rho}_m^2$$

(2)LB(Ljung-Box)统计量

$$LB = T(T+2) \sum_{m=1}^{k} \frac{\hat{\rho}_m^2}{T-m}$$

其中,T 为样本序列长度,k 为指定延迟阶数,$\hat{\rho}_k$ 为 ρ 的估计值。

Q 统计量和 LB 统计量均服从自由度为 k 的卡方分布。当统计量的样本实现值大于 $\chi_{1-\alpha}^2(k)$ 时(即统计量的 p 值 $\leqslant \alpha$),拒绝原假设,认为序列不是白噪声,反之亦然。

LB 统计量是对 Q 统计量的修正,统称为 Q 统计量。一般检验时所采用的 Q 统计量通常是指 LB 统计量。

例 1.13　检验标准正态白噪声序列的白噪声性($\alpha = 0.05$)。

表 1.4 是整理后的检验结果。可以看出,延迟 $k(k=6,8,12)$ 阶的 LB 统计量的 p 值都大于显著性水平 α,不拒绝原假设,故没有理由认为该序列不是纯随机序列。

表 1.4 白噪声检验结果

延迟阶数	白噪声检验	
	LB检验统计量值	p值
6	5.718	0.455
12	8.289	0.762
18	14.304	0.709

对于平稳时间序列而言,如果序列值之间存在相关性,往往是短期相关性,所以在白噪声性检验中,延迟阶数不宜取得过长。下一章中我们将会看到,一个平稳时间序列,当 $k\to\infty$ 时,其 $\rho_k\to 0$。

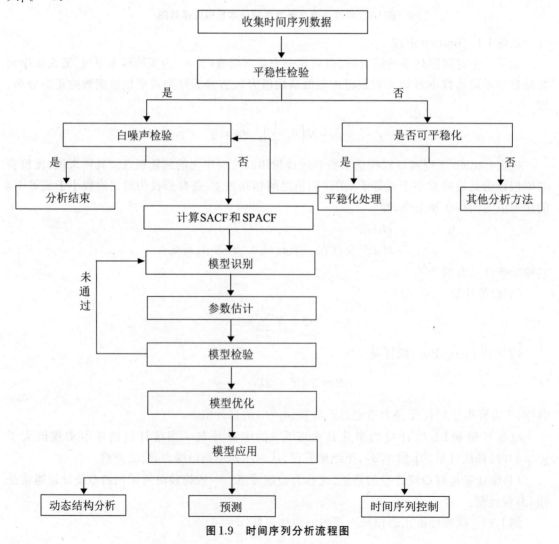

图 1.9 时间序列分析流程图

1.4.2　时间序列分析流程

基于 Box-Jenkins 建模思路的时间序列分析流程图如图 1.9 所示。对一个时间序列观察数据,首先检验其平稳性。如果不是平稳序列,还需进一步判断序列是否可平稳化。针对平稳或平稳化处理后的序列,进一步要检验是否为白噪声序列。如果是白噪声序列,那么数据分析结束;如果非白噪声时间序列,根据序列的样本自相关函数和偏自相关函数表现出的波动特征,初步识别出合适的模型,并估计其参数。然后对模型进行检验,包括:模型平稳可逆性检验、模型显著性检验等。若通过检验的模型不止一个,则根据准则函数对模型进行优化,最终选择一个相对最优模型。模型应用包括但不限于对系统的动态结构分析、预测和时间序列的控制。我们将在后续章节中详细介绍流程图中的每个环节。

1.5　时间序列分析软件——Python 简介

随着计算机技术的快速发展及其应用领域的扩大,时间序列分析可以借助很多软件完成。常用软件有:EViews、Matlab、SAS、R 和 Python 等。本书中,我们使用 Python 作为数据分析软件。下面将对 Python 软件做一简单介绍。

1.5.1　Python 介绍与安装

Python 是一个高层次的结合了解释性、编译性、互动性和面向对象的计算机语言。Python 的设计具有很强的可读性。实现高效开发是 Python 的重要特征。20 世纪 90 年代初,Guido van Rossum 在荷兰国家数学和计算机科学研究所设计出初代 Python,在其后三十年时间里,其功能不断完善、性能不断提高、各种系列版本不断更新,Python 已成为主流的计算机语言之一,也是时间序列分析实践操作的首选之一。2021 年 10 月,语言流行指数的编译器 Tiobe 将 Python 加冕为最受欢迎的编程语言,20 年来首次将其置于 Java、C 和 JavaScript 之上。

Python 官方免费下载网站为 https://www.python.org/。截至 2022 年 6 月,Windows 的最新环境为 3.10.5,用户点击主页"Download"选项后,可选择"Downlaod Python 3.10.2"项,下载安装程序"Python-3.10.2-amd64.exe",下载完成后进入 Python 安装向导后,完成 Python 基本环境的搭建。

近年来,Python 在时间序列分析领域越来越受欢迎的原因主要有以下几个方面:

(1)言简缜密,简明易学

Python 是一种代表简单主义思想的计算机语言。但在拥有简单易懂的前提下,还具备严谨而又专业的语言规范性,使用者能够专注于解决问题本身而不是去搞明白语言本身。同时随着应用领域的延伸,Python 在时间序列分析领域的代码范例也越来越丰富,便于开发者使用。

相比于用其他大多数编程语言编写的程序,Python 程序更整洁,几乎没有多余的符号,且使用的是简单易懂的英语名称。它将程序开发效率优先于代码运行效率,将代码简明性置于优先水平,打通与其他语言的接口,这些都形成了 Python 语言的独特优势。

(2)第三方拓展包资源丰富

Python拥有丰富的第三方程序包,可以帮助使用者处理各种工作。其中 Numpy、pandas、Matplotlib等第三方程序包在时间序列分析中有着卓越的表现,依托这些程序包,使用者能够方便且快速的完成对大多数时间序列的分析。

(3)开发社区生态良好

解决复杂的时间序列分析问题,往往需要相关领域的专业人士、算法模型开发人员、数据统计分析人员等合作。Python开发社区将这些人员通过互联网联合起来,同时也将已有的项目、成员、文档、成果等资源有效地结合起来,将 Python打造成一个全球化的生态系统,实现了资源共享与广泛交流,极大地提高了 Python的语言开发水平与效率。

1.5.2 Python的集成开发环境

集成开发环境(Integrated Development Environment, IDE)在管理众多第三方程序包中有着不可或缺的作用。除方便包管理外,集成开发环境还拥有着保存和重载代码文件、图形化用户界面、支持调试、自动补充代码格式等优化功能。其中,Anaconda是一个极为强大且广泛使用的集成环境。

1. Anaconda介绍及安装

Anaconda里面集成了很多关于Python科学计算的第三方库,且安装方便,也是一个开源的 Python发行版本。其包含了 Python、Conda等180多个科学包及其依赖项,Anaconda可以将各个库之间的依赖性良好地连接,在一众 IDE中,Anaconda可以兼容 Windows、Linux、MacOS X环境,可以简单高效地完成时间序列分析与数据科学任务。

通过官方下载网址(https://www.anaconda.com/)可免费下载个人版的 Anaconda,本书中选择支持 Python3.9的 Anaconda 2021.11 for Windows版本,下载文件名"Anaconda3-2021.11-Windows-x86_64.exe"的文件,按默认选项安装完 Anaconda后即可在"开始"菜单看到包括 Anaconda Promt、Anaconda Navigator、Spyder、Jupyter Notebook等部分。这些组成部分作用于 Python的集成开发环境的配置与管理、程序编写、代码运行等。

2. Spyder简介

Spyder是一个简单的集成开发环境,也是 Anaconda内置的集成开发环境。和其他的 Python开发环境相比,它最大的优点就是模仿 MATLAB的"工作空间"功能,可以很方便地观察和修改数组的值。Spyder一共由三个窗口组成,用户可以根据自己的喜好与操作习惯调整他们的位置与大小。最左侧的窗口为编写程序的区域,右下侧为 IPython的控制台,IPython的控制台左侧有"历史"按钮,点击即可查看历史,右上方为帮助文档区域。

3. Jupyter Notebook简介

Jupyter Notebook是基于网页的用于交互计算的应用程序。其可被应用于全过程计算,包括:开发、文档编写、运行代码和展示结果。简而言之,Jupyter Notebook是以网页的形式打开,可以在网页页面中直接编写代码和运行代码,代码的运行结果也会在代码块下直接显示。如在编程过程中需要编写说明文档,可在同一个页面中直接编写,便于作及时的说明和解释。

Jupyter Notebook操作简单。点击 Jupyter Notebook后,将会自动从默认网页链接,点击原始界面上"NEW"键,并选择"Python3",即可创造新的笔记本,用户可以在相应的窗口自行输入代码并运行。

1.5.3　时间序列数据的读入

利用 pandas 包可以简单高效率地读取时间序列数据，pandas 是 Python 一个数据分析包，能够快速处理结构化数据，同时也拥有着海量内容丰富的函数，这些使得 pandas 成为数据科学中重要的 Python 库。

序列是 pandas 组织分析数据常见的方式，读入不同类型的数据，对应着不同的代码，读取 csv 文件所使用的函数为 pd.read_csv('path')，读取 xlsx 文件所使用的函数为 pd.read_excel('path')，读取 txt 文件所使用的函数为 pd.read_table('path')，函数中'path'表示所对应的为文件路径。

以读入 excel 文件为例，读取某地商店 2022 年 1 月 1 日—1 月 29 日销售额数据，数据见附录 A1.8，代码如下：

```
import pandas as pd
data = pd.read_excel('销售额.xlsx', index_col="year", parse_dates=True)
```

【代码说明】
　　1)第 1 行，导入 pandas 模块并命名为 pd；
　　2)第 2 行，利用函数 pd.read_excel('path')读入 excel 文件。

读入数据如下(仅展示部分数据)：

```
        日期        销售额
0    2022-01-01    4702
1    2022-01-02    5034
2    2022-01-03    5636
3    2022-01-04    6337
4    2022-01-05    6138
⋮        ⋮          ⋮
28   2022-01-29    5425
```

1.5.4　时间序列数据的基本处理

1.描述统计分析

NumPy 包同时也具有强大的数据分析功能，其丰富的函数，能够帮助我们完成描述性统计工作，常见的描述性统计函数如表 1.5 所示。

表 1.5　常用描述性统计函数

功能	函数	解释
计算均值	np.mean()	数组各元素求均值
寻找最大值	np.max()	数组各元素求最大值
寻找最小值	np.min()	数组各元素求最小值
求和	np.sum()	数组各元素求和
计算平方根	np.sqrt()	数组各元素求平方根
计算方差	np.var()	数组各元素求方差
计算标准差	np.std()	数组各元素求标准差
计算变异系数	np.mean() / np.std()	数组各元素求变异系数

或者也可用data.describe( )函数计算数据的基本统计量。以某地商店销售量数据为例，计算数据的基本统计量，代码如下：

```
Print(data.describe( ).round (3))
```
【代码说明】
  计算数据基本统计量，结果保留三位小数。

输出结果如下：

```
            销售额
count    29.000
mean   5661.931
std     534.458
min    4702.000
25%    5276.000
50%    5485.000
75%    6138.000
max    6754.000
```

  输出结果中的统计量从上至下依次为样本量、样本均值、样本标准差、最小值、第一四分位数、中位数、第三四分位数及最大值。

  2.数据基本处理

  进行时间序列分析前，往往需要对数据进行一些变换，目的是让数据尽可能符合我们所做的假设，使我们能够在已有理论上对其分析。而对数变换是一种常见的数据变换方式，同时基于对数函数在其定义域内是单调增函数，取对数后不会改变数据的相对关系，也不会改变数据的性质和相关关系，所得到的数据更容易消除异方差问题。将时间序列数据取对数代码如下：

```
import numpy as np
logdata = np.log(data["销售额"])
print(logdata)
```
【代码说明】
  1）第1行，导入Numpy模块并命名为np；
  2）第2行，对销售额取对数；
  3）第3行，打印销售额取对数后的结果。

  另外，还可以通过对原始数据进行差分运算以消除数据波动的趋势性或周期性，使数据趋于平稳。通常情况下，一部分非平稳序列可通过差分变换转化为平稳序列，而有时候一阶差分原数据仍不平稳，此时还要做二阶差分等使原数据平稳。以生成非平稳随机数为例，分别对其进行一步差分、二步差分以及二阶差分，代码如下：

```
import pandas as pd
import numpy as np
import matplotlib.pyplot as plt
fig, axs = plt.subplots(4, 1)
np.random.seed(12345)
ut = np.random.randint(-30, 30, size=(100))
xt = np.cumsum(ut) + 500
```

```
axs[0].plot(xt)
df = pd.DataFrame(xt)
df_diff1_1 = df.diff()
df_diff1_2 = df.diff(2)
df_diff2 = df_diff1_1.diff()
axs[1].plot(df_diff1_1)
axs[2].plot(df_diff1_2)
axs[3].plot(df_diff2)
plt.tight_layout(pad=0.05, h_pad=0.6, w_pad=5.0)
```

【代码说明】
　　1)第 1 至 3 行,导入相应模块并分别命名;
　　2)第 4 行,将图像分为四行一列的子图像(理解成一块大画板被等分为四个部分);
　　3)第 5 至 6 行,随机生成(−30,30)区间上 100 个随机数,即生成非平稳时间序列;
　　4)第 7 行,对原始数据每个值加 500;
　　5)第 8 行,画出未差分数据时序图;
　　6)第 9 行,创建数据框;
　　7)第 10 行,对数据进行一步差分;
　　8)第 11 行,对数据进行二步差分;
　　9)第 12 行,对数据进行二阶差分;
　　10)第 13 至 16 行,画出差分后的时序图。

绘制时序图如下:

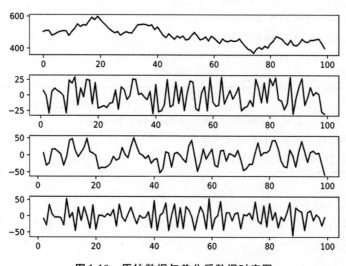

图 1.10　原始数据与差分后数据时序图

图 1.10 从上至下依次为原始序列时序图以及一步差分、二步差分、二阶差分后的时序图。

1.5.5　时间序列数据的预处理

1.ADF 检验

　　一个序列是否为平稳序列,可以通过单位根检验(ADF 检验)来判断。若检验结果显示序列存在单位根,则认为该序列不平稳。仍以某地商店 2022 年 1 月 1 日—1 月 29 日销售额数据

为例,对其进行单位根检验,代码如下:

```
from statsmodels.tsa.stattools import adfuller
print(adfuller(data["销售额"]), regression='c')
```

【代码说明】

1)第1行,导入模块中与单位根检验相关函数;

2)第2行,输出单位根检验结果,其中regression表示检验模型的类型,其参数nc表示采用第一类检验模型,c表示采用第二类检验模型,ct表示采用第三类检验模型。

输出结果为:

```
(-1.4881960032396673, 0.5393423164356161, 7, 21, {'1%': -3.7883858816542486, '5%': -3.013097747543462, '10%': -2.6463967573696143}, 266.6157739996262)
```

根据输出结果可以看出,单位根检验 t 统计量值为 -1.488 ,检验的 p 值为 0.539 ,根据单位根检验原假设"序列存在单位根",给定显著性水平 $\alpha=0.05$ 时,不拒绝原假设,认为原序列存在单位根,即销售额数据为非平稳时间序列。

关于单位根检验,我们还可以重新定义其输出结果,代码如下:

```
def ADF_print(adf):
print('   ADF statists=%.3f,'%adf[0],'p_value=%.3f\n'%adf[1])
print('   critical value:')
print('        1%%level:%.3f'%adf[4]['1%'])
print('        5%%level:%.3f'%adf[4]['5%'])
print('        10%%level:%.3f'%adf[4]['10%'])
import statsmodels.tsa.stattools as ts
adf = ts.adfuller(data)
ADF_print(adf)
```

【代码说明】

1)第1至6行,重新定义ADF检验输出结果的格式,并设置输出精度;

2)第7行,导入模块中与单位根检验相关函数;

3)第8至9行,进行单位根检验并输出结果。

输出结果如下:

```
ADF statists=-1.488, p_value=0.539
  critical value:
      1%level:-3.788
      5%level:-3.013
     10%level:-2.646
```

由输出结果可知,检验p值为 0.539 ,不拒绝原假设,即认为序列非平稳。

2.白噪声检验

仍以前数据为例,进行白噪声检验(Ljung-Box检验),相应代码如下:

```
from statsmodels.stats.diagnostic import acorr_ljungbox
acorr_ljungbox(data["销售额"], lags=18)
```

【代码说明】
　　1)第1行,导入模块中与白噪声检验相关函数;
　　2)第2行,对原序列进行白噪声检验,输出白噪声检验结果。

输出结果如下:

```
(array([8.76155812,  10.4623866 ,  23.42631303,  32.82735762,
        33.25377704,  39.13358736,  54.28712947,  57.33285265,
        60.10710505,  71.35253502,  77.77222453,  78.02763314,
        81.99772778,  95.28013139, 100.13973167, 100.92810325,
       110.82684967, 116.99088542]),
 array([3.07646107e-03, 5.34714076e-03, 3.29085140e-05, 1.29574755e-06,
        3.35101316e-06, 6.73873177e-07, 2.06352604e-09, 1.55054617e-09,
        1.27844899e-09, 2.42844504e-11, 3.97241493e-12, 9.80008601e-12,
        4.63684550e-12, 3.78199028e-14, 1.22751097e-14, 2.32011611e-14,
        8.43292826e-16, 1.54801515e-16]))
```

检验结果中,第一个数组显示了延迟$k(k=1,2,\cdots,18)$时对应的检验统计量值,第二个数组则是检验统计量对应的p值。

　　根据白噪声检验原假设"滞后k阶序列值无相关性",由输出结果可以看出,给定显著性水平$\alpha=0.05$时,滞后1期到滞后18期,检验统计量对应的p值均小于显著性水平,故拒绝原假设,认为序列为不是白噪声序列。

1.6　习　题

　　1.什么是时间序列?请举例说明。

　　2.什么是时间序列分析?时间序列分析的方法有哪些?

　　3.序列$\{2,4,6,8,10,\cdots,100\}$,完成以下问题:

　　(1)判断该序列是否平稳;

　　(2)计算该组序列的样本自相关系数$\hat{\rho}_k(k=1,2,\cdots,6)$;

　　(3)绘制该样本自相关图,并描述序列波动特点。

　　4.设序列$\{X_t\}$的长度为10的样本为0.8,0.82,0.9,0.74,0.82,0.92,0.78,0.86,0.72,0.84,绘制该样本自相关图述序列波动特点。

　　5.根据书中例题数据,数据见附录A1.1至附录A1.8,完成以下问题:

　　(1)利用单位根检验,判断序列的平稳性;

　　(2)若序列是平稳序列,判断序列的纯随机性;

　　(3)若序列是非平稳序列,判断一阶差分后序列的平稳性。

　　6.对卡车故障的日平均数数据做以下分析,数据见附录A1.9。

(1)做时序图,分析序列波动特点;

(2)给出序列样本统计量,包括样本均值、方差等;

(3)利用单位根检验,判断序列的平稳性;

(4)若序列是平稳序列,判断序列的纯随机性。

7. 对 2021001—2021089 期彩票双色球蓝球数字数据做以下分析,数据见附录 A1.10。

(1)做时序图,分析序列波动特点;

(2)利用单位根检验,判断序列的平稳性;

(3)若序列是平稳序列,判断序列的纯随机性。

8. 对 1975—1982 年美国啤酒季度产量数据做以下分析,数据见附录 A1.11。

(1)做时序图,分析序列波动特点;

(2)利用单位根检验,判断序列的平稳性。

第2章 平稳时间序列模型

平稳时间序列是一类重要的时间序列。一个非白噪声的平稳序列,蕴含着该序列前后值之间的相关关系,通常我们用一个平稳时间序列模型去拟合该序列的发展变化,借此提取序列中的相关信息。本章介绍常用的平稳时间序列模型,包括 AR 模型、MA 模型、ARMA 模型以及它们各自的特征。

2.1 自回归模型

2.1.1 一阶自回归模型

如果一个时间序列 $\{X_t, t \in T\}$ 中随机变量之间不是独立的,特别地,该时间序列当前时刻的取值主要受其上一时刻取值的影响,而与其他时刻的取值无直接关系,即 X_t 与 X_{t-1} 之间存在相关关系。从系统动态性(记忆性)来看,就是指系统中存在一阶动态性(即一期记忆性)。用来描述这种一阶动态性的模型就是一阶自回归模型(autoregression model)。

定义 2.1 一阶自回归模型。

具有如下结构的模型称为一阶自回归模型,简记为 AR(1):

$$\begin{cases} X_t = \phi_0 + \phi_1 X_{t-1} + \varepsilon_t \\ \phi_1 \neq 0 \\ E\varepsilon_t = 0, Var\varepsilon_t = \sigma_\varepsilon^2, E(\varepsilon_s\varepsilon_t) = 0, s \neq t \\ E(X_s\varepsilon_t) = 0, \forall s < t \end{cases} \tag{2.1}$$

其中,ϕ_0 称为常数项,ϕ_1 称为自回归系数,$\varepsilon_t \sim WN(0, \sigma_\varepsilon^2)$ 称为随机扰动项。当常数 $\phi_0 = 0$ 时,模型称为中心化一阶自回归模型,即

$$\begin{cases} X_t = \phi_1 X_{t-1} + \varepsilon_t \\ \phi_1 \neq 0 \\ E\varepsilon_t = 0, Var\varepsilon_t = \sigma_\varepsilon^2, E(\varepsilon_s\varepsilon_t) = 0, s \neq t \\ E(X_s\varepsilon_t) = 0, \forall s < t \end{cases} \tag{2.2}$$

非中心化的一阶自回归模型可以通过下面的变换转化为中心化模型。具体地,令

$$\mu = \frac{\phi_0}{1 - \phi_1}, \quad Y_t = X_t - \mu$$

将 $X_t = Y_t + \mu$ 代入式(2.1)得

$$Y_t = \phi_1 Y_{t-1} + \varepsilon_t$$

从式(2.2)中可以看出,AR(1)模型具有如下特点:

（1）自回归系数 $\phi_1 \neq 0$，保证了模型的最高阶数为 1；

（2）模型中的随机扰动序列 $\{\varepsilon_t\}$ 是零均值、同方差、两两不相关的白噪声序列，即 $\varepsilon_t \sim WN(0, \sigma_\varepsilon^2)$；

（3）随机扰动序列 $\{\varepsilon_t\}$ 与序列的前期值之间无相关关系；

（4）模型可以表示成随机扰动序列的加权和，如下：

$$
\begin{aligned}
X_t &= \phi_1 X_{t-1} + \varepsilon_t \\
&= \phi_1(\phi_1 X_{t-2} + \varepsilon_{t-1}) + \varepsilon_t \\
&= \phi_1^2 X_{t-2} + \phi_1 \varepsilon_{t-1} + \varepsilon_t \\
&\vdots \\
&= \sum_{j=0}^{\infty} \phi_1^j \varepsilon_{t-j}
\end{aligned}
\tag{2.3}
$$

由上面的推导过程可以看出，服从 AR(1) 模型的序列 $\{X_t\}$ 经过多次迭代后，可以表示为白噪声序列 $\{\varepsilon_t\}$ 的无穷线性和。其中，权重 ϕ_1^j 的大小描述了在 $t-j$ 时刻进入系统的白噪声 ε_{t-j} 对当前时刻（t 时刻）序列值 X_t 的影响程度（$j > 0$）。若 $|\phi_1^j| < 1(j = 1, 2, \cdots)$，则意味着随着 j 的增加，ε_{t-j} 对当前时刻序列值 X_t 的影响程度越来越小，当 $j \to \infty$ 时，ε_{t-j} 对序列值 X_t 的影响几乎趋于 0。

一般情况下，我们可以省略式（2.2）中部分约束条件，而将 AR(1) 模型简记为

$$
X_t = \phi_1 X_{t-1} + \varepsilon_t, \ \varepsilon_t \sim WN(0, \sigma_\varepsilon^2)
\tag{2.4}
$$

为在实际研究和应用中书写方便，我们还可以引入第 1 章中介绍的滞后算子，将式（2.4）表示为更简洁的形式。对中心化一阶自回归模型，引入滞后算子 B，可将其表示为

$$
X_t = \phi_1 X_{t-1} + \varepsilon_t = \phi_1 B X_t + \varepsilon_t
\tag{2.5}
$$

令 $\Phi(B) = 1 - \phi_1 B$，称为一阶自回归系数多项式，则式（2.5）可写为

$$
\Phi(B) X_t = \varepsilon_t, \ \varepsilon_t \sim WN(0, \sigma_\varepsilon^2)
$$

例 2.1 考虑如下四个 AR(1) 模型，其中 $\varepsilon_t \sim WN(0, \sigma_\varepsilon^2)$。

模型一：$X_t = 0.7 X_{t-1} + \varepsilon_t$

模型二：$X_t = -0.7 X_{t-1} + \varepsilon_t$

模型三：$X_t = 1.1 X_{t-1} + \varepsilon_t$

模型四：$X_t = -1.1 X_{t-1} + \varepsilon_t$

分别模拟上述四个 AR(1) 模型的序列值（100 个），并绘制时序图，如图 2.1。

从图 2.1 中可以看出，根据模型一、模型二分别模拟的时间序列对应的时序图变化具有如下特征：两个序列的取值有正亦有负，都围绕着常数 0 上下波动。从长期来看，序列波动没有持续上升或下降的趋势。模型三对应的时序图中，前期序列值一直保持稳定，大约在第 70 个值附近，突然出现持续下降的趋势。观察模型四对应的时序图可以看出，序列值前期基本稳定在 0 值附近，从第 40 个值开始序列产生了波动，且波动程度越来越剧烈，这也意味着序列的方差变得越来越大。在时间序列分析中，我们通常将模型一、模型二称为平稳模型，其对应的时间序列称为平稳时间序列。反之，模型三、模型四称为非平稳模型，其对应的时间序列称为非平稳时间序列。这里提到的概念"平稳模型"将在本章第 2.4 节中做详细介绍。

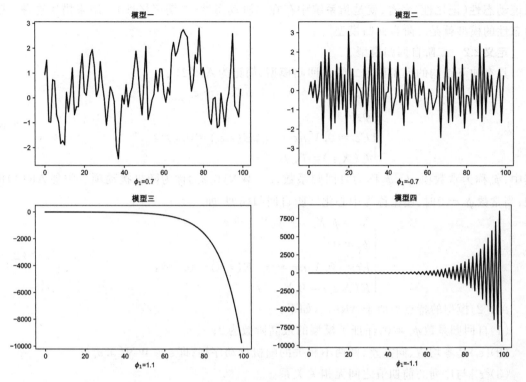

图 2.1　AR(1)模型在 ϕ_1 不同取值下的模拟序列时序图

另外考虑 AR(1)模型,其参数 ϕ_1 分别取 0.3、0.5 和 0.9 时,相应模型的模拟序列的时序图如图 2.2。

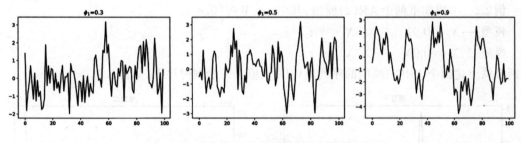

图 2.2　不同参数下 AR(1)模型模拟序列时序图

从图 2.2 中看出,由不同 AR(1)模型模拟的三个序列都围绕着 0 值上下波动。但模型中参数取不同值时,序列波动特点不尽相同。当 $\phi_1 > 0$ 时,参数越接近 0,序列的波动越剧烈,偏离 0 值到下一次再返回 0 值的时间间隔越短;参数越接近 1,序列波动相对缓慢,偏离 0 值的时间越长。有兴趣的读者还可以在参数 ϕ_1 其他不同的设定下,模拟研究参数取值变化对序列波动特点的影响(模拟代码将在案例分析中给出,参看本章第 2.7.3 小节)。

2.1.2　二阶自回归模型

如果时间序列 $\{X_t, t \in T\}$ 当前时刻的取值不仅受上一时刻 X_{t-1} 的影响,还受 X_{t-2} 的影响。也就是 X_t 与 X_{t-1}, X_{t-2} 存在相关性,而在 X_{t-2}, X_{t-1} 已知的条件下与 $X_{t-j}(j = 3, 4, \cdots)$ 无关。从

系统动态性(记忆性)来看,就是指系统中存在二阶动态性(二期记忆性)。用来描述这种二阶动态性的模型就是二阶自回归模型。

定义2.2 二阶自回归模型。

具有如下结构的模型称为二阶自回归模型,简记为AR(2):

$$\begin{cases} X_t = \phi_0 + \phi_1 X_{t-1} + \phi_2 X_{t-2} + \varepsilon_t \\ \phi_2 \neq 0 \\ E\varepsilon_t = 0, Var\varepsilon_t = \sigma_\varepsilon^2, E(\varepsilon_s\varepsilon_t) = 0, s \neq t \\ E(X_s\varepsilon_t) = 0, \forall s < t \end{cases} \quad (2.6)$$

其中,ϕ_0称为常数项,ϕ_1, ϕ_2称为自回归系数,$\varepsilon_t \sim WN(0, \sigma_\varepsilon^2)$称为随机扰动项。类似AR(1)模型,当常数$\phi_0 = 0$时,模型称为中心化二阶自回归模型,即

$$\begin{cases} X_t = \phi_1 X_{t-1} + \phi_2 X_{t-2} + \varepsilon_t \\ \phi_2 \neq 0 \\ E\varepsilon_t = 0, Var\varepsilon_t = \sigma_\varepsilon^2, E(\varepsilon_s\varepsilon_t) = 0, s \neq t \\ E(X_s\varepsilon_t) = 0, \forall s < t \end{cases} \quad (2.7)$$

AR(2)模型的特点类似于AR(1),如下:

(1)自回归系数$\phi_2 \neq 0$,保证了模型的最高阶数为2;

(2)$\{\varepsilon_t\}$是零均值、同方差,两两不相关的随机扰动序列,即$\varepsilon_t \sim WN(0, \sigma_\varepsilon^2)$;

(3)$\{\varepsilon_t\}$与序列的前期值之间无相关关系。

引入滞后算子,同时省略式(2.7)中部分约束条件,中心化的二阶自回归模型可简记为

$$\Phi(B)X_t = \varepsilon_t, \ \varepsilon_t \sim WN(0, \sigma_\varepsilon^2)$$

其中,$\Phi(B) = 1 - \phi_1 B - \phi_2 B^2$,称为二阶自回归系数多项式。

例2.2 考虑如下两个AR(2)模型,其中$\varepsilon_t \sim WN(0, \sigma_\varepsilon^2)$。

模型一:$X_t = 0.9X_{t-1} - 0.5X_{t-2} + \varepsilon_t$

模型二:$X_t = 0.9X_{t-1} + 0.5X_{t-2} + \varepsilon_t$

分别模拟上述两个AR(2)模型的序列值(100个值),并绘制时序图,如图2.3。

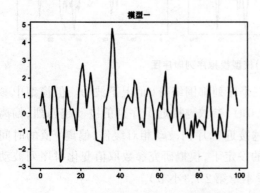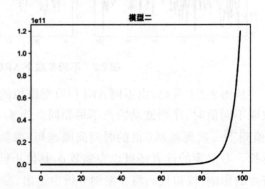

图2.3 AR(2)模型在ϕ_1, ϕ_2不同取值下的模拟序列时序图

从图2.3中可以看出,根据模型一模拟的时间序列围绕着常数0上下波动,且序列波动没有长期上升或下降的趋势。根据模型二模拟的时间序列前期值一直保持稳定,而在第80个值附近,有了明显急速上升的趋势。

2.1.3　p 阶自回归模型

更一般地,如果时间序列 $\{X_t, t \in T\}$ 当前时刻的取值与 $X_{t-1}, X_{t-2}, \cdots, X_{t-p}$ 都有相关性,那么不论是 AR(1) 模型还是 AR(2) 模型都不能描述这种序列间的相关性。这时,我们需要用更高阶的自回归模型来刻画系统的这种长期记忆性。

定义 2.3　p 阶自回归模型。

具有如下结构的模型称为 p 阶自回归模型,简记为 AR(p):

$$\begin{cases} X_t = \phi_0 + \phi_1 X_{t-1} + \phi_2 X_{t-2} + \cdots + \phi_p X_{t-p} + \varepsilon_t \\ \phi_p \neq 0 \\ E\varepsilon_t = 0, Var\varepsilon_t = \sigma_\varepsilon^2, E(\varepsilon_s \varepsilon_t) = 0, s \neq t \\ E(X_s \varepsilon_t) = 0, \forall s < t \end{cases} \tag{2.8}$$

其中,ϕ_0 称为常数项,$\phi_1, \cdots, \phi_p$ 称为自回归系数,$\varepsilon_t \sim WN(0, \sigma_\varepsilon^2)$ 称为随机扰动项。当常数 $\phi_0 = 0$ 时,模型称为中心化 p 阶自回归模型,即

$$\begin{cases} X_t = \phi_1 X_{t-1} + \phi_2 X_{t-2} + \cdots + \phi_p X_{t-p} + \varepsilon_t \\ \phi_p \neq 0 \\ E\varepsilon_t = 0, Var\varepsilon_t = \sigma_\varepsilon^2, E(\varepsilon_s \varepsilon_t) = 0, s \neq t \\ E(X_s \varepsilon_t) = 0, \forall s < t \end{cases} \tag{2.9}$$

AR(p) 模型特点如下:

(1) 自回归系数 $\phi_p \neq 0$,保证了模型的最高阶数为 p;

(2) $\{\varepsilon_t\}$ 是零均值、同方差,两两不相关的白噪声序列,即 $\varepsilon_t \sim WN(0, \sigma_\varepsilon^2)$;

(3) $\{\varepsilon_t\}$ 与序列的前期值之间无相关关系。

引入滞后算子,中心化的 p 阶自回归模型简记为

$$\Phi(B) X_t = \varepsilon_t, \ \varepsilon_t \sim WN(0, \sigma_\varepsilon^2)$$

其中,$\Phi(B) = 1 - \phi_1 B - \cdots - \phi_p B^p$,称为 p 阶自回归系数多项式。

2.2　移动平均模型

自回归模型有一个基本假设:时间序列当前时刻的取值 X_t 仅与 $X_{t-1}, X_{t-2}, \cdots, X_{t-p}$ 及当前时刻的随机扰动 ε_t 有关,也就是序列当前取值只与序列本身前期取值及当前的扰动有关,而与前期进入系统的随机扰动序列 $\{\varepsilon_t\}$ 无关。但有些情况下,序列在 t 时刻的取值 X_t 与 $t, t-1, t-2, \cdots$ 时刻进入系统的随机扰动序列存在一定程度的相关关系,用以描述这种相关关系的模型称为移动平均模型(moving average model)。

2.2.1　一阶移动平均模型

最简单的移动平均模型是一阶移动平均模型。

定义 2.4　一阶移动平均模型。

具有如下结构的模型称为一阶移动平均模型,简记为 MA(1):

$$\begin{cases} X_t = \mu + \varepsilon_t - \theta_1 \varepsilon_{t-1} \\ \theta_1 \neq 0 \\ E\varepsilon_t = 0, Var\varepsilon_t = \sigma_\varepsilon^2, E(\varepsilon_s\varepsilon_t) = 0, s \neq t \end{cases} \qquad (2.10)$$

其中,μ 称为常数项,θ_1 称为移动平均系数。当常数 $\mu = 0$ 时,模型称为中心化一阶移动平均模型,即

$$\begin{cases} X_t = \varepsilon_t - \theta_1 \varepsilon_{t-1} \\ \theta_1 \neq 0 \\ E\varepsilon_t = 0, Var\varepsilon_t = \sigma_\varepsilon^2, E(\varepsilon_s\varepsilon_t) = 0, s \neq t \end{cases} \qquad (2.11)$$

从模型 MA(1) 的定义中可以看出,序列在 t 时刻的取值不仅受到当前时刻随机扰动的影响,同时也受到前一时刻随机扰动 ε_{t-1} 的影响。

引入滞后算子,中心化的一阶移动平均模型简记为

$$X_t = \Theta(B)\varepsilon_t, \ \varepsilon_t \sim WN(0, \sigma_\varepsilon^2)$$

其中,$\Theta(B) = 1 - \theta_1 B$,称为一阶移动平均系数多项式。

例 2.3 模拟下面两个 MA(1) 模型的序列值并绘制时序图,其中 $\varepsilon_t \sim WN(0, \sigma_\varepsilon^2)$。

(1)模型一:$X_t = \varepsilon_t - 3\varepsilon_{t-1}$

(2)模型二:$X_t = \varepsilon_t - \dfrac{1}{3}\varepsilon_{t-1}$

图 2.4 是根据模型一、模型二分别绘制的时序图。从图中看出,两个序列的波动均围绕在 0 值附近,并且没有明显的上升或下降的趋势,也没有周期变化的特点。

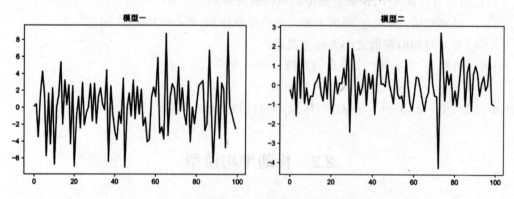

图 2.4　MA(1)模型在 θ_1 不同取值下的模拟序列时序图

2.2.2　q 阶移动平均模型

如果时间序列 $\{X_t, t \in T\}$ 当前时刻的取值 X_t 与 $\varepsilon_t, \varepsilon_{t-1}, \varepsilon_{t-2}, \cdots, \varepsilon_{t-q}$ 都有关,那么我们应当将建立 q 阶移动平均模型来描述这种相关关系。

定义 2.5 q 阶移动平均模型。

具有如下结构的模型称为 q 阶移动平均模型,简记为 MA(q):

$$\begin{cases} X_t = \mu + \varepsilon_t - \theta_1 \varepsilon_{t-1} - \cdots - \theta_q \varepsilon_{t-q} \\ \theta_q \neq 0 \\ E\varepsilon_t = 0, Var\varepsilon_t = \sigma_\varepsilon^2, E(\varepsilon_s \varepsilon_t) = 0, s \neq t \end{cases} \tag{2.12}$$

其中，μ 称为常数项，$\theta_1, \theta_2, \cdots, \theta_q$ 称为移动平均系数。当常数 $\mu = 0$ 时，模型称为中心化 q 阶移动平均模型，即

$$\begin{cases} X_t = \varepsilon_t - \theta_1 \varepsilon_{t-1} - \cdots - \theta_q \varepsilon_{t-q} \\ \theta_1 \neq 0 \\ E\varepsilon_t = 0, Var\varepsilon_t = \sigma_\varepsilon^2, E(\varepsilon_s \varepsilon_t) = 0, s \neq t \end{cases} \tag{2.13}$$

引入滞后算子，中心化的 q 阶移动平均模型简记为

$$X_t = \Theta(B)\varepsilon_t, \quad \varepsilon_t \sim WN(0, \sigma_\varepsilon^2)$$

其中，$\Theta(B) = 1 - \theta_1 B - \cdots - \theta_q B^q$，称为 q 阶移动平均系数多项式。

2.3　自回归移动平均模型

前面我们分别讨论了如何描述序列当前时刻取值与序列自身历史值之间的相关关系以及序列当前时刻取值与随机扰动序列之间的相关关系。很自然地，我们会考虑这样一个问题：如果序列当前时刻取值不仅受自身历史值的影响，同时还受到随机扰动序列的影响，那么应该如何描述这种相关关系呢？此时，模型中既要包含序列自身的滞后项，也要包含随机扰动序列的滞后项。这样的模型称为自回归移动平均模型（autoregression moving average model）。

定义 2.6　p 阶自回归 q 阶移动平均模型。

具有如下结构的模型称为 p 阶自回归 q 阶移动平均模型，简记为 ARMA(p, q)：

$$\begin{cases} X_t = \phi_0 + \phi_1 X_{t-1} + \cdots + \phi_p X_{t-p} + \varepsilon_t - \theta_1 \varepsilon_{t-1} - \cdots - \theta_q \varepsilon_{t-q} \\ \phi_p \neq 0, \theta_q \neq 0 \\ E\varepsilon_t = 0, Var\varepsilon_t = \sigma_\varepsilon^2, E(\varepsilon_s \varepsilon_t) = 0, s \neq t \\ E(X_s \varepsilon_t) = 0, \forall s < t \end{cases} \tag{2.14}$$

其中，ϕ_0 称为常数项，$\phi_1, \phi_2 \cdots, \phi_p$ 称为自回归系数，$\theta_1, \theta_2 \cdots, \theta_q$ 称为移动平均系数。当常数 $\phi_0 = 0$ 时，模型称为中心化 p 阶自回归 q 阶移动平均模型，即

$$\begin{cases} X_t = \phi_1 X_{t-1} + \cdots + \phi_p X_{t-p} + \varepsilon_t - \theta_1 \varepsilon_{t-1} - \cdots - \theta_q \varepsilon_{t-q} \\ \phi_p \neq 0, \theta_q \neq 0 \\ E\varepsilon_t = 0, Var\varepsilon_t = \sigma_\varepsilon^2, E(X_s \varepsilon_t)(\varepsilon_s \varepsilon_t) = 0, s \neq t \\ E(X_s \varepsilon_t) = 0, \forall s < t \end{cases} \tag{2.15}$$

本书后续内容中，如无特殊说明，研究的都是中心化模型。

引入滞后算子，中心化的 p 阶自回归 q 阶移动平均模型简记为

$$\Phi(B) X_t = \Theta(B)\varepsilon_t, \quad \varepsilon_t \sim WN(0, \sigma^2)$$

其中，$\Phi(B) = 1 - \phi_1 B - \phi_2 B^2 - \cdots - \phi_p B^p$ 为 p 阶自回归系数多项式，$\Theta(B) = 1 - \theta_1 B - \cdots - \theta_q B^q$ 为 q 阶移动平均系数多项式。

特别地,对 ARMA(p, q)模型,当 $q=0$ 时,原模型退化为 AR(p)模型;当 $p=0$ 时,原模型退化为 MA(q)模型。

2.4 平稳时间序列模型的特征

2.4.1 模型的平稳性

平稳性是时间序列非常重要的性质。一个序列具有平稳性,则意味着使用现在和过去的序列值信息对未来的序列值进行预测是可靠的。关于平稳性,即可以如第 1 章中介绍的那样,借助模型特征方程的根来判断;也可以从随机扰动序列对系统影响的持续程度来判断(简单来说,假如一个时间序列是平稳的,那么在任何时刻 t 进入系统的随机扰动 ε_t,其对系统的扰动都会随着时间的推移而减弱,最终在时刻 $t+s$($s\to\infty$)消失)。本小节中我们将先介绍 ARMA 模型的格林函数,然后介绍 ARMA 模型平稳性的两种判别方法。

1.传递形式与格林函数

定义 2.7 传递形式与格林函数。

如果一个时间序列$\{X_t, t\in T\}$可以表示成当前随机扰动和前期随机扰动加权和的形式,也就是

$$X_t=\sum_{j=0}^{\infty}G_j\varepsilon_{t-j} \tag{2.16}$$

其中,$G_0=1$ 且满足 $\sum_{j=0}^{\infty}|G_j|<\infty$,则式(2.16)称为时间序列的传递形式。传递形式中权重系数 G_j 称为格林(Green)函数,也称为记忆函数。

从定义 2.7 中看出,格林函数是用以描述系统对随机扰动记忆程度的函数。具体来说,G_j 反映了 $t-j$ 时刻进入系统的随机扰动 ε_{t-j} 对当前序列值 X_t 的影响程度。G_j 越大,随机扰动 ε_{t-j} 对序列当前值 X_t 的影响也就越大。反之,G_j 越小,随机扰动 ε_{t-j} 对序列当前值 X_t 的影响也就越小。故可将格林函数的意义总结如下:

(1)若以 t 为当前时刻,G_j 表示在 j 个时间单位前(也就是在 $t-j$ 时刻)进入系统的随机扰动 ε_{t-j} 对当前序列值 X_t 影响程度的大小。G_j 越大,则过去的扰动对 t 时刻系统的影响也越大,也就说明系统的记忆性越强;

(2)格林函数 G_j 刻画了系统的动态响应规律,亦即系统的记忆性;

(3)若 $j\to\infty$ 时,$|G_j|\to 0$,则说明过去时刻进入系统的扰动所带来的影响会随着时间的推移而逐渐减弱;若 $j\to\infty$ 时,$|G_j|$ 不收敛于 0,则说明过去的扰动带给系统的影响不会随着时间的推移而减弱。很显然,前一种情况下,随着时间的推移,过去的随机扰动对系统带来的影响逐渐减弱,系统会在某个时刻回到最初的平衡位置,因而系统是稳定的;后一种情况下,由于扰动带来的影响会对系统产生长期作用,因而系统再次回到平衡位置的时间会越来越长,最终导致系统的不稳定性。

2. ARMA(p, q)模型的格林函数

(1)AR(p)模型的格林函数

中心化的 p 阶自回归模型为

$$\Phi(B)X_t = \varepsilon_t, \quad \varepsilon_t \sim WN(0, \sigma_\varepsilon^2)$$

根据定义 2.7 中式(2.16),其传递形式可按如下步骤计算:

由 $\Phi(B)X_t = \varepsilon_t$ 可知

$$X_t = \frac{\varepsilon_t}{\Phi(B)} = \frac{\varepsilon_t}{1 - \phi_1 B - \phi_2 B^2 - \cdots - \phi_p B^p}$$

$$= \frac{\varepsilon_t}{\prod_{i=1}^{p}(1 - \lambda_i B)} = \sum_{i=1}^{p} \frac{k_i}{1 - \lambda_i B} \varepsilon_t$$

$$= \sum_{i=1}^{p} \sum_{j=0}^{\infty} k_i(\lambda_i B)^j \varepsilon_t = \sum_{j=0}^{\infty} \sum_{i=1}^{p} k_i \lambda_i^j \varepsilon_{t-j}$$

其中,k_i 为满足一定约束条件的常数,$\frac{1}{\lambda_i}(i=1, 2, \cdots, p)$ 为 $\Phi(B)=0$ 的 p 个根。

定义 $G_j = \sum_{i=1}^{p} k_i \lambda_i^j$,上式可写为

$$X_t = \sum_{j=0}^{\infty} G_j \varepsilon_{t-j} = G(B)\varepsilon_t \tag{2.17}$$

其中,定义 $G(B) = G_0 + G_1 B + G_2 B^2 + \cdots$,且 $G_0 = 1$。对比式(2.16)可知,式(2.17)正是 AR(p)的传递形式,其格林函数为 $G_j = \sum_{i=1}^{p} k_i \lambda_i^j$。

从另一个角度看,若将式(2.17)代入 $\Phi(B)X_t = \varepsilon_t$ 可得

$$\Phi(B)G(B)\varepsilon_t = \varepsilon_t \tag{2.18}$$

展开并整理式(2.18)得

$$\left[G_0 + \sum_{j=1}^{\infty}\left(G_j - \sum_{k=1}^{j} \phi_k' G_{j-k}\right)B^j\right]\varepsilon_t = \varepsilon_t \tag{2.19}$$

根据待定系数法,若式(2.19)中等号成立,则其等号右端中每个 B^j 的系数均为 0,即对任意的 $j \geqslant 1$ 有

$$G_j - \sum_{k=1}^{j} \phi_k' G_{j-k} = 0$$

由此可得 AR(p)模型格林函数的显示表达,其递推公式为

$$G_j = \begin{cases} 1, & j = 0 \\ \sum_{k=1}^{j} \phi_k' G_{j-k}, & j \geqslant 1 \end{cases} \tag{2.20}$$

其中,

$$\phi_k' = \begin{cases} \phi_k, & 1 \leqslant k \leqslant p \\ 0, & k > p \end{cases}$$

例2.4 试计算 AR（1）模型的格林函数。

解：对 AR（1）模型 $X_t = \phi_1 X_{t-1} + \varepsilon_t$，由式（2.20）知

$$G_0 = 1$$

$$G_1 = \sum_{k=1}^{1} \phi_k' G_{1-k} = \phi_1' G_0 = \phi_1$$

$$G_2 = \sum_{k=1}^{2} \phi_k' G_{2-k} = \phi_1' G_1 + \phi_2' G_0 = \phi_1^2$$

$$\vdots$$

$$G_j = \sum_{k=1}^{j} \phi_k' G_{j-k} = \phi_1^j$$

故 AR（1）模型的格林函数为

$$G_j = \begin{cases} 1, & j=0 \\ \phi_1^j, & j \geqslant 1 \end{cases}$$

（2）MA（q）模型的格林函数

根据式（2.13）定义的中心化 q 阶移动平均模型

$$X_t = \Theta(B)\varepsilon_t = \varepsilon_t - \theta_1 \varepsilon_{t-1} - \cdots - \theta_q \varepsilon_{t-q}$$

该模型可改写成如下无穷和的形式：

$$X_t = \varepsilon_t + (-\theta_1)\varepsilon_{t-1} + \cdots + (-\theta_q)\varepsilon_{t-q} + 0 \cdot \varepsilon_{t-(q+1)} + 0 \cdot \varepsilon_{t-(q+2)} + \cdots$$

对比式（2.16）可知，上式正是 MA（q）的传递形式，即

$$X_t = \sum_{j=0}^{\infty} G_j \varepsilon_{t-j}$$

相应地，MA（q）模型的格林函数为

$$G_j = \begin{cases} 1, & j=0 \\ -\theta_j, & 1 \leqslant j \leqslant q \\ 0, & j > q \end{cases} \tag{2.21}$$

（3）ARMA（p, q）模型的格林函数

根据式（2.15）定义的中心化 ARMA（p, q）模型为

$$\Phi(B)X_t = \Theta(B)\varepsilon_t$$

为获得其格林函数，我们将模型改写为如下形式：

$$X_t = \frac{\Theta(B)}{\Phi(B)}\varepsilon_t$$

因为 X_t 可表示为传递形式 $X_t = \sum_{j=0}^{\infty} G_j \varepsilon_{t-j}$，将其代入上式，得

$$\sum_{j=0}^{\infty} G_j \varepsilon_{t-j} = \frac{\Theta(B)}{\Phi(B)}\varepsilon_t$$

对上式利用待定系数法，可得 ARMA（p, q）模型格林函数的递推公式如下：

$$G_j = \begin{cases} 1, & j=0 \\ \sum_{k=1}^{j} \phi_k' G_{j-k} - \theta_j', & j \geqslant 1 \end{cases} \tag{2.22}$$

其中,

$$\phi_k' = \begin{cases} \phi_k, & 1 \leqslant k \leqslant p \\ 0, & k > p \end{cases}, \quad \theta_j' = \begin{cases} \theta_j, & 1 \leqslant j \leqslant q \\ 0, & j > q \end{cases}$$

例 2.5　试计算 ARMA(1, 1)模型的格林函数。

解:由式(2.15)可知 ARMA(1, 1)模型的表达式为

$$X_t = \phi_1 X_{t-1} + \varepsilon_t - \theta_1 \varepsilon_{t-1}$$

根据式(2.22)可算得

$$G_0 = 1$$

$$G_1 = \sum_{k=1}^{1} \phi_k' G_{1-k} - \theta_1' = \phi_1 - \theta_1$$

$$G_2 = \sum_{k=1}^{2} \phi_k' G_{2-k} - \theta_2' = \phi_1(\phi_1 - \theta_1)$$

$$\vdots$$

$$G_j = \sum_{k=1}^{j} \phi_k' G_{j-k} - \theta_j' = \phi_1^{j-1}(\phi_1 - \theta_1)$$

故 ARMA(1, 1)模型的格林函数为

$$G_j = \begin{cases} 1, & j = 0 \\ \phi_1^{j-1}(\phi_1 - \theta_1), & j \geqslant 1 \end{cases}$$

3. ARMA(p, q)模型的平稳条件

关于 ARMA 模型平稳性的判别方法有两种:特征根判别法和格林函数判别法。前一种方法是把模型看成差分方程,从这一角度对平稳性做出判断;后一方法是从系统对随机扰动记忆程度的角度出发给出平稳的判别条件。

(1)AR(p)模型的平稳条件

判别方法一:特征根判别法。

由线性差分方程的理论可知,中心化 AR(p)模型可看成是一个非齐次线性差分方程

$$X_t - \phi_1 X_{t-1} - \cdots - \phi_p X_{t-p} = \varepsilon_t$$

其对应的齐次线性差分方程的特征方程为

$$\lambda^p - \phi_1 \lambda^{p-1} - \phi_2 \lambda^{p-2} - \phi_p = 0 \tag{2.23}$$

式(2.23)的 p 个解为特征方程的特征根,不妨记为 $\lambda_1, \lambda_2 \cdots, \lambda_p$。由第 1 章例 1.6 知,若 $\{X_t\}$ 平稳,则要求这 p 个特征根 $\lambda_1, \lambda_2 \cdots, \lambda_p$ 都在单位圆内,即

$$|\lambda_i| < 1, \quad i = 1, 2 \cdots, p$$

另外,通过对 AR(p)模型的自回归系数多项式的分析,我们可以得到和特征根判别法等价的另一个判别方法:AR(p)模型平稳的条件是其 p 阶自回归系数多项式的根都在单位圆外。下面我们证明这个结论。

证明:设特征方程(2.23)的 p 个特征根 $\lambda_1, \lambda_2 \cdots, \lambda_p$ 满足 $|\lambda_i| < 1, i = 1, 2 \cdots, p$。任取 $\lambda_i (i \in 1, 2, \cdots, p)$ 代入特征方程(2.23)有

$$\lambda_i^p - \phi_1 \lambda_i^{p-1} - \phi_2 \lambda_i^{p-2} - \cdots \phi_p = 0$$

令 $z_i = \dfrac{1}{\lambda_i}$ 并带入 p 阶自回归系数多项式,可得

$$
\begin{aligned}
\Phi(z_i) &= 1 - \phi_1 z_i - \phi_2 z_i^2 - \cdots - \phi_p z_i^p \\
&= 1 - \phi_1 \frac{1}{\lambda_i} - \phi_2 \frac{1}{\lambda_i^2} - \cdots - \phi_p \frac{1}{\lambda_i^p} \\
&= \frac{1}{\lambda_i^p}(\lambda_i^p - \phi_1 \lambda_i^{p-1} - \cdots - \phi_p) \\
&= 0
\end{aligned}
$$

这说明 $z_i = \dfrac{1}{\lambda_i}(i \in 1, 2, \cdots, p)$ 是 p 阶自回归系数多项式的根。

又因为 $|\lambda_i| < 1, i = 1, 2, \cdots, p$,故得到

$$
|z_i| > 1, \quad i = 1, 2, \cdots, p
$$

综上,如果 AR(p) 模型的特征根都在单位圆内,或者等价地,它的自回归系数多项式的根都在单位圆外,那么可以判断这个 AR(p) 模型是平稳的。注意到,不论是特征根 λ_i 还是自回归系数多项式的根 $z_i(i \in 1, 2, \cdots, p)$,都是由模型中的回归系数 $\phi_i(i \in 1, 2, \cdots, p)$ 决定的。也就是说,模型的平稳性与模型系数的取值范围相关。因此 AR(p) 模型满足平稳时其 p 个自回归系数 $\phi_1, \phi_2, \cdots, \phi_p$ 将构成一个集合,这个集合称为 AR(p) 模型的平稳域,记为

$$
\{\phi_1, \phi_2, \cdots, \phi_p | \text{特征根都在单位圆内}\}
$$

判别方法二:格林函数判别法。

由前面的分析可知,从系统角度看,AR(p) 模型平稳的条件是当 $j \to \infty$ 时,其格林函数 $|G_j| \to 0$。

例 2.6 分别用特征根判别法和格林函数判别法给出 AR(1) 模型的平稳条件及平稳域。

解:判别方法一:特征根判别法。

对于 AR(1) 模型

$$
X_t = \phi_1 X_{t-1} + \varepsilon_t
$$

其特征方程为

$$
\lambda - \phi_1 = 0
$$

解得其特征根为

$$
\lambda = \phi_1
$$

故由特征根判别法知模型平稳的条件是

$$
|\lambda| < 1
$$

即

$$
|\phi_1| < 1
$$

另外,AR(1) 模型的自回归系数多项式

$$
\Phi(B) = 1 - \phi_1 B
$$

的根为 $B = \dfrac{1}{\phi_1}$ (这里,我们暂且将 B 看成是未知量,而非滞后算子)。若要 AR(1) 模型平稳,要求

$$|B|>1$$

即

$$|\phi_1|<1$$

这与特征根判别法得到的条件一致。

判别方法二：格林函数判别法。

由例 2.4 知，AR(1)模型的格林函数为 $G_j=\phi_1^j$，若要 AR(1)模型平稳，要求当 $j\to\infty$ 时

$$|G_j|\to 0$$

即 AR(1)模型的平稳条件是

$$|\phi_1|<1$$

相应地，AR(1)模型的平稳域可表示为

$$\{\phi_1|-1<\phi_1<1\}$$

例 2.7　计算 AR(2)模型的平稳条件及平稳域。

解：对于 AR(2)模型

$$X_t=\phi_1 X_{t-1}+\phi_2 X_{t-2}+\varepsilon_t$$

其特征方程为

$$\lambda^2-\phi_1\lambda-\phi_2=0 \tag{2.24}$$

解得其特征根为

$$\lambda_1=\frac{\phi_1+\sqrt{\phi_1^2+4\phi_2}}{2},\quad \lambda_2=\frac{\phi_1-\sqrt{\phi_1^2+4\phi_2}}{2}$$

故模型平稳的条件为 $|\lambda_1|<1$ 且 $|\lambda_2|<1$。

对式(2.24)利用根与系数的关系有

$$\begin{cases}\lambda_1+\lambda_2=\phi_1\\ \lambda_1\lambda_2=-\phi_2\end{cases}$$

结合 AR(2)模型的平稳条件，$|\lambda_1|<1$，$|\lambda_2|<1$，可得关于系数的约束条件为

$$|\phi_2|=|\lambda_1\lambda_2|<1$$

$$\phi_2+\phi_1=1-(1-\lambda_1)(1-\lambda_2)<1$$

$$\phi_2-\phi_1=1-(1+\lambda_1)(1+\lambda_2)<1$$

故 AR(2)模型平稳域为

$$\{\phi_1,\phi_2||\phi_2|<1,\text{且}\phi_2\pm\phi_1<1\}$$

我们将这个平稳域画在分别以 ϕ_1,ϕ_2 为横纵坐标的直角坐标系中，如图 2.5 所示，二阶自回归模型的平稳域是图中灰色三角形的区域。

例 2.8　检验下列模型的平稳性，其中 $\varepsilon_t\sim WN(0,\sigma_\varepsilon^2)$。

模型一：$X_t=0.7X_{t-1}+\varepsilon_t$

模型二：$X_t=-1.1X_{t-1}+\varepsilon_t$

模型三：$X_t=0.9X_{t-1}-0.5X_{t-2}+\varepsilon_t$

模型四：$X_t=0.9X_{t-1}+0.5X_{t-2}+\varepsilon_t$

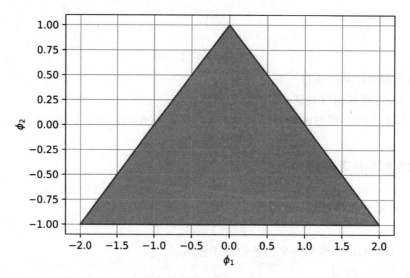

图 2.5 AR(2)模型平稳域

解:上述四个 AR 模型的平稳性结果如下。

模型一中,$\phi_1 = 0.7$,则$|\phi_1| < 1$,故模型平稳;

模型二中,$\phi_1 = -1.1$,则$|\phi_1| > 1$,故模型非平稳;

模型三中,$\phi_1 = 0.9$,$\phi_2 = -0.5$,可知$|\phi_2| < 1$,$\phi_2 + \phi_1 = 0.4 < 1$,$\phi_2 - \phi_1 = -1.4 < 1$,故模型平稳;

模型四中,$\phi_1 = 0.9$,$\phi_2 = 0.5$,可知$|\phi_2| < 1$,$\phi_2 + \phi_1 = 1.4 > 1$,故模型不平稳。

可以看出这个结果与例 2.1、例 2.2 中对模拟序列的分析结果相一致。

(2)MA(q)模型的平稳条件

由于移动平均模型可以看成是有限的传递形式,其格林函数由式(2.21)定义,可知一定满足$|G_j| \to 0 (j \to \infty)$,故 MA($q$)模型是无条件平稳。

(3)ARMA(p, q)模型的平稳条件

根据 AR(p)模型和 MA(q)模型平稳性的分析,对于 ARMA(p, q)模型 $\Phi(B)X_t = \Theta(B)\varepsilon_t$,我们可以推导出其平稳条件为

$$\Phi(B) = 0$$

的根都在单位圆外。也就是说 ARMA(p, q)模型平稳与否,完全是由其自回归部分的平稳性决定。如果自回归部分是平稳的,那么 ARMA(p, q)模型也平稳,反之亦然。

例 2.9 检验下列模型的平稳性,其中$\varepsilon_t \sim WN(0, \sigma_\varepsilon^2)$。

模型一:$X_t = 0.9X_{t-1} + \varepsilon_t - 0.4\varepsilon_{t-1}$

模型二:$X_t = -0.8X_{t-1} + 0.5X_{t-2} + \varepsilon_t - 0.4\varepsilon_{t-1}$

解:因为 ARMA 模型的平稳性完全由其自回归部分决定,所以

模型一中,$\phi_1 = 0.9$,满足$|\phi_1| < 1$,故模型平稳;

模型二中,$\phi_1 = -0.8$,$\phi_2 = 0.5$,可得$|\phi_2| < 1$,$\phi_2 + \phi_1 = -0.3 < 1$,$\phi_2 - \phi_1 = 1.3 > 1$,故模型不平稳。

2.4.2 模型的可逆性

前面我们介绍了模型的传递形式,即用现在和过去的随机扰动序列$\{\varepsilon_t\}$表示X_t,其实质是用一个无穷阶 MA 模型逼近X_t。相应地,我们也可以用现在和过去的时间序列$\{X_t\}$表示现在时刻的随机扰动ε_t。这就涉及本小节要介绍的内容:模型的逆函数及可逆性。

1.逆转形式与逆函数

定义 2.8 逆转形式及逆函数。

对于一个时间序列$\{X_t, t \in T\}$,如果可以用它现在和过去的序列值表示当前时刻随机扰动项ε_t,也就是

$$\varepsilon_t = \sum_{j=0}^{\infty} I_j X_{t-j} = I(B) X_t \tag{2.25}$$

其中,$I_0 = 1$且满足$\sum_{j=0}^{\infty} |I_j| < \infty$,则式(2.25)也称为时间序列的逆转形式。这里,$I(B) = I_0 + I_1 B + I_2 B^2 + \cdots$,逆转形式中的权重系数$I_j$称为逆函数。

从式(2.25)可以看出,逆转形式其实质是一个无穷阶自回归模型。

2.ARMA(p, q)模型的逆函数

(1)AR(p)模型的逆函数

中心化的p阶自回归模型为

$$X_t = \phi_1 X_{t-1} + \phi_2 X_{t-2} + \cdots + \phi_p X_{t-p} + \varepsilon_t$$

该模型可写成如下无穷和的形式:

$$X_t = \phi_1 X_{t-1} + \cdots + \phi_p X_{t-p} + 0 \cdot X_{t-(p+1)} + 0 \cdot X_{t-(p+2)} + \cdots + \varepsilon_t$$

将ε_t表示为关于X_t现在和过去的无穷和形式,如下:

$$\varepsilon_t = \sum_{j=0}^{\infty} I_j X_{t-j} \tag{2.26}$$

其中,

$$I_j = \begin{cases} 1, & j = 0 \\ -\phi_j, & 1 \leqslant j \leqslant p \\ 0, & j > p \end{cases} \tag{2.27}$$

对比式(2.25)可知,式(2.26)正是 AR(p)的逆转形式,式(2.27)为其相应的逆函数。

例 2.10 计算 AR(2)模型的逆函数。

解:根据式(2.27)可知 AR(2)模型的逆函数为

$$I_j = \begin{cases} 1, & j = 0 \\ -\phi_1, & j = 1 \\ -\phi_2, & j = 2 \\ 0, & j \geqslant 3 \end{cases}$$

(2)MA(q)模型的逆函数

由式(2.13)定义的中心化q阶移动平均模型为

$$X_t = \Theta(B)\varepsilon_t, \quad \varepsilon_t \sim WN(0, \sigma_\varepsilon^2)$$

将式(2.25)代入上式可得

$$X_t = \Theta(B)I(B)X_t \tag{2.28}$$

类似计算 AR(p)模型的格林函数,展开并整理式(2.28),并利用待定系数法得 MA(q)模型的逆函数递推公式为

$$I_j = \begin{cases} 1, & j = 0 \\ \sum\limits_{k=1}^{j} \theta_k' I_{j-k}, & j \geqslant 1 \end{cases} \tag{2.29}$$

其中,

$$\theta_k' = \begin{cases} \theta_k, & 1 \leqslant k \leqslant q \\ 0, & k > q \end{cases}$$

例 2.11 计算 MA(1)模型的逆函数。

解:对 MA(1)模型 $X_t = \varepsilon_t - \theta\varepsilon_{t-1}$,由式(2.29)知

$$I_0 = 1$$

$$I_1 = \sum_{k=1}^{1} \theta_k' I_{1-k} = \theta_1' I_0 = \theta_1$$

$$I_2 = \sum_{k=1}^{2} \theta_k' I_{2-k} = \theta_1' I_1 + \theta_2' I_0 = \theta_1^2$$

$$\vdots$$

$$I_j = \sum_{k=1}^{j} \theta_k' I_{j-k} = \theta_1^j$$

故 MA(1)模型的逆函数为

$$I_j = \begin{cases} 1, & j = 0 \\ \theta_1^j, & j \geqslant 1 \end{cases}$$

(3)ARMA(p, q)模型的逆函数

根据式(2.15)定义的中心化 ARMA(p, q)模型为

$$\Phi(B)X_t = \Theta(B)\varepsilon_t$$

为得到其逆函数,我们将模型改写为如下形式:

$$\varepsilon_t = \frac{\Phi(B)}{\Theta(B)} X_t$$

因为 ε_t 可以表示为逆转形式 $\varepsilon_t = \sum\limits_{j=0}^{\infty} I_j X_{t-j}$,将其代入上式,得

$$\sum_{j=0}^{\infty} I_j X_{t-j} = \frac{\Phi(B)}{\Theta(B)} X_t$$

对上式利用待定系数法,可得 ARMA(p, q)模型的逆函数的递推公式,如下:

$$I_j = \begin{cases} 1, & j = 0 \\ \sum\limits_{k=1}^{j} \theta_k' I_{j-k} - \phi_j', & j \geqslant 1 \end{cases} \tag{2.30}$$

其中,

$$\phi_j' = \begin{cases} \phi_j, & 1 \leqslant j \leqslant p \\ 0, & j > p \end{cases}, \quad \theta_k' = \begin{cases} \theta_k, & 1 \leqslant k \leqslant q \\ 0, & k > q \end{cases}$$

3.ARMA(p,q)模型的可逆条件

如果一个ARMA模型能够表示成收敛的AR模型,即

$$X_t + \sum_{j=1}^{\infty} I_j X_{t-j} = \varepsilon_t$$

且满足$1 + \sum_{j=1}^{\infty} |I_j| < \infty$,那么该ARMA是可逆的。

(1)AR(p)模型的可逆条件

已知,对任意有限阶的AR(p)模型,其逆转形式为

$$\varepsilon_t = X_t + (-\phi_1) X_{t-1} + \cdots + (-\phi_p) X_{t-p} + 0 \cdot X_{t-(p+1)} + 0 \cdot X_{t-(p+2)} + \cdots$$

可知一定有

$$\sum_{j=0}^{\infty} |I_j| < \infty$$

其中,$I_0 = 1, I_j = -\phi_j (j = 1, \cdots, p), I_j = 0 (j = p+1, \cdots)$,故AR$(p)$模型是无条件可逆的。

(2)MA(q)模型的可逆条件

中心化的q阶MA模型为

$$X_t = \Theta(B) \varepsilon_t, \quad \varepsilon_t \sim WN(0, \sigma_\varepsilon^2)$$

其中,移动平均系数多项式$\Theta(B) = 1 - \theta_1 B - \cdots - \theta_q B^q$。可将上式表示为

$$\varepsilon_t = \frac{X_t}{\Theta(B)}$$

设移动平均系数多项式的q个根为$\dfrac{1}{\lambda_1}, \dfrac{1}{\lambda_2}, \cdots, \dfrac{1}{\lambda_q}$,将分解后的$\Theta(B)$代入上式得

$$\varepsilon_t = \frac{X_t}{\prod_{i=1}^{q} (1 - \lambda_i B)}$$

若要上式收敛,则充要条件是$|\lambda_i| < 1 (i = 1, 2, \cdots, q)$。也就是,若MA$(q)$模型是可逆的,则其系数多项式$\Theta(B)$的根$\dfrac{1}{\lambda_i} (i = 1, 2, \cdots, q)$都在单位圆外。

例2.12　给出MA(1)模型的可逆条件。

解:对于MA(1)模型

$$X_t = \varepsilon_t - \theta_1 \varepsilon_{t-1}$$

其移动平均系数多项式$\Theta(B) = 1 - \theta_1 B = 0$的根为$B = \dfrac{1}{\theta_1}$。当$|B| > 1$,即

$$|\theta_1| < 1$$

时,MA(1)模型可逆。

回忆前述分析,AR(1)模型的平稳条件是$|\phi_1| < 1$。显然,MA模型的可逆性与AR模型的平稳性是完全对偶的。类似例2.12,容易验证,MA(2)模型的可逆条件为$|\theta_2| < 1$,且$\theta_2 \pm \theta_1 < 1$。

例 2.13 判断下列 MA 模型的可逆性。

模型一：$X_t = \varepsilon_t - 4\varepsilon_{t-1}$

模型二：$X_t = \varepsilon_t - 0.25\varepsilon_{t-1}$

模型三：$X_t = \varepsilon_t - 2\varepsilon_{t-1} + 0.4\varepsilon_{t-2}$

模型四：$X_t = \varepsilon_t - 1.2\varepsilon_{t-1} + 0.5\varepsilon_{t-2}$

解：上述四个 MA 模型可逆性结果如下。

模型一中，$\theta_1 = 4$，可知 $|\theta_1| > 1$，故模型不可逆；

模型二中，$\theta_1 = 0.25$，可知 $|\theta_1| < 1$，故模型可逆；

模型三中，$\theta_1 = 2$，$\theta_2 = -0.4$，可知 $|\theta_2| < 1$，$\theta_2 + \theta_1 = 1.6 > 1$，故模型不可逆；

模型四中，$\theta_1 = 1.2$，$\theta_2 = -0.5$，可知 $|\theta_2| < 1$，$\theta_2 + \theta_1 = 0.7 < 1$，$\theta_2 - \theta_1 = -1.7 < 1$，故模型可逆。

（3）ARMA(p, q) 模型的可逆条件

根据 AR(p) 模型和 MA(q) 模型可逆性的分析，对于 ARMA(p, q) 模型 $\Phi(B)X_t = \Theta(B)\varepsilon_t$，我们可以推导出其可逆条件为

$$\Theta(B) = 0$$

的根都在单位圆外。也就是说 ARMA(p, q) 模型可逆与否，完全由其移动平均部分的可逆性决定。如果移动平均部分是可逆的，那么 ARMA(p, q) 模型也可逆，反之亦然。

例 2.14 检验下列模型的可逆性，其中 $\varepsilon_t \sim WN(0, \sigma_\varepsilon^2)$。

模型一：$X_t = 0.9X_{t-1} + \varepsilon_t - 0.6\varepsilon_{t-1}$

模型二：$X_t = -0.8X_{t-1} + \varepsilon_t + 0.4\varepsilon_{t-1} + 0.7\varepsilon_{t-2}$

解：因为 ARMA 模型的可逆性完全由其移动平均部分决定，所以

模型一中，$\theta_1 = 0.6$，满足 $|\theta_1| < 1$，故模型可逆；

模型二中，$\theta_1 = -0.4$，$\theta_2 = -0.7$，可知 $|\theta_2| < 1$，$\theta_2 + \theta_1 = -1.1 < 1$，$\theta_2 - \theta_1 = -0.3 < 1$，故模型可逆。

通过上述分析可知，自回归模型是无条件可逆的，移动平均模型是无条件平稳的。故在自回归移动平均模型中，其平稳性是由模型的自回归部分决定，而可逆性则是由模型的移动平均部分决定。

2.4.3 平稳模型的统计特征

下面我们分别讨论平稳时间序列模型所具有的统计特征。

1. 均值

（1）AR(p) 模型的均值

若由式（2.8）定义的非中心化 AR(p) 模型满足平稳条件，那么对该等式两边同时取期望，可得

$$EX_t = E(\phi_0 + \phi_1 X_{t-1} + \cdots + \phi_p X_{t-p} + \varepsilon_t)$$

由第 1 章可知，平稳序列的均值为常数，即对 $\forall t \in T$ 都有 $EX_t = \mu$（μ 为常数）；同时由 $\varepsilon_t \sim WN(0, \sigma_\varepsilon^2)$，知 $E\varepsilon_t = 0$，代入上式有

$$\mu = \phi_0 + \phi_1 \mu + \cdots + \phi_p \mu + 0$$

即

$$EX_t = \mu = \frac{\phi_0}{1 - \phi_1 - \cdots - \phi_p}$$

由式(2.9)定义的满足平稳条件的中心化 AR(p)模型中,$\phi_0 = 0$代入上式得$EX_t = 0$。由此可见,非中心化的平稳 AR(p)模型中常数项ϕ_0是否为0,决定了平稳模型的均值是否为0。

(2)MA(q)模型的均值

由式(2.12)定义的非中心化 MA(q)模型

$$X_t = \mu + \varepsilon_t - \theta_1 \varepsilon_{t-1} - \cdots - \theta_q \varepsilon_{t-q}$$

当$q < \infty$时,对上式两边同时取期望,得

$$EX_t = E(\mu + \varepsilon_t - \theta_1 \varepsilon_{t-1} - \cdots - \theta_q \varepsilon_{t-q}) = \mu$$

从上式看出,非中心化 MA(q)模型中的常数亦是平稳模型的期望。相应地,中心化 MA(q)模型中$\mu = 0$,也说明此时平稳模型的均值为0。

(3)ARMA(p, q)模型的均值

由式(2.14)定义的非中心化 ARMA(p, q)模型

$$X_t = \phi_0 + \phi_1 X_{t-1} + \cdots + \phi_p X_{t-p} + \varepsilon_t - \theta_1 \varepsilon_{t-1} - \cdots - \theta_q \varepsilon_{t-q}$$

满足平稳条件时,令$EX_t = \mu$(μ为常数),两边同时计算期望得

$$\mu = \phi_0 + \phi_1 \mu + \cdots + \phi_p \mu$$

即

$$EX_t = \mu = \frac{\phi_0}{1 - \phi_1 - \cdots - \phi_p}$$

同理,对中心化的 ARMA(p, q)模型,常数$\phi_0 = 0$,此时$EX_t = 0$。

另外,由第 2.1 节内容可知,均值不为 0 的 ARMA 模型总可以变换为零均值的 ARMA 模型,故我们以后主要研究零均值的 ARMA 模型,即中心化的 ARMA 模型。

2.方差

计算平稳 ARMA 模型的方差要借助格林函数,前面我们已经介绍了 ARMA 模型格林函数的形式,下面我们直接利用格林函数计算模型方差。

(1)AR(p)模型的方差

已知平稳的 AR(p)模型,其传递形式可写为

$$X_t = \sum_{j=0}^{\infty} G_j \varepsilon_{t-j}$$

两边同时计算方差

$$Var X_t = Var\left(\sum_{j=0}^{\infty} G_j \varepsilon_{t-j}\right)$$

因为$\varepsilon_t \sim WN(0, \sigma_\varepsilon^2)$满足两两不相关,故 AR($p$)模型的方差为

$$\begin{aligned} Var X_t &= \sum_{j=0}^{\infty} G_j^2 Var \varepsilon_{t-j} \\ &= \sum_{j=0}^{\infty} G_j^2 \sigma_\varepsilon^2 \end{aligned} \quad (2.31)$$

例 2.15 计算平稳 AR(1)模型的方差。

解：由式(2.31)知

$$VarX_t = \sum_{j=0}^{\infty} G_j^2 \sigma_\varepsilon^2 \qquad (2.32)$$

又由例 2.4 知

$$G_j = \begin{cases} 1, & j=0 \\ \phi_1^j, & j \geqslant 1 \end{cases}$$

将上式带入式(2.32)并整理得

$$VarX_t = \sum_{j=0}^{\infty} \phi_j^2 \sigma_\varepsilon^2$$

$$= \frac{\sigma_\varepsilon^2}{1-\phi_1^2}$$

其中，第二个等号使用了无穷等比数列求和公式。

（2）MA(q)模型的方差

MA(q)模型实质是传递形式的有限形式，直接在模型两端计算方差，得

$$VarX_t = Var(\varepsilon_t - \theta_1 \varepsilon_{t-1} - \cdots - \theta_q \varepsilon_{t-q})$$

$$= (1 + \theta_1^2 + \cdots + \theta_q^2) \sigma_\varepsilon^2$$

（3）ARMA(p, q)模型的方差

平稳 ARMA(p, q)模型的传递形式为

$$X_t = \sum_{j=0}^{\infty} G_j \varepsilon_{t-j}$$

两边同时计算方差

$$VarX_t = Var\left(\sum_{j=0}^{\infty} G_j \varepsilon_{t-j}\right)$$

$$= \sum_{j=0}^{\infty} G_j^2 \sigma_\varepsilon^2$$

其中，格林函数 G_j 同式(2.22)定义一致。

3. 自协方差函数

平稳 ARMA 模型滞后 k 期的自协方差函数定义为 $\gamma_k = Cov(X_t, X_{t-k})$，表示相距 k 期的两个随机变量之间的自协方差函数。它是两个随机变量之间的时间间隔 k 的函数，而不是时间 t 本身的函数。下面我们分别给出平稳模型自协方差函数的递推公式。

（1）AR(p)模型的自协方差函数

在平稳 AR(p)模型

$$X_t = \phi_1 X_{t-1} + \cdots + \phi_p X_{t-p} + \varepsilon_t$$

中，等号两边同时乘以 $X_{t-k}(k \geqslant 1)$ 并计算期望，得

$$E(X_t X_{t-k}) = \phi_1 E(X_{t-1} X_{t-k}) + \cdots + \phi_p E(X_{t-p} X_{t-k}) + E(\varepsilon_t X_{t-k})$$

已知 $EX_t = 0$，故 $\gamma_k = Cov(X_t, X_{t-k}) = E(X_t X_{t-k})$；又因为 $E(X_s \varepsilon_t) = 0(s < t)$，故 $E(\varepsilon_t X_{t-k}) = 0(k \geqslant 1)$，将上式整理后可得到 AR($p$)模型自协方差函数的递推公式，如下：

$$\gamma_k = \phi_1 \gamma_{k-1} + \cdots + \phi_p \gamma_{k-p} \tag{2.33}$$

利用式(2.33)，我们可以很容易计算出任意阶自回归模型的自协方差函数。

例 2.16 计算平稳 AR(1)模型的自协方差函数。

解：对于平稳 AR(1)模型，$p = 1$，根据式(2.33)知

$$\gamma_k = \phi_1 \gamma_{k-1} = \phi_1 \cdot \phi_1 \gamma_{k-2} = \cdots = \phi_1^k \gamma_0$$

又因为

$$\gamma_0 = Cov(X_t, X_t) = Var X_t = \frac{\sigma_\varepsilon^2}{1 - \phi_1^2}$$

所以平稳 AR(1)模型自协方差函数递推公式为

$$\gamma_k = \frac{\phi_1^k}{1 - \phi_1^2} \sigma_\varepsilon^2, \quad k \geqslant 0$$

例 2.17 计算平稳 AR(2)模型的自协方差函数。

解：对于平稳 AR(2)模型，$p = 2$，根据式(2.33)知其自协方差函数递推公式为

$$\gamma_k = \phi_1 \gamma_{k-1} + \phi_2 \gamma_{k-2}, \quad k \geqslant 1$$

特别地，当 $k = 1$ 时，有

$$\gamma_1 = \phi_1 \gamma_0 + \phi_2 \gamma_1$$

这里用到了自协方差函数的对称性，即 $\gamma_k = \gamma_{-k}$。利用上式可得

$$\gamma_1 = \frac{\phi_1}{1 - \phi_2} \gamma_0$$

其中，γ_0 为平稳 AR(2)模型的方差。

(2)MA(q)模型的自协方差函数

类似 AR(p)模型，我们也可以推导出 MA(q)模型的自协方差函数 γ_k 的递推公式，具体过程如下：

$$\gamma_k = E(X_t X_{t-k})$$

将 $X_t = \varepsilon_t - \theta_1 \varepsilon_{t-1} - \cdots - \theta_q \varepsilon_{t-q}$ 及 $X_{t-k} = \varepsilon_{t-k} - \theta_1 \varepsilon_{t-k-1} - \cdots - \theta_q \varepsilon_{t-k-q}$ 代入上式，并利用性质 $E(\varepsilon_s \varepsilon_t) = 0, s \neq t$ 可得

$$\gamma_k = E\left[(\varepsilon_t - \theta_1 \varepsilon_{t-1} - \cdots - \theta_q \varepsilon_{t-q})(\varepsilon_{t-k} - \theta_1 \varepsilon_{t-k-1} - \cdots - \theta_q \varepsilon_{t-k-q})\right]$$

$$= \begin{cases} (1 + \theta_1^2 + \cdots + \theta_q^2)\sigma_\varepsilon^2, & k = 0 \\ \left(-\theta_k + \sum_{i=1}^{q-k} \theta_i \theta_{k+i}\right)\sigma_\varepsilon^2, & 1 \leqslant k \leqslant q \\ 0, & k > q \end{cases} \tag{2.34}$$

式(2.34)中，当 $k > q$ 时，MA(q)模型的自协方差函数 $\gamma_k = 0$。也就是在 MA(q)模型中，当滞后阶数 k 大于模型阶数 q 时，其自协方差函数均为 0，我们将这种性质称之为自协方差函数的 q 阶(步)截尾性。

例 2.18 试计算 MA(1)、MA(2)模型的自协方差函数。

解：根据式(2.34)知，对 MA(1)模型，有

$$\gamma_k = \begin{cases} -\theta_1 \sigma_\varepsilon^2, & k = 1 \\ 0, & k > 1 \end{cases}$$

对 MA(2)模型,有

$$\gamma_k = \begin{cases} (1+\theta_1^2+\theta_2^2)\sigma_\varepsilon^2, & k=0 \\ (-\theta_1+\theta_1\theta_2)\sigma_\varepsilon^2, & k=1 \\ -\theta_2\sigma_\varepsilon^2, & k=2 \\ 0, & k>3 \end{cases}$$

(3)ARMA(p, q)模型的自协方差函数

对 ARMA(p, q)模型,其自协方差函数的计算过程如下:

$$\gamma_k = E(X_t X_{t-k})$$

将传递形式 $X_t = \sum_{i=0}^{\infty} G_i \varepsilon_{t-i}$ 及 $X_{t-k} = \sum_{j=0}^{\infty} G_j \varepsilon_{t-k-j}$ 代入上式,得到自协方差的递推公式为

$$\gamma_k = E\left(\sum_{i=0}^{\infty} G_i \varepsilon_{t-i} \cdot \sum_{j=0}^{\infty} G_j \varepsilon_{t-k-j}\right)$$

$$= \sum_{i=0}^{\infty} G_i \sum_{j=0}^{\infty} G_j E(\varepsilon_{t-i}\varepsilon_{t-k-j})$$

$$= \left(\sum_{i=0}^{\infty} G_i G_{i+k}\right)\sigma_\varepsilon^2$$

从自协方差函数的定义中不难看出,$VarX_t = \gamma_0$,今后我们用 γ_0 表示平稳 ARMA 模型的方差。

(4)平稳模型自协方差函数 γ_k 的性质

根据自协方差函数的计算过程,看出其具有如下性质:

性质1 $\gamma_k = \gamma_{-k}$(对称性);

性质2 $\gamma_0 = VarX_t$;

性质3 $|\gamma_k| < \gamma_0$;

性质4 自协方差函数是半正定的,即对任意时刻 $t_1, t_2, \cdots, t_n$ 及任意实数 $\alpha_1, \alpha_2, \cdots, \alpha_n$ 有

$$\sum_{i=1}^{n}\sum_{j=1}^{n} \alpha_i \alpha_j \gamma_{|t_i-t_j|} \geqslant 0$$

4.自相关函数(ACF)

平稳 ARMA 模型滞后 k 期的自相关函数定义为 $\rho_k = Corr(X_t, X_{t-k})$,表示相距 k 期的两个序列值之间的自相关函数,其形式如下:

$$\rho_k = Corr(X_t, X_{t-k})$$

$$= \frac{Cov(X_t, X_{t-k})}{\sqrt{VarX_t} \cdot \sqrt{VarX_{t-k}}}$$

又因为平稳序列具有常数方差,即 $VarX_t = VarX_{t-k} = \gamma_0$,则上式可整理为

$$\rho_k = \frac{\gamma_k}{\gamma_0} \tag{2.35}$$

注意,平稳时间序列模型的 ACF 是由其方差和自协方差函数共同决定的,所以式(2.35)表示的自相关函数仍然只是两个序列值之间时间间隔 k 的函数,而不是时间 t 本身的函数。通常,

我们将利用平稳模型表达式算出的 ρ_k，即式(2.35)称为理论自相关函数。

下面，我们分别给出平稳模型自相关函数的递推公式，并阐述其性质。

(1)AR(p) 模型的自相关函数

将式(2.33)两边同时除以 γ_0，结合(2.35)可得平稳 AR(p) 模型的自相关函数的递推公式

$$\rho_k = \phi_1 \rho_{k-1} + \cdots + \phi_p \rho_{k-p} \qquad (2.36)$$

首先求解式(2.36)的通解。式(2.36)实质是一个 p 阶齐次线性差分方程，即

$$\rho_k - \phi_1 \rho_{k-1} - \cdots - \phi_p \rho_{k-p} = 0$$

根据第1章介绍的线性差分方程求解过程，得到其通解为

$$\rho_k = \sum_{i=1}^{p} c_i \lambda_i^k$$

其中，λ_k 为式(2.36)特征方程的特征根，又因为 $\phi_1, \cdots, \phi_p$ 是满足 AR(p) 模型平稳性的参数，故 $|\lambda_i| < 1(i = 1, 2, \cdots, p)$；$c_1, \cdots, c_p$ 是不全为0的任意常数。可见随着时滞 k 的增加，ρ_k 呈衰减趋势，即 $k \to \infty$ 时，$\rho_k \to 0$。

由以上看出，平稳 AR(p) 模型的自相关函数具有拖尾性。拖尾性的直观解释是：ρ_k 随着 k 的增加逐渐收敛到0，即 ρ_k 的取值不会在 k 大于某个常数之后就恒为0。

例 2.19　计算平稳 AR(1)、AR(2)模型的自相关函数。

解：根据式(2.36)知，AR(1)模型的自相关函数递推公式为

$$\rho_k = \phi_1 \rho_{k-1} = \phi_1^2 \rho_{k-2} = \cdots = \phi_1^k, \ k \geqslant 0$$

AR(2)模型的自相关函数递推公式为

$$\rho_k = \phi_1 \rho_{k-1} + \phi_2 \rho_{k-2}, \ k \geqslant 0$$

特别地，当 $k = 1$ 时，有

$$\rho_1 = \frac{\phi_1}{1 - \phi_2}$$

例 2.20　模拟以下四个平稳 AR 模型的序列值，按照式(1.11)计算并绘制样本自相关函数图。

模型一：$X_t = 0.6X_{t-1} + \varepsilon_t$

模型二：$X_t = -0.6X_{t-1} + \varepsilon_t$

模型三：$X_t = 0.9X_{t-1} - 0.5X_{t-2} + \varepsilon_t$

模型四：$X_t = -0.9X_{t-1} - 0.5X_{t-2} + \varepsilon_t$

图 2.6 是上述四个平稳 AR 模型模拟序列的样本自相关图。从图中看出，平稳 AR 模型的自相关系数都呈现出拖尾现象，即 ρ_k 的取值随着时滞 k 的增加快速衰减到0值附近。根据模型各自的特征根，其自相关系数衰减方式不尽相同。有以指数形式单调收敛到0(模型一)；有以阻尼正弦波形式收敛到0(模型二、模型三、模型四)，这时自相关系数表现出"伪周期"的特征。上述这些拖尾形式(衰减形式)都是平稳自回归模型对应的自相关函数常见的变化特征。

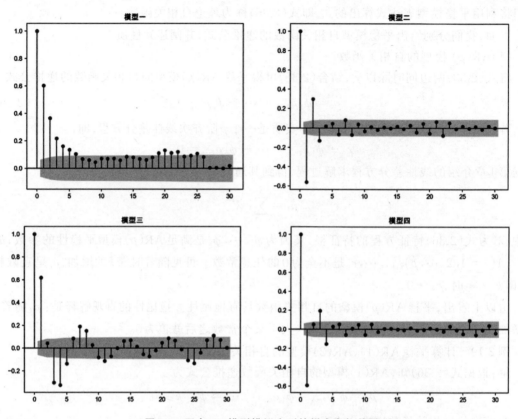

图2.6　四个 AR 模型模拟序列的样本自相关图

（2）MA(q)模型的自相关函数

将式（2.34）两边同时除以 γ_0，结合（2.35）可得

$$\rho_k=\begin{cases}\dfrac{(1+\theta_1^2+\cdots+\theta_q^2)\sigma_\varepsilon^2}{\gamma_0},\ k=0\\[3mm]\dfrac{\left(-\theta_k+\displaystyle\sum_{i=1}^{q-k}\theta_i\theta_{k+i}\right)\sigma_\varepsilon^2}{\gamma_0},\quad 1\leqslant k\leqslant q\\[3mm]0,\qquad\qquad\qquad k>q\end{cases}$$

再根据

$$\gamma_0=VarX_t=(1+\theta_1^2+\cdots+\theta_q^2)\sigma_\varepsilon^2$$

得到 MA(q)模型的自相关函数的递推公式

$$\rho_k=\begin{cases}1,\qquad\qquad\qquad k=0\\[3mm]\dfrac{-\theta_k+\displaystyle\sum_{i=1}^{q-k}\theta_i\theta_{k+i}}{1+\theta_1^2+\cdots+\theta_q^2},\ 1\leqslant k\leqslant q\\[3mm]0,\qquad\qquad\qquad k>q\end{cases}\qquad(2.37)$$

从式（2.37）看到，对 MA(q)模型，当时滞 k 超过模型的阶数 q 时，模型的自相关函数全部

为 0。类似自协方差函数一样,我们将这种性质称为自相关函数的截尾性。对于模型 MA(q) 其自相关函数的截尾阶数为 q。

例 2.21　计算 MA(1)、MA(2)模型的自相关函数。

解:根据式(2.37)知,MA(1)模型的自相关函数为

$$\rho_k = \begin{cases} 1, & k=0 \\ \dfrac{-\theta_1}{1+\theta_1^2}, & k=1 \\ 0, & k>2 \end{cases}$$

MA(2)模型的自相关函数为

$$\rho_k = \begin{cases} 1, & k=0 \\ \dfrac{-\theta_1+\theta_1\theta_2}{1+\theta_1^2+\theta_2^2}, & k=1 \\ \dfrac{-\theta_2}{1+\theta_1^2+\theta_2^2}, & k=2 \\ 0, & k>3 \end{cases}$$

例 2.22　模拟以下两个 MA 模型的序列值,按照式(1.11)计算并绘制样本自相关函数图。

模型一:$X_t = \varepsilon_t - 4\varepsilon_{t-1}$

模型二:$X_t = \varepsilon_t - 0.25\varepsilon_{t-1}$

从图 2.7 中看出:①当 $k=1$ 时,样本自相关系数显著不为 0,但 k 取 2 及以后,样本自相关系数突然变得非常小,这就是我们前面提到的截尾现象。另外,当 $k \geqslant 2$ 时,两个模型模拟序列的样本自相关系数都变得非常小,但并不等于 0。这就意味着理论自相关函数的完美截尾不会出现在样本自相关函数的截尾中。即理论上来讲,当时滞 k 超过模型的阶数 q 时,模型的自相关函数全部为 0。而在样本自相关函数中,则观察到当时滞 k 超过模型的阶数 q 时,样本自相关函数值不会恰好全部为 0,而是在 0 的周围做小值震荡。通常,对样本数据,判断其自相关函数是否截尾,并不是看它是否恰好为 0,而是看是否与 0 有显著性差异(我们将在模型识别部分介绍如何判断是否与 0 有显著性差异);②模型一与模型二具有完全相同的自相关函数。这就意味着两个不同 MA(q)模型对应着完全相同的自相关函数,而产生这一现象的原因是自相关函数与模型之间并不满足一一对应的关系。后续,我们要根据序列样本的自相关函数

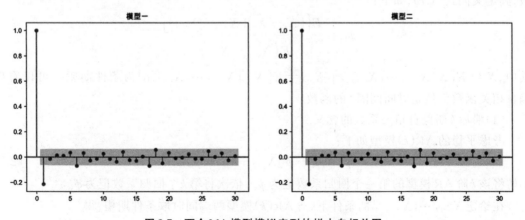

图 2.7　两个 MA 模型模拟序列的样本自相关图

表现出的特征选择适当的模型拟合序列的变化发展,而这种不唯一性,会对以后的工作带来麻烦。为避免这种情况,而保持自相关函数与模型间一一对应关系,我们要对模型增加约束条件,这个条件就是前面提到的:模型要满足可逆性。

例 2.22 中,模型一与模型二虽然有相同的自相关函数,但由例 2.13 知,二者之中只有一个模型满足可逆性,即模型二满足可逆性。

(3)ARMA(p, q)模型的自相关函数

根据 ARMA 模型的自协方差递推公式,可得其自相关函数递推公式如下:

$$\rho_k = \frac{\gamma_k}{\gamma_0} = \frac{\sum_{i=0}^{\infty} G_i G_{i+k}}{\sum_{i=0}^{\infty} G_i^2}$$

可以看出,ARMA 模型的自相关函数具有拖尾性,这一点从它能转化成无穷阶的 MA 模型中直接得出。

(4)平稳模型自相关函数 ρ_k 的性质

根据自协方差函数的性质,易推导出自相关函数也具类似性质:

性质 1 $\rho_k = \rho_{-k}$(对称性);

性质 2 $\rho_0 = 1$;

性质 3 $|\rho_k| < 1$;

性质 4 自相关函数是半正定的,即对任意时刻 $t_1, t_2, \cdots, t_n$ 及任意实数 $\alpha_1, \alpha_2, \cdots, \alpha_n$ 有

$$\sum_{i=1}^{n} \sum_{j=1}^{n} \alpha_i \alpha_j \rho_{|t_i - t_j|} \geq 0$$

5.偏自相关函数(PACF)

ρ_k 度量了平稳模型中任意相距 k 期的 X_t, X_{t-k} 之间的相关性,这种相关性可能受到中间变量 $X_{t-1}, \cdots, X_{t-(k-1)}$ 的影响,例如,X_1,X_3 间的相关性是由于 X_2 间接引起的。为了能够刻画 X_t,X_{t-k} 间单纯的相关关系,Box 和 Jenkins 引入偏自相关的概念。

定义 2.9 偏自相关函数。

偏自相关函数是指在给定其他变量 $X_{t-1}, \cdots, X_{t-(k-1)}$ 的条件下,X_t 与 X_{t-k} 间的条件相关系数,其定义同式(1.7),如下:

$$\phi_{kk} = \frac{E\left[\left(X_t - \hat{X}_t\right)\left(X_{t-k} - \hat{X}_{t-k}\right)\right]}{E\left(X_{t-k} - \hat{X}_{t-k}\right)^2}$$

其中,$\hat{X}_t = E[X_t | X_{t-1}, \cdots, X_{t-(k-1)}]$,$\hat{X}_{t-k} = E[X_{t-k} | X_{t-1}, \cdots, X_{t-(k-1)}]$ 为条件期望。可以看出,偏自相关函数仍然是时间间隔 k 的函数。

(1)滞后 k 期偏自相关系数的含义

考虑平稳的 AR(k)模型如下:

$$X_t = \phi_{k1} X_{t-1} + \phi_{k2} X_{t-2} + \cdots + \phi_{kk} X_{t-k} + \varepsilon_t \tag{2.38}$$

不妨将该 k 阶 AR 模型的第一个回归系数记为 ϕ_{k1},依次将第 k 个回归系数记为 ϕ_{kk}。

在给定 $X_{t-1}, \cdots, X_{t-(k-1)}$ 的条件下,对 AR(k)模型两端同时取条件期望,得

$$E[X_t|X_{t-1},\cdots,X_{t-(k-1)}]=E[(\phi_{k1}X_{t-1}+\phi_{k2}X_{t-2}+\cdots+\phi_{kk}X_{t-p}+\varepsilon_t)|X_{t-1},\cdots,X_{t-(k-1)}]$$

根据条件期望的定义及性质,上式可写为

$$\hat{X}_t=\phi_{k1}X_{t-1}+\cdots+\phi_{k(k-1)}X_{t-(k-1)}+\phi_{kk}\hat{X}_{t-k}+E[\varepsilon_t|X_{t-1},\cdots,X_{t-(k-1)}] \qquad (2.39)$$

因为 $E\varepsilon_t=0,E(X_s\varepsilon_t)=0,\forall s<t$,所以

$$E[\varepsilon_t|X_{t-1},\cdots,X_{t-(k-1)}]=E\varepsilon_t=0$$

故式(2.39)等价于

$$\hat{X}_t=\phi_{k1}X_{t-1}+\phi_{k2}X_{t-2}+\cdots+\phi_{k(k-1)}X_{t-(k-1)}+\phi_{kk}\hat{X}_{t-k}$$

用式(2.38)减去上式得

$$X_t-\hat{X}_t=\phi_{kk}(X_{t-k}-\hat{X}_{t-k})+\varepsilon_t$$

两边同乘 $X_{t-k}-\hat{X}_{t-k}$,并取期望得

$$E[(X_t-\hat{X}_t)(X_{t-k}-\hat{X}_{t-k})]=E[\phi_{kk}(X_{t-k}-\hat{X}_{t-k})^2]+E[(X_{t-k}-\hat{X}_{t-k})\varepsilon_t] \qquad (2.40)$$

因为 $E\varepsilon_t=0,E(X_s\varepsilon_t)=0,\forall s<t$,所以

$$E[(X_{t-k}-\hat{X}_{t-k})\varepsilon_t]=0$$

式(2.40)可写为

$$E[(X_t-\hat{X}_t)(X_{t-k}-\hat{X}_{t-k})]=\phi_{kk}E(X_{t-k}-\hat{X}_{t-k})^2$$

由上式得到

$$\phi_{kk}=\frac{E[(X_t-\hat{X}_t)(X_{t-k}-\hat{X}_{t-k})]}{E(X_{t-k}-\hat{X}_{t-k})^2}$$

上式说明,滞后 k 期的偏自相关系数恰好等于 k 阶自回归模型中第 k 个回归系数 ϕ_{kk} 的值。今后,我们用 ϕ_{kk} 表示滞后 k 期的偏自相关系数。通过上述性质,可以计算出偏自相关系数的值。

(2)滞后 k 期偏自相关系数 ϕ_{kk} 的计算

在式(2.38)两端同乘 $X_{t-l}(l>1)$,并求期望得

$$\gamma_l=\phi_{k1}\gamma_{l-1}+\phi_{k2}\gamma_{l-2}+\cdots+\phi_{kk}\gamma_{l-k}$$

上式两端同时除以 γ_0 得

$$\rho_l=\phi_{k1}\rho_{l-1}+\phi_{k2}\rho_{l-2}+\cdots+\phi_{kk}\rho_{l-k}$$

取上式中 $l=1,2,\cdots,k$ 时对应的前 k 个方程,并利用 ρ_k 的对称性,构成如下方程组:

$$\begin{cases}\rho_1=\phi_{k1}\rho_0+\phi_{k2}\rho_1+\cdots+\phi_{kk}\rho_{k-1}\\ \rho_2=\phi_{k1}\rho_1+\phi_{k2}\rho_0+\cdots+\phi_{kk}\rho_{k-2}\\ \quad\vdots\\ \rho_k=\phi_{k1}\rho_{k-1}+\phi_{k2}\rho_{k-2}+\cdots+\phi_{kk}\rho_0\end{cases} \qquad (2.41)$$

式(2.41)称为 Yule-Walker 方程。通过求解 Yule-Walker 方程,可得参数 $[\phi_{k1},\phi_{k2},\cdots,\phi_{kk}]^T$ 的解,其中最后一个参数 ϕ_{kk} 的解即为滞后 k 期偏自相关系数的值。

为求解 ϕ_{kk},将 Yule-Walker 方程写成矩阵表示

$$\begin{pmatrix} \rho_0 & \rho_1 & \rho_2 & \cdots & \rho_{k-1} \\ \rho_1 & \rho_0 & \rho_1 & \cdots & \rho_{k-2} \\ \vdots & \vdots & \vdots & \vdots & \vdots \\ \rho_{k-1} & \rho_{k-2} & \rho_{k-3} & \cdots & \rho_0 \end{pmatrix} \begin{pmatrix} \phi_{k1} \\ \phi_{k2} \\ \vdots \\ \phi_{kk} \end{pmatrix} = \begin{pmatrix} \rho_1 \\ \rho_2 \\ \vdots \\ \rho_k \end{pmatrix}$$

其中，

$$\begin{pmatrix} \rho_0 & \rho_1 & \rho_2 & \cdots & \rho_{k-1} \\ \rho_1 & \rho_0 & \rho_1 & \cdots & \rho_{k-2} \\ \vdots & \vdots & \vdots & \vdots & \vdots \\ \rho_{k-1} & \rho_{k-2} & \rho_{k-3} & \cdots & \rho_0 \end{pmatrix}$$

称为 Yule-Walker 方程的系数矩阵。

若系数矩阵可逆，则

$$\begin{pmatrix} \phi_{k1} \\ \phi_{k2} \\ \vdots \\ \phi_{kk} \end{pmatrix} = \begin{pmatrix} \rho_0 & \rho_1 & \rho_2 & \cdots & \rho_{k-1} \\ \rho_1 & \rho_0 & \rho_1 & \cdots & \rho_{k-2} \\ \vdots & \vdots & \vdots & \vdots & \vdots \\ \rho_{k-1} & \rho_{k-2} & \rho_{k-3} & \cdots & \rho_0 \end{pmatrix}^{-1} \begin{pmatrix} \rho_1 \\ \rho_2 \\ \vdots \\ \rho_k \end{pmatrix}$$

根据 Cramer 法则知

$$\phi_{kk} = \frac{C_k}{C} \tag{2.42}$$

其中，

$$C = \begin{vmatrix} \rho_0 & \rho_1 & \rho_2 & \cdots & \rho_{k-1} \\ \rho_1 & \rho_0 & \rho_1 & \cdots & \rho_{k-2} \\ \vdots & \vdots & \vdots & \vdots & \vdots \\ \rho_{k-1} & \rho_{k-2} & \rho_{k-3} & \cdots & \rho_0 \end{vmatrix}, \quad C_k = \begin{vmatrix} \rho_0 & \rho_1 & \rho_2 & \cdots & \rho_1 \\ \rho_1 & \rho_0 & \rho_1 & \cdots & \rho_2 \\ \vdots & \vdots & \vdots & \vdots & \vdots \\ \rho_{k-1} & \rho_{k-2} & \rho_{k-3} & \cdots & \rho_k \end{vmatrix}$$

注意，C_k 是将 C 中第 k 列替换为 $\rho_1, \rho_2, \cdots, \rho_k$。利用式 (2.42) 可以计算 ARMA 模型的偏自相关系数。下面，我们将通过一些例题来演示如何计算低阶 ARMA 模型的偏自相关系数。

例 2.23 计算 AR(1) 模型的偏自相关系数。

解：根据式 (2.42) 及例 2.19 知

$$\phi_{11} = \frac{C_1}{C} = \frac{\rho_1}{\rho_0} = \rho_1 = \phi_1$$

$$\phi_{22} = \frac{C_2}{C} = \frac{\begin{vmatrix} \rho_0 & \rho_1 \\ \rho_1 & \rho_2 \end{vmatrix}}{\begin{vmatrix} \rho_0 & \rho_1 \\ \rho_1 & \rho_0 \end{vmatrix}} = \frac{\begin{vmatrix} 1 & \phi_1 \\ \phi_1 & \phi_1^2 \end{vmatrix}}{\begin{vmatrix} 1 & \phi_1 \\ \phi_1 & 1 \end{vmatrix}} = 0$$

类似可算得 $\phi_{kk} = 0 (k \geqslant 2)$，故

$$\phi_{kk} = \begin{cases} \phi_1, & k = 1 \\ 0, & k \geqslant 2 \end{cases}$$

从例 2.23 看出，AR(1) 模型的偏自相关函数在 k 大于模型的阶数 1 之后，全部为 0，我们称之为 AR(1) 模型偏自相关函数的一阶截尾性。

例 2.24　计算 AR(2) 模型的偏自相关系数。

解；根据式 (2.42) 及例 2.19 知

$$\phi_{11}=\frac{C_1}{C}=\frac{\rho_1}{\rho_0}=\rho_1=\frac{\phi_1}{1-\phi_2}$$

$$\phi_{22}=\frac{C_2}{C}=\frac{\begin{vmatrix}\rho_0 & \rho_1\\ \rho_1 & \rho_2\end{vmatrix}}{\begin{vmatrix}\rho_0 & \rho_1\\ \rho_1 & \rho_0\end{vmatrix}}=\frac{\begin{vmatrix}1 & \dfrac{\phi_1}{1-\phi_2}\\[3mm] \dfrac{\phi_1}{1-\phi_2} & \dfrac{\phi_1^2+\phi_2-\phi_2^2}{1-\phi_2}\end{vmatrix}}{\begin{vmatrix}1 & \dfrac{\phi_1}{1-\phi_2}\\[3mm] \dfrac{\phi_1}{1-\phi_2} & 1\end{vmatrix}}=\phi_2$$

$$\phi_{33}=\frac{C_3}{C}=\frac{\begin{vmatrix}\rho_0 & \rho_1 & \rho_1\\ \rho_1 & \rho_0 & \rho_2\\ \rho_2 & \rho_1 & \rho_3\end{vmatrix}}{\begin{vmatrix}\rho_0 & \rho_1 & \rho_2\\ \rho_1 & \rho_0 & \rho_1\\ \rho_2 & \rho_1 & \rho_0\end{vmatrix}}$$

根据 $\rho_k=\phi_1\rho_{k-1}+\phi_2\rho_{k-2}$ 可得 $\rho_1=\phi_1\rho_0+\phi_2\rho_1$，$\rho_2=\phi_1\rho_1+\phi_2\rho_0$，$\rho_3=\phi_1\rho_2+\phi_2\rho_1$，代入上式，有

$$\phi_{33}=\frac{\begin{vmatrix}\rho_0 & \rho_1 & \phi_1\rho_0+\phi_2\rho_1\\ \rho_1 & \rho_0 & \phi_1\rho_1+\phi_2\rho_0\\ \rho_2 & \rho_1 & \phi_1\rho_2+\phi_2\rho_1\end{vmatrix}}{\begin{vmatrix}\rho_0 & \rho_1 & \rho_2\\ \rho_1 & \rho_0 & \rho_1\\ \rho_2 & \rho_1 & \rho_0\end{vmatrix}}=0$$

故

$$\phi_{kk}=\begin{cases}\dfrac{\phi_1}{1-\phi_2}, & k=1\\[3mm] \phi_2, & k=2\\[2mm] 0, & k\geqslant 3\end{cases}$$

从例 2.24 看出，AR(2) 模型的偏自相关函数具有二阶截尾性。事实上，可以证明 AR(p) 模型的偏自相关函数具有 p 阶截尾性。

例 2.25　计算 MA(1) 模型的偏自相关系数。

根据式 (2.42) 及例 2.21 知

$$\phi_{11}=\frac{C_1}{C}=\frac{\rho_1}{\rho_0}=\rho_1=\frac{-\theta_1}{1+\theta_1^2}$$

$$\phi_{22} = \frac{C_2}{C} = \frac{\begin{vmatrix} \rho_0 & \rho_1 \\ \rho_1 & \rho_2 \end{vmatrix}}{\begin{vmatrix} \rho_0 & \rho_1 \\ \rho_1 & \rho_0 \end{vmatrix}} = \frac{\rho_2 - \rho_1^2}{1 - \rho_1^2} = \frac{-\theta_1^2}{1 + \theta_1^2 + \theta_1^4}$$

$$\phi_{33} = \frac{C_3}{C} = \frac{\begin{vmatrix} \rho_0 & \rho_1 & \rho_1 \\ \rho_1 & \rho_0 & \rho_2 \\ \rho_2 & \rho_1 & \rho_3 \end{vmatrix}}{\begin{vmatrix} \rho_0 & \rho_1 & \rho_2 \\ \rho_1 & \rho_0 & \rho_1 \\ \rho_2 & \rho_1 & \rho_0 \end{vmatrix}} = \frac{\begin{vmatrix} 1 & \rho_1 & \rho_1 \\ \rho_1 & 1 & 0 \\ 0 & \rho_1 & 0 \end{vmatrix}}{\begin{vmatrix} 1 & \rho_1 & 0 \\ \rho_1 & 1 & \rho_1 \\ 0 & \rho_1 & 1 \end{vmatrix}} = \frac{-\theta_1^3}{1 + \theta_1^2 + \theta_1^4 + \theta_1^6}$$

故

$$\phi_{kk} = \frac{-\theta_1^k}{\sum_{j=0}^{k} \theta_1^{2j}}, \quad k \geqslant 1$$

即 MA(1)模型的偏自相关函数具有拖尾性。从另一个角度来看,因为一个可逆的 MA(1)模型可以等价写成一个无穷阶 AR 模型,故其偏自相关函数具有拖尾性。同理,对于 MA(q)模型,其偏自相关函数具都具有拖尾性。

例 2.26 模拟 ARMA(1, 1)模型:$X_t = 0.7X_t + \varepsilon_t - 0.4\varepsilon_{t-1}$,并观察序列自相关和偏自相关图的波动特征。

图 2.8 是 ARMA(1, 1)模型模拟序列的样本自相关图(左)和偏自相关图(右)。从图中看出,平稳 ARMA(1, 1)模型的自相关、偏自相关系数都呈现出拖尾现象,即 ρ_k, ϕ_{kk} 的取值均随着时滞 k 的增加逐渐衰减到 0 值附近。从另一个角度看,平稳可逆的 ARMA 模型既可以等价写成一个无穷阶 MA 模型,也可以等价写成一个无穷阶 AR 模型,故其自相关、偏自相关函数都具有拖尾的性质。

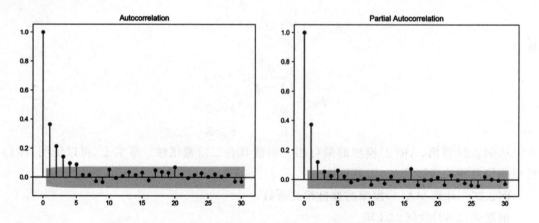

图 2.8 ARMA 模型模拟序列的样本自相关、样本偏自相关图

2.5　平稳时间序列模型的建立

前面我们介绍了平稳时间序列模型的基本形式及特征,接下来我们将要讨论关于平稳时间序列的拟合问题。所谓平稳时间序列的拟合是指根据有限长度的时间序列样本观察值,通过模型识别、参数估计、模型检验和模型优化等步骤拟合一个能够描述样本序列发展变化的 ARMA 模型,为后续的预测及进一步分析提供模型依据。本节主要介绍 Box-Jenkins 建模方法。

2.5.1　模型识别

对一个平稳时间序列建立模型的第一步就是模型识别,包括:识别模型类型及确定模型阶数。根据第 2.4.3 小节可知,三类平稳 ARMA 模型的自相关函数和偏自相关函数呈现出各自独特的特点,见表 2.1。

表 2.1　三类 ARMA 模型的自相关函数和偏自相关函数特点

	模型		
	AR(p)	MA(q)	ARMA(p,q)
ACF	拖尾	q 阶截尾	拖尾
PACF	p 阶截尾	拖尾	拖尾

从理论上讲,如果一个平稳时间序列是来自某一类平稳模型(AR、MA 或 ARMA),那么该序列的样本(偏)自相关函数应该和这类模型的理论(偏)自相关函数具有相同特点。因此,我们首先按照式(1.11)和式(1.12)计算该时间序列的样本自相关函数和偏自相关函数,然后将样本与理论的(偏)自相关函数表现出的特征进行对比,初步判定模型类型和模型阶数,见表 2.2(表中 $\hat{\rho}_k,\hat{\phi}_{kk}$ 分别表示样本自相关函数和偏自相关函数)。

表 2.2　识别的模型类型及模型阶数对应表

$\hat{\rho}_k$	$\hat{\phi}_{kk}$	模型类型及阶数
拖尾	p 阶截尾	AR(p)
q 阶截尾	拖尾	MA(q)
拖尾	拖尾	ARMA(p,q)

但在实际数据分析中,样本的随机性导致样本自相关函数或偏自相关函数不会 p 步或 q 步之后呈现出完美的理论截尾现象。也就是本应截尾的样本自相关函数或偏自相关函数仍在 0 值附近上下波动(如例 2.22)。另外,平稳时间序列往往具有短期相关,表现在样本(偏)自相关函数上就是随着延迟阶数 $k\rightarrow\infty$ 时,$\hat{\rho}_k,\hat{\phi}_{kk}$ 都会衰减到 0 的附近上下波动。这时就产生一个问题:什么时候认为这种 0 值附近的上下波动是截尾现象,什么时候认为是拖尾现象? 为此,我们要借助 $\hat{\rho}_k,\hat{\phi}_{kk}$ 的渐进分布来做出判断。

由 Bartlett 定理知,当样本长度 $T\rightarrow\infty$ 时,样本自相关函数近似服从正态分布 $N\left(0,\dfrac{1}{T}\right)$,

根据正态分布的性质,有

$$P\left(|\hat{\rho}_k|\leqslant\frac{2}{\sqrt{T}}\right)\geqslant 0.95$$

Quenouille证明,样本偏自相关系数也近似服从$N\left(0,\frac{1}{T}\right)$,故有

$$P\left(|\hat{\phi}_{kk}|\leqslant\frac{2}{\sqrt{T}}\right)\geqslant 0.95$$

这一性质可以在一定程度上帮助我们解决上述问题。

一般来说,如果样本自相关函数$\hat{\rho}_k$或样本偏自相关函数$\hat{\phi}_{kk}$的前m个取值明显非0(即大于2倍标准差范围),但在m个之后,几乎95%的$\hat{\rho}_k$或$\hat{\phi}_{kk}$都落在2倍标准差之内。同时,由非0的样本自相关函数(或偏自相关函数)衰减为0值附近(2倍标准差之内)上下波动的过程非常突然,这时通常认为样本自相关函数(或偏自相关函数)截尾,相应的截尾阶数为m;反之,超过5%的样本自相关函数或样本偏自相关函数在2倍标准差之外,或者由非0的样本自相关函数(或偏自相关函数)衰减为0值附近上下波动的过程非常缓慢,这时认为样本自相关函数(或偏自相关函数)具有拖尾的性质。

例2.27 模拟以下两个模型的序列值,并绘制样本自相关与样本偏自相关函数图。

模型一:$X_t=0.6X_{t-1}+\varepsilon_t$

模型二:$X_t=\varepsilon_t-0.6\varepsilon_{t-1}$

图2.9是根据模型一的模拟序列计算并绘制的样本自相关和偏自相关函数图。从图中可以看出,样本自相关函数随着滞后期k的增加,逐渐减小到0值附近(即图中灰色区域)做小值波动,并且从非0值衰减到0值附近波动的过程是一个相对缓慢的过程,故认为样本自相关函数呈现拖尾现象;另一方面,当$k=1$时样本偏自相关函数为0.6,当$k\geqslant 2$,其后几乎95%的取值落在0值附近,并且从非0取值衰减到0值附近上下波动的过程相对突然,故认为其具有一阶截尾现象。所以根据图2.9中样本自相关和样本偏自相关表现出的特征,结合表2.2,可拟合AR(1)模型,这和样本序列的生成机制是一致的(注意,样本序列来自模型$X_t=0.6X_{t-1}+\varepsilon_t$)。

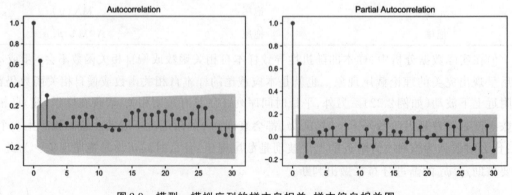

图2.9 模型一模拟序列的样本自相关、样本偏自相关图

图2.10是根据模型二的模拟序列计算并绘制的样本自相关和偏自相关函数图。类似图

2.9的分析,从图中可以看出,样本自相关函数波动具有一阶截尾现象,同时样本偏自相关函数的波动具有拖尾性,故可拟合MA(1)模型。同样,这和样本序列的生成机制是一致的(注意,样本序列来自模型$X_t = \varepsilon_t - 0.6\varepsilon_{t-1}$)。

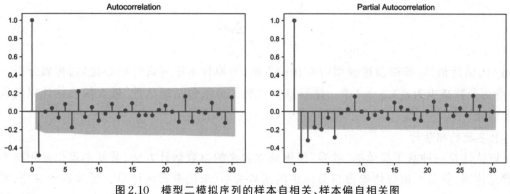

图2.10　模型二模拟序列的样本自相关、样本偏自相关图

需要指出的是,虽然$\hat{\rho}_k$,$\hat{\phi}_{kk}$的渐进分布提供了模型识别及定阶的经验方法,但对于图形的分析却有很大的主观性。同一组样本序列,不同的分析人员可能会有不同的识别结果。后续,在模型优化中会提到几种优化标准,这些标准在某种程度上也可以帮助我们进行模型的识别及定阶。

例2.28　选择合适的模型拟合1971—2021年国内生产总值指数序列,数据见附录A2.1。

考察序列样本自相关、偏自相关图,如图2.11。

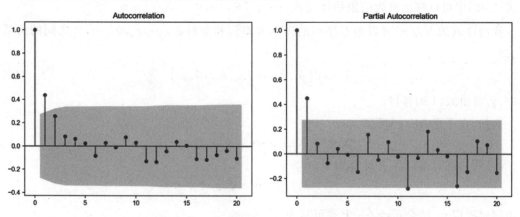

图2.11　国内生产总值指数序列的样本自相关、样本偏自相关图

从本例的自相关图(图2.11(左))看出,序列的样本自相关函数呈现指数形式衰减模式,可视为自相关函数具有拖尾变化特征;从偏自相关图(图2.11(右))看出,偏自相关函数呈现出阻尼正弦波形式的衰减模式。一阶偏自相关系数在2倍标准差范围之外,其余阶数的偏自相关系数几乎都在2倍标准差范围之内,可视为偏自相关系数具有一阶截尾的变化特征。因此,在本例中初步确定拟合AR(1)模型。

2.5.2　模型参数估计

通过第2.5.1小节确定了样本序列适合的模型类型及阶数后,接下来就需要确定模型中的参数值,即参数估计,包括 $\mu, \sigma_\varepsilon^2, \phi_1, \cdots, \phi_p, \theta_1, \cdots, \theta_q$,共计 $p+q+2$ 个。

其中,μ 表示平稳样本序列的均值,通常可以用样本均值估计 μ 值。具体地,记时间序列 $\{X_t, t\in T\}$ 的有限观测样本为 $\{x_t, t=1,2,\cdots,n\}$,则 μ 估计值 $\hat{\mu}$ 的计算公式如下:

$$\hat{\mu}=\bar{x}=\frac{\sum\limits_{i=1}^{n}x_i}{n}$$

得到 μ 的估计值后,按照前述模型中心化的方法,对原样本序列进行中心化后,再做分析。这样,待估参数减少为 $p+q+1$ 个。估计这些参数的方法包括矩估计、极大似然估计以及最小二乘估计。

1. 参数的矩估计

矩估计是一种基于简单的"替换"思想建立起来的参数估计方法,其基本思想是用样本矩代替总体矩,然后利用待估参数与总体矩的函数关系,求出参数估计量。延续这一思想,时序模型的参数估计中,由于 ARMA 模型的自相关函数与模型中的未知参数有关系,故可以用样本自相关函数代替总体自相关函数,进而得到参数的估计量。具体地,根据式(1.11)计算样本序列自相关函数,然后构造如下方程组:

$$\begin{cases} \rho_1(\phi_1,\cdots,\phi_p,\theta_1,\cdots,\theta_p)=\hat{\rho}_1 \\ \quad\vdots \\ \rho_{p+q}(\phi_1,\cdots,\phi_p,\theta_1,\cdots,\theta_p)=\hat{\rho}_{p+q} \end{cases} \tag{2.43}$$

从式(2.43)中可以解出参数的矩估计量 $\hat{\phi}_1,\cdots,\hat{\phi}_p,\hat{\theta}_1,\cdots,\hat{\theta}_q$。

扰动序列的方差 σ_ε^2 可以通过序列的样本方差 $\hat{\gamma}_0$ 和参数 $\hat{\phi}_1,\cdots,\hat{\phi}_p,\hat{\theta}_1,\cdots,\hat{\theta}_q$ 之间的关系获得,即

$$\hat{\sigma}_\varepsilon^2=f\left(\hat{\gamma}_0,\hat{\phi}_1,\cdots,\hat{\phi}_p,\hat{\theta}_1,\cdots,\hat{\theta}_q\right) \tag{2.44}$$

其中,$\hat{\gamma}_0$ 可由式(1.9)算得。

例如,在平稳 AR(p) 模型

$$X_t=\phi_1 X_{t-1}+\cdots+\phi_p X_{t-p}+\varepsilon_t$$

中,等号两边同时乘以 X_t 并计算期望,得

$$\gamma_0=\phi_1\gamma_1+\cdots+\phi_p\gamma_p+\sigma_\varepsilon^2$$

两边同时除以 γ_0,结合 $\rho_k=\dfrac{\gamma_k}{\gamma_0}$,上式可写为

$$\sigma_\varepsilon^2=(1-\phi_1\rho_1-\cdots-\phi_p\rho_p)\gamma_0 \tag{2.45}$$

将 $\hat{\phi}_1,\hat{\rho}_1,\hat{\gamma}_0$ 代入式(2.45),可得 σ_ε^2 的估计量。

例2.29 计算 AR(1)中参数 ϕ_1 及 σ_ε^2 的矩估计量。

解:AR(1)模型为 $X_t=\phi_1 X_{t-1}+\varepsilon_t, \varepsilon_t\sim WN(0,\sigma_\varepsilon^2)$,根据式(2.36)及(2.43)有

$$\hat{\phi}_1=\hat{\rho}_1$$

由式(2.45)可知

$$\hat{\sigma}_\varepsilon^2=\left(1-\hat{\phi}_1^2\right)\hat{\gamma}_0$$

例 2.30 计算 AR(2) 中参数及 σ_ε^2 的矩估计量。

解:AR(1) 模型为 $X_t = \phi_1 X_{t-1} + \phi_2 X_{t-2} + \varepsilon_t$, $\varepsilon_t \sim WN(0, \sigma_\varepsilon^2)$,根据式(2.36)可知

$$\begin{cases} \rho_1 = \phi_1 \rho_0 + \phi_2 \rho_1 \\ \rho_2 = \phi_1 \rho_1 + \phi_2 \rho_0 \end{cases}$$

将样本自相关系数代入上式,得

$$\begin{cases} \hat{\rho}_1 = \phi_1 \hat{\rho}_0 + \phi_2 \hat{\rho}_1 \\ \hat{\rho}_2 = \phi_1 \hat{\rho}_1 + \phi_2 \hat{\rho}_0 \end{cases}$$

解该方程组,可得参数矩估计量为

$$\hat{\phi}_1 = \frac{1 - \hat{\rho}_2}{1 - \hat{\rho}_1^2} \hat{\rho}_1, \quad \hat{\phi}_2 = \frac{\hat{\rho}_2 - \hat{\rho}_1^2}{1 - \hat{\rho}_1^2}$$

由式(2.45)可知

$$\hat{\sigma}_\varepsilon^2 = \left(1 - \hat{\phi}_1 \hat{\rho}_1 - \hat{\phi}_2 \hat{\rho}_2 \right) \hat{\gamma}_0$$

例 2.31 计算 MA(1) 中参数及 σ_ε^2 的矩估计量。

解:MA(1) 模型为 $X_t = \varepsilon_t - \theta_1 \varepsilon_{t-1}$, $\varepsilon_t \sim WN(0, \sigma_\varepsilon^2)$,在式(2.37)中代入 $\hat{\rho}_1$ 有

$$\hat{\rho}_1 = \frac{-\theta_1}{1 + \theta_1^2}$$

求解上述一元二次方程,得

$$\theta_1 = \frac{-1 \pm \sqrt{1 - 4\hat{\rho}_1^2}}{2\hat{\rho}_1}$$

根据可逆性要求,最终可得参数的矩估计为

$$\hat{\theta}_1 = \frac{-1 + \sqrt{1 - 4\hat{\rho}_1^2}}{2\hat{\rho}_1}$$

根据(2.34)式,有

$$\gamma_0 = (1 + \theta_1^2 + \theta_2^2) \sigma_\varepsilon^2$$

可得

$$\hat{\sigma}_\varepsilon^2 = \frac{\hat{\gamma}_0}{1 + \hat{\theta}_1^2 + \hat{\theta}_2^2}$$

例 2.32 计算平稳可逆 ARMA(1, 1) 中参数及 σ_ε^2 的矩估计量。

解:ARMA(1, 1) 模型为 $X_t = \phi_1 X_{t-1} + \varepsilon_t - \theta_1 \varepsilon_{t-1}$, $\varepsilon_t \sim WN(0, \sigma_\varepsilon^2)$,已知其自相关函数为

$$\rho_k = \frac{\gamma_k}{\gamma_0} = \frac{\sum_{i=0}^{\infty} G_i G_{i+k}}{\sum_{i=0}^{\infty} G_i^2}$$

其中,

$$G_j = \begin{cases} 1, & j = 0 \\ \phi_1^{j-1}(\phi_1 - \theta_1), & j \geq 1 \end{cases}$$

因为模型中涉及两个参数,故利用 ρ_1, ρ_2 建立方程组并代入 G_j 有

$$\begin{cases} \rho_1 = \dfrac{(\phi_1 - \theta_1)(1 - \phi_1\theta_1)}{1 + \theta_1^2 - 2\theta_1\phi_1} \cdot \\ \rho_2 = \phi_1\rho_1 \end{cases}$$

可得参数矩估计为

$$\begin{cases} \hat{\phi}_1 = \dfrac{\hat{\rho}_2}{\hat{\rho}_1} \\ \hat{\theta}_1 = \begin{cases} \dfrac{c + \sqrt{c^2 - 4}}{2}, & c \leqslant -2 \\ \dfrac{c - \sqrt{c^2 - 4}}{2}, & c \geqslant 2 \end{cases} \end{cases}$$

其中,

$$c = \frac{1 + \hat{\phi}_1^2 - 2\hat{\rho}_2}{\hat{\phi}_1 - \hat{\rho}_1}$$

关于参数 σ_ε^2 的矩估计量,因为

$$\gamma_0 = \sum_{j=0}^{\infty} G_j^2 \sigma_\varepsilon^2$$

所以

$$\sigma_\varepsilon^2 = \frac{\gamma_0}{\sum_{j=0}^{\infty} G_j^2}$$

将格林函数、样本方差及参数估计量代入,得

$$\hat{\sigma}_\varepsilon^2 = \frac{1 - \hat{\phi}_1^2}{1 - 2\hat{\phi}_1^2 + \hat{\theta}_1^2} \hat{\gamma}_0$$

矩估计方法易于计算,且不需要假设总体的分布,但其估计精度难以令人满意,所以往往作为其他估计方法,如最小二乘法、极大似然估计等迭代计算的初始值。

2. 参数的最小二乘估计

最小二乘法是一种在回归模型中经常采用的估计方法,其基本思想是:让观察值和估计值之间差异的平方和达到最小时对应的参数值即为其最小二乘估计量。

对于 ARMA(p, q) 模型,记 $\beta = [\phi_1, \cdots, \phi_p, \theta_1, \cdots, \theta_p]^T$,利用最小二乘法估计其参数,通常先把 ARMA 模型用其逆转形式表示,即

$$\varepsilon_t = X_t - \sum_{j=1}^{\infty} I_j X_{t-j}$$

其中,I_j 由式(2.30)定义。残差平方和为(T 表示序列样本长度)

$$Q(\beta) = \sum_{t=1}^{T} \varepsilon_t^2 = \sum_{t=1}^{T} \left(x_t - \sum_{j=1}^{\infty} I_j x_{t-j} \right)^2 \tag{2.46}$$

使 $Q(\beta)$ 达最小的那组参数 $\hat{\beta} = [\hat{\phi}_1, \cdots, \hat{\phi}_p, \hat{\theta}_1, \cdots, \hat{\theta}_q]^T$ 称为 $[\phi_1, \cdots, \phi_p, \theta_1, \cdots, \theta_p]^T$ 的最小二乘估计量。

实际分析中,对式(2.36)往往加以条件限制:假定当 $t < 0$ 时 $X_t = 0$,即 0 时刻及之前的序列值不可观测。则式(2.46)可写为有限项表示

$$Q(\beta) = \sum_{t=1}^{T} \varepsilon_t^2 = \sum_{t=1}^{T} \left(x_t - \sum_{j=1}^{t} I_j x_{t-j} \right)^2$$

通过迭代,使上式达到最小的估计值为参数 β 的条件最小二乘估计量。

可见,不论是最小二乘还是条件最小二乘估计方法,不需要对总体分布做任何假设,且其充分使用样本信息,故其估计的精度很高,也是时间序列模型参数估计中常用的一种方法。

3. 参数的极大似然估计

极大似然估计的基本思想是:从参数的可能取值中选择使得观察样本出现概率最大的那个作为参数的估计,这就是参数的极大似然估计。要得到参数的极大似然估计量,需要已知样本的分布。实际分析中,往往假设时间序列样本服从正态分布,通过计算样本似然函数,并使其极大化,就可得到模型中参数的极大似然估计。

极大似然估计充分利用样本信息,且其估计结果具有良好的统计性质。

例 2.33(例 2.28 续)　确定 1971—2021 年国内生产总值指数拟合模型的口径。

根据例 2.28,拟合模型初步定为 AR(1)模型,利用极大似然法,得到该模型的参数估计结果如下:

$$X_t = 108.6165 + 0.4340 Y_{t-1} + \varepsilon_t, \quad \sigma_\varepsilon = 2.924$$

2.5.3　模型检验

通过模型识别、参数估计后,对样本序列初步构建了 ARMA 模型,接下来需要对所构建模型的合理性进行相关检验,包括:平稳可逆性、正态性检验、模型适应性检验等。

1. 模型平稳可逆性检验

对估计出的 ARMA 模型进行平稳可逆性检验,就是检验该 ARMA 模型中自回归系数多项式及移动平均系数多项式的根是否都在单位圆外。只有都满足单位圆外,估计出的模型才是平稳可逆的。

2. 残差正态性检验

时间序列模型的基本假定是 $\{\varepsilon_t\}$ 为具有正态分布特征的白噪声序列。因此,对于任何已估计的模型,要检验其残差序列 $\{\hat{\varepsilon}_t\}$ 是否为正态分布。为此,可以构造标准化残差的直方图,用 χ^2 拟合优度检验;也可以用夏皮罗-威尔克(Shapiro-Wilk)正态性检验判断残差序列是否服从正态性分布。

3. 模型适应性检验

模型的适应性检验也称为模型的有效性检验,其主要目的是检验模型是否充分提取了序列中的相关信息,其检验对象为残差序列 $\{\hat{\varepsilon}_t\}$。$\hat{\varepsilon}_t$ 是 ARMA 模型中随机扰动序列 ε_t 的估计,其形式为

$$\hat{\varepsilon}_t = \hat{\Theta}(B)^{-1} \hat{\Phi}(B) x_t$$

其中,$\hat{\Phi}(B) = 1 - \hat{\phi}_1 B - \cdots - \hat{\phi}_p B^p, \hat{\Theta}(B) = 1 - \hat{\theta}_1 B - \cdots - \hat{\theta}_q B^q$。

直观地考虑,如果模型充分提取了样本序列中的相关信息,那么残差序列 $\{\hat{\varepsilon}_t\}$ 应该不再包含任何相关信息。换句话说,残差序列 $\{\hat{\varepsilon}_t\}$ 应该是不相关的,即它是个白噪声序列。此时,模

型称为显著有效的模型。反之,若残差序列$\{\hat{\varepsilon}_t\}$不是白噪声序列,也就意味着残差序列$\{\hat{\varepsilon}_t\}$中还存在未能被模型拟合的相关性。那么,此时模型就不是有效的,需要对样本序列重新选择模型来拟合。

上述分析表明,模型适应性检验就是检验$\{\hat{\varepsilon}_t\}$是否为白噪声序列,结合第1章内容可知,模型适应性检验的原假设和备择假设为

$$H_0: \hat{\rho}_1 = \hat{\rho}_2 = \cdots = \hat{\rho}_k = 0, \ \forall k \geqslant 1$$

$$H_1: 至少存在某个 m, 使得 \hat{\rho}_m \neq 0, \ \forall k \geqslant 1, m \leqslant k$$

其中,样本残差的自相关函数$\hat{\rho}_k$的定义类似式(1.11)。

类似第1.4.1小节中,构造 Ljung-Box(LB)检验统计量如下(T为样本长度):

$$LB = T(T+2) \sum_{m=1}^{k} \frac{\hat{\rho}_m^2}{T-m} \sim \chi^2(k), \ \forall k > 0$$

基于上述假设及检验统计量可知,当LB统计量值较大时(即统计量的p值$\leqslant \alpha$),拒绝H_0,说明残差序列$\{\hat{\varepsilon}_t\}$中还有未被充分提取的相关性,模型不显著;当LB统计量值较小时(即统计量的p值$> \alpha$),不拒绝H_0,说明残差序列$\{\hat{\varepsilon}_t\}$中没有残留的相关性,模型通过适应性检验。

例2.34(例2.28续) 检验1971—2021年国内生产总值指数序列的拟合模型。

对拟合模型AR(1)进行的检验包括如下三方面:

(1)模型平稳可逆性检验,如图2.12。图中最下方"Roots"部分给出拟合模型AR(1)中自回归多项式与移动平均系数多项式根的实部与虚部,显而易见其根的绝对值在单位圆外,故模型满足平稳可逆。

```
                          ARMA Model Results
========================================================================
Dep. Variable:               gdp index   No. Observations:           51
Model:                        ARMA(1, 0)  Log Likelihood         -127.194
Method:                        css-mle    S.D. of innovations      2.924
Date:               Mon, 11 Apr 2022      AIC                    260.388
Time:                         23:32:22    BIC                    266.184
Sample:                     01-01-1971    HQIC                   262.603
                          - 01-01-2021
========================================================================
                    coef    std err       z      P>|z|    [0.025    0.975]
------------------------------------------------------------------------
const            108.6165     0.713   152.345    0.000   107.219   110.014
ar.L1.gdp index    0.4340     0.124     3.494    0.000     0.191     0.677
                                   Roots
========================================================================
                  Real        Imaginary        Modulus       Frequency
------------------------------------------------------------------------
AR.1            2.3041        +0.0000j          2.3041          0.0000
```

图2.12 1971—2021年国内生产总值指数序列拟合模型结果

(2)残差正态性检验,检验结果如下:

`ShapiroResult(statistic=0.95133710, pvalue=0.03584637)`

根据检验结果,当显著性水平取$\alpha = 0.01$时,残差序列为正态序列。

(3)模型适应性检验,即检验拟合模型的残差序列是否为白噪声,检验结果整理后如表2.3所示。

表 2.3 LB检验表

延迟阶数	纯随机性检验	
	LB检验统计量值	p值
6	2.312	0.889
12	6.183	0.907
18	8.077	0.978

表 2.3 中检验结果显示,各延迟阶数下的 LB 检验统计量对应的 p 值显著大于 0.05,故残差序列为白噪声,即拟合模型通过适应性检验。

2.5.4 模型优化

当估计出拟合模型中的参数,并且模型已通过检验,此时说明在一定的置信水平下,该模型可以较为有效地描述已观察到的序列值的变化特点,但是这种有效的模型不一定是唯一的。很多时候,针对同一个时间序列的观察值,有效模型可能不止一个,而在诸多有效的模型中应该选择哪个模型呢? 这一问题也称为模型优化问题,这里我们主要介绍两个优化准则:AIC 准则和 SBC 准则。

1. AIC 准则

最小信息准则(Akaike information criterion)简称为 AIC 准则,是由日本统计学家 Akaike 1973 年提出。

一个模型对观察数据的拟合是否有效,可以从两方面考虑:衡量拟合程度的似然函数值以及模型中包含的未知参数的个数。通常似然函数值越大,意味着模型对观察数据的拟合程度越好;模型中未知参数个数越少,意味着模型变化越灵活、模型拟合的准确度也就越高。虽然我们希望模型的拟合程度高,但是如果仅仅一味追求高的拟合程度,这会导致模型中参数过多。而过多的参数会使得参数估计难度加大进而导致估计精度变差。综上,一个好的拟合模型应该是在综合衡量模型的拟合程度及所含待估参数个数的情况下得到的。

AIC 准则正是基于上述想法提出的,它是关于模型拟合精度与待估参数个数的加权函数:

$$AIC = -2\ln(\text{模型的极大似然函数值}) + 2(\text{模型中参数个数}) \tag{2.47}$$

AIC 达到最小值时对应的模型被认为是最优模型。

$ARMA(p, q)$ 模型的对数似然函数 $l(\beta) \propto -\dfrac{n}{2}\ln\sigma_\epsilon^2$,其中,$\beta = [\phi_1, \cdots, \phi_p, \theta_1, \cdots, \theta_p]^T$。中心化的 $ARMA(p, q)$ 模型中所含待估参数个数为 $p+q+1$ 个,故其 AIC 准则函数为

$$AIC = n\ln\hat{\sigma}_\epsilon^2 + 2(p+q+1) \tag{2.48}$$

非中心化的 $ARMA(p, q)$ 模型中所含待估参数个数为 $p+q+2$ 个,故其 AIC 准则函数为

$$AIC = n\ln\hat{\sigma}_\epsilon^2 + 2(p+q+2)$$

2. SBC 准则

AIC 准则提供了选择最优模型的有效方法,但在使用过程中也发现了它的不足之处。当样本序列越长时,即样本量 n 越大,式(2.48)中拟合误差提供的信息被放大,而待估参数个数

的权重不受影响。此时,当样本量 $n \to \infty$ 时,通过 AIC 准则选择的模型不收敛于真实模型,该模型往往比真实模型所含的待估参数个数多。

为此,Akaike 在 1976 年提出了改进后的 AIC 准则,即 BIC 准则。BIC 准则弥补了在大样本下 AIC 准则选择模型阶数时收敛性不好的缺点。Schwartz 于 1978 年根据 Bayes 理论也提出了相同的准则,故 BIC 准则也称为 SBC 准则,其定义为

$$SBC = -2\ln(模型的极大似然函数值) + (模型中参数个数)\ln n$$

对比式(2.47),不难看出 SBC 准则对 AIC 准则的改进在于将模型中参数个数的权重由 2 变为也受到样本量影响的 $\ln n$。可以证明,SBC 准则是最优模型真实阶数的相合估计。

对中心化的 ARMA(p, q)模型,SBC 准则函数为

$$SBC = n\ln\hat{\sigma}_\epsilon^2 + (p + q + 1)\ln n$$

非中心化的 ARMA(p, q)模型中所含待估参数个数为 $p+q+2$ 个,故其 SBC 准则函数为

$$SBC = n\ln\hat{\sigma}_\epsilon^2 + (p + q + 2)\ln n$$

根据准则函数,我们可以在所有有效模型中选择一个相对最优的,即使得 AIC 或 SBC 准则达到最小的那个模型。之所以称为相对最优模型,是因为我们并不是在所有模型中做选择,而仅是在尽可能全面的范围内从有限个模型中做选择。故此得到的最优模型只是一个相对最优模型。

2.6 Pandit-Wu 建模方法

第 2.5 节中介绍的 Box-Jenkins 建模方法是根据时间序列样本观察值的自相关函数与偏自相关函数的统计特征为依据,进而构建 ARMA 模型。但是样本自相关函数与偏自相关函数作为对总体自相关、偏自相关函数的估计难免会产生误差。Pandit 和吴贤明论证了对于均匀时间间隔取样的平稳时间序列,总是可以用 ARMA(n, $n-1$)模型拟合该序列的波动特征,并于 1977 年在 Box-Jenkins 建模方法的基础上提出一种新的动态建模方法,即 Pandit-Wu 建模方法。该方法的基本思想是:对任意的一个平稳时间序列,拟合 ARMA 模型,逐渐增加模型的阶数,直到增加阶数时剩余平方和不再显著减少为止。

Pandit-Wu 建模方法的主要步骤如下:

(1)检验时间序列$\{X_t\}$的平稳非白噪声性;

(2)对序列$\{X_t\}$进行中心化;

(3)从 $n=1$ 开始,拟合模型 ARMA($2n$, $2n-1$)并逐渐增加阶数,直到增加阶数时剩余平方和不再显著减少为止;

(4)模型检验与优化。

2.7 案例分析

本节通过 Python 软件实现自回归移动平均模型的拟合过程。案例基于甘肃省兰州市

2021 年 7 月 1 日—2021 年 10 月 31 日空气质量指数(AQI),共计 123 个观测值,数据见附录 A2.2。

2.7.1 数据导入与预处理

首先导入甘肃省兰州市 2021 年 7 月 1 日—2021 年 10 月 31 日空气质量指数(AQI)序列并命名为data,代码如下:

```
import pandas as pd
import numpy as np
import matplotlib.pyplot as plt
plt.rcParams['font.sans-serif']=['SimHei']
plt.rcParams['axes.unicode_minus']=False
data = pd.read_excel('AQI.xlsx',index_col="时间",parse_dates=True)
plt.figure(figsize=(12,8))
plt.xlabel("时间")
plt.ylabel("AQI")
plt.plot(data,color='k')
plt.show()
```

【代码说明】

　1)第 1 至 3 行,导入相应的模块并命名。以第 1 行为例,导入 pandas 模块并命名为pd;

　2)第 4 至 7 行,对输出图像进行相关设置;

　3)第 8 至 9 行,对横纵坐标命名;

　4)第 10 至 11 行,绘制时序图。

1.平稳性检验

(1)时序图检验

从图 2.13 中看出,序列波动没有明显的趋势及周期性,呈现出相对平稳的波动特征,初步判断为平稳序列。

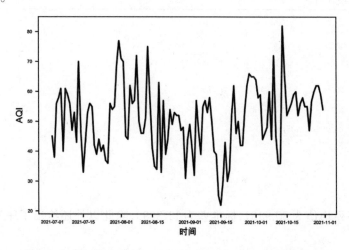

图 2.13　2021 年 7 月 1 日—2021 年 10 月 31 日 AQI 序列时序图

（2）样本 ACF、PACF 图检验

```
from statsmodels.graphics.tsaplots import plot_acf,plot_pacf
plot_acf(data,lags=30)
plot_pacf(data,lags=30)
```

【代码说明】
　　1）第 1 行，导入自相关和偏自相关包 statsmodels.graphics.tsaplots；
　　2）第 2 至 3 行，绘制自相关函数图和偏自相关图。

　　自相关函数图与偏自相关函数图如图 2.14 所示。从图 2.14（左）中看出，序列 ACF 收敛很快，其在滞后期 $k \geqslant 2$ 时都落在两倍标准差范围内做小值震荡，PACF 呈截尾态势，说明序列是平稳序列。

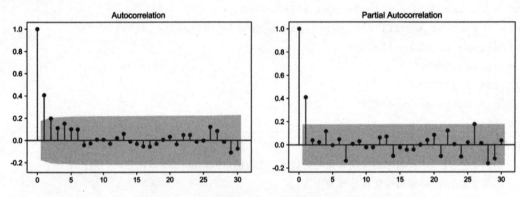

图 2.14　AQI 序列自相关函数图与偏自相关函数图

（3）ADF 检验

首先查看序列基本统计特征，代码如下：

```
print(data.describe(3))
```

【代码说明】
　　显示序列基本统计量。

输出结果如下：

```
        AQI
count  123.000
mean    50.943
std     11.330
min     22.000
25%     43.000
50%     52.000
75%     58.000
max     82.000
```

　　可以看到，序列均值为 50.9431，标准差为 11.3299，除此以外还给出了序列最大、最小值等其他统计量。

　　下面对序列进行 ADF 检验，由于序列均值非 0，故采用 ADF 检验中第二类模型做检验，代码如下：

```
def ADF_print(adf):
    print('  ADF statists=%.3f,'%adf[0],'p_value=%.3f\n'%adf[1])
    print('  critical value:')
    print('       1%%level:%.3f'%adf[4]['1%'])
    print('       5%%level:%.3f'%adf[4]['5%'])
    print('      10%%level:%.3f'%adf[4]['10%'])
import statsmodels.tsa.stattools as ts
adf2 = ts.adfuller(data,1,regression='c')
ADF_print(adf2)
```

【代码说明】

1）第 1 至 6 行，自定义了 ADF 检验及格式输出；

2）第 7 至 8 行，采用只有截距项的模型做 ADF 检验；

3）第 9 行，输出结果。

输出结果如下：

```
ADF statists=-7.122, p_value=0.000
  critical value:
       1%level:-3.485
       5%level:-2.886
      10%level:-2.580
```

ADF 检验结果显示，在三种不同的显著性水平下均拒绝原假设，即 AQI 序列为平稳时间序列。

2.白噪声检验

对平稳的 AQI 序列进行白噪声检验，代码如下：

```
from statsmodels.stats.diagnostic import acorr_ljungbox
acorr_ljungbox(data, lags=18)
```

【代码说明】

1）第 1 行，导入相应模块；

2）第 2 行，对 AQI 序列进行白噪声检验，即 LB 检验。

输出结果如下：

```
(array([20.80976803, 25.75999432, 27.3419113 , 30.36143968, 31.70966078,
        33.01914492, 33.26177259, 33.37104821, 33.37674254, 33.38202566,
        33.51576872, 33.57344958, 34.07914734, 34.09951648, 34.25494109,
        34.68944737, 35.19039956, 35.35460508]),
array([5.07235985e-06, 2.54852153e-06, 4.99144012e-06, 4.13137845e-06,
        6.78184103e-06, 1.03972652e-05, 2.36628213e-05, 5.27925554e-05,
        1.14808830e-04, 2.34901731e-04, 4.33858434e-04, 7.87271314e-04,
        1.17068417e-03, 1.99447232e-03, 3.13547844e-03, 4.38180312e-03,
        5.87262116e-03, 8.52652243e-03]))
```

检验结果显示,给定 $\alpha = 0.05$,各阶延迟下 LB 统计量的 p 值都小于显著性水平,所以认为 AQI 序列为非白噪声序列。

3.序列中心化处理

由前知,AQI 序列均值不为 0,对该序列进行中心化处理,代码如下:

```
y = data-50.943089
```

2.7.2 兰州市空气质量指数(AQI)序列模型的建立

1.模型识别与定阶

通过对图 2.14 进行分析,对中心化的序列 $\{Y_t\}$ 初步识别模型为:AR(1)、MA(1)、ARMA (1, 1),其中 $Y_t = data - 50.943089$。

2.参数估计

进行参数估计,代码如下:

```
from statsmodels.tsa.arima_model import ARMA
print(ARMA(y,(1,0)).fit(trend='nc').summary())
print(ARMA(y,(0,1)).fit(trend='nc').summary())
print(ARMA(y,(1,1)).fit(trend='nc').summary())
```

【代码说明】

1)第 1 行,导入 ARMA 模型;

2)第 2 至 4 行,分别输出 AR(1)、MA(1) 及 ARMA(1,1) 模型的估计结果。

各拟合模型参数估计结果见图 2.15 至图 2.17。

ARMA Model Results

Dep. Variable:			AQI	No. Observations:		123
Model:			ARMA(1, 0)	Log Likelihood		-461.559
Method:			css-mle	S.D. of innovations		10.307
Date:		Tue, 12 Apr 2022		AIC		927.118
Time:			17:14:13	BIC		932.742
Sample:			07-01-2021	HQIC		929.402
			- 10-31-2021			

	coef	std err	z	P>|z|	[0.025	0.975]
ar.L1.AQI	0.4042	0.082	4.928	0.000	0.243	0.565

Roots

	Real	Imaginary	Modulus	Frequency
AR.1	2.4738	+0.0000j	2.4738	0.0000

图 2.15　AR(1)模型估计结果

```
                      ARMA Model Results
==================================================================
Dep. Variable:                    AQI   No. Observations:         123
Model:                       ARMA(0, 1)   Log Likelihood         -463.667
Method:                        css-mle   S.D. of innovations     10.488
Date:                   Tue, 12 Apr 2022   AIC                   931.334
Time:                         17:14:13   BIC                     936.958
Sample:                      07-01-2021   HQIC                    933.618
                            - 10-31-2021
==================================================================
                   coef    std err        z      P>|z|    [0.025    0.975]
------------------------------------------------------------------
ma.L1.AQI        0.3352     0.072      4.675    0.000     0.195     0.476
                              Roots
==================================================================
                Real        Imaginary        Modulus       Frequency
------------------------------------------------------------------
MA.1          -2.9834       +0.0000j         2.9834         0.5000
------------------------------------------------------------------
```

图 2.16　MA(1)模型估计结果

```
                      ARMA Model Results
==================================================================
Dep. Variable:                    AQI   No. Observations:         123
Model:                       ARMA(1, 1)   Log Likelihood         -461.435
Method:                        css-mle   S.D. of innovations     10.297
Date:                   Tue, 12 Apr 2022   AIC                   928.870
Time:                         17:14:13   BIC                     937.306
Sample:                      07-01-2021   HQIC                    932.296
                            - 10-31-2021
==================================================================
                   coef    std err        z      P>|z|    [0.025    0.975]
------------------------------------------------------------------
ar.L1.AQI        0.5073     0.217      2.343    0.019     0.083     0.932
ma.L1.AQI       -0.1241     0.255     -0.486    0.627    -0.625     0.376
                              Roots
==================================================================
                Real        Imaginary        Modulus       Frequency
------------------------------------------------------------------
AR.1           1.9712       +0.0000j         1.9712         0.0000
MA.1           8.0558       +0.0000j         8.0558         0.0000
------------------------------------------------------------------
```

图 2.17　ARMA(1,1)模型估计结果

3.模型检验

(1)平稳可逆性检验

图 2.15 至图 2.17 中最下方"Roots"部分,分别给出三个拟合模型 AR(1)、MA(1)、ARMA (1,1)的自回归系数多项式或移动平均系数多项式根的实部与虚部,经检验其根的模均在单位圆外,故三个模型均满足平稳可逆。

（2）残差正态性检验

```
from statsmodels.tsa.arima_model import ARMA
M1 = ARMA(y,order=(1,0)).fit(trend='nc')
M2 = ARMA(y,order=(0,1)).fit(trend='nc')
M3 = ARMA(y,order=(1,1)).fit(trend='nc')
from scipy import stats
print(stats.shapiro(M1.resid))
print(stats.shapiro(M2.resid))
print(stats.shapiro(M3.resid))
```

【代码说明】

1）第1行，导入相关模块；

2）第2至4行，分别拟合 AR(1) 模型、MA(1) 模型及 ARMA(1,1) 模型；

3）第5行，导入模块中 Shapiro-Wilktest 函数分别计算各拟合模型的残差序列；

4）第6至8行，分别对 AR(1)、MA(1) 及 ARMA(1,1) 模型的残差序列进行 Shapiro-Wilktest 正态性检验。

输出结果如下：

```
ShapiroResult(statistic=0.98405856, pvalue=0.15702617)
ShapiroResult(statistic=0.98817939, pvalue=0.36850584)
ShapiroResult(statistic=0.98248029, pvalue=0.11150913)
```

从检验结果看出，著性水平 $\alpha = 0.05$ 时，AR(1) 模型、MA(1) 模型及 ARMA(1,1) 模型的残差序列均为正态序列。

（3）模型适应性检验

AR(1)模型适应性检验代码如下：

```
from statsmodels.stats.diagnostic import acorr_ljungbox
print("AR(1)模型")
print(acorr_ljungbox(M1.resid, lags=18))
print("MA(1)模型")
print(acorr_ljungbox(M2.resid, lags=18))
print("ARMA(1,1)模型")
print(acorr_ljungbox(M3.resid, lags=18))
```

【代码说明】

1）第1行，导入相应模块；

2）第2至7行，分别输出 AR(1)、MA(1) 及 ARMA(1,1) 模型残差序列进行白噪声检验，即 LB 检验结果。

输出结果如下：

```
AR(1)模型
(array([0.02301926, 0.10134566, 0.12689894, 1.71027498, 1.76263791,
    3.3911296 , 4.57794755, 4.64274801, 4.69683861, 4.75773559,
```

```
    5.18709546, 5.21506   , 6.11774063, 6.23852106, 6.26335052,
    6.40952655, 6.63538042, 6.69741448]),
array([0.879407  , 0.95058962, 0.9884247 , 0.78885033, 0.88091587,
    0.75839354, 0.71131189, 0.79498756, 0.85989463, 0.90676285,
    0.92176793, 0.95040717, 0.94176257, 0.96011661, 0.9749764 ,
    0.98303742, 0.98779711, 0.9924395 ]))
```
MA(1)模型
```
(array([ 0.57029886, 4.68263709, 4.72164154, 7.4933191 , 7.57908895,
    9.46757661, 10.28890842, 10.29522567, 10.29677428, 10.3431263 ,
    10.58848736, 10.61477958, 11.25165409, 11.36543852, 11.39180205,
    11.62324295, 11.89128668, 11.95018505]),
array([0.45014018, 0.09620071, 0.19335209, 0.11200425, 0.18100943,
    0.14893892, 0.17278388, 0.24491331, 0.32699827, 0.41092279,
    0.47835373, 0.56218817, 0.58974475, 0.65711939, 0.72435807,
    0.76948267, 0.80667505, 0.84979868]))
```
ARMA(1,1)模型
```
(array([3.98852098e-03, 5.56299366e-02, 2.08169331e-01, 1.47850976e+00,
    1.56355732e+00, 3.01879924e+00, 4.28636337e+00, 4.40487785e+00,
    4.47037600e+00, 4.52643434e+00, 4.97498522e+00, 5.00904509e+00,
    5.98966137e+00, 6.07808903e+00, 6.11243565e+00, 6.27152841e+00,
    6.52255094e+00, 6.58596609e+00]),
array([0.94964329, 0.97256831, 0.97625984, 0.83044125, 0.90562083,
    0.80648365, 0.74626617, 0.81887262, 0.87782278, 0.92049062,
    0.93237199, 0.95767617, 0.94652842, 0.96448467, 0.97779656,
    0.98488804, 0.98892978, 0.99317801]))
```

检验结果显示,当著性水平取 $\alpha = 0.05$ 时,AR(1)模型、MA(1)模型及 ARMA(1,1)模型均通过适应性检验。

4.模型优化

通过模型检验后,下面利用 AIC 准则和 BIC 准则选出一个相对最优模型。根据图 2.15 至图 2.17 中各准则函数值,经整理如表 2.4 所示。

表 2.4　各模型对应的准则函数值

模型	AIC	BIC
AR(1)	927.118	932.742
MA(1)	931.334	936.958
ARMA(1,1)	928.870	937.306

从模型结果来看,AR(1)模型的 AIC 值为 927.118,模型 BIC 值为 932.743,相比于 MA(1)和 ARMA(1,1)模型更小,故相对最优模型为 AR(1)。

模型表达式为

$$Y_t = 0.4042 Y_{t-1} + \varepsilon_t$$

即对兰州空气质量指数 AQI 序列建立如下模型：
$$AQI_t - 50.943 = 0.404(AQI_{t-1} - 50.943) + \varepsilon_t$$

2.7.3　模拟序列分析

利用 Python，我们可以对各类模型模拟其序列值。通过观察模拟序列值的波动特点，以达到熟悉掌握相应模型理论属性的目的。下面以例 2.1 为例，给出模拟序列的代码及结果分析。

考虑 AR(1) 模型：
$$X_t = 0.7X_{t-1} + \varepsilon_t, \quad \varepsilon_t \sim WN(0,1) \tag{2.49}$$

引入延迟算子 B，将式（2.49）写为如下形式：
$$(1 - 0.7B)X_t = \varepsilon_t, \quad \varepsilon_t \sim WN(0,1) \tag{2.50}$$

模拟该模型的序列值，代码如下：

```
import numpy as np
import matplotlib.pyplot as plt
from statsmodels.tsa.arima_process import arma_generate_sample as arma_s
Ts = arma_s([1,-0.7],[1],100)
plt.plot(ts)
```

【代码说明】

1）第 1 至 3 行，导入相应的模块并命名；

2）第 4 行，模拟模型（2.49）的序列值，其中第一组参数 [1,-0.7] 依次表示式（2.50）中自回归系数多项式中 $B^j (j=0.1)$ 的系数；第二组参数 [1] 表示式（2.50）中移动平均系数多项式中 $B^j (j=0)$ 的系数；参数 100 表示模拟序列的样本量；

3）第 5 行，绘制模拟序列值的时序图。

时序图如下：

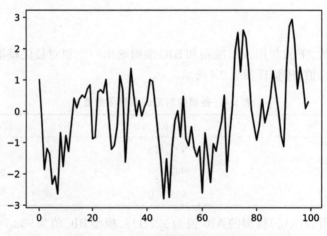

图 2.18　AR(1) 模型模拟序列时序图

对同一个 AR(1) 模型，对比例 2.1 中模型一的时序图（图 2.1 中左上时序图）和图 2.18 可以看出，两次模拟序列的时序图并不完全相同，但两次模拟序列的波动特征并没有太大改变：都在0值附近波动,没有明显上升或下降的趋势,也没周期变化的特征。

进一步,我们比较由两次模拟序列计算的自相关和偏自相关函数,如图2.19(第一次模拟)和图2.20(第二次模拟)所示。

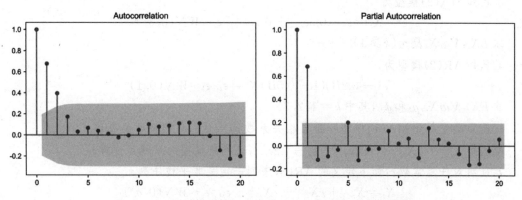

图 2.19　AR(1)模型第一次模拟序列的自相关、偏自相关图

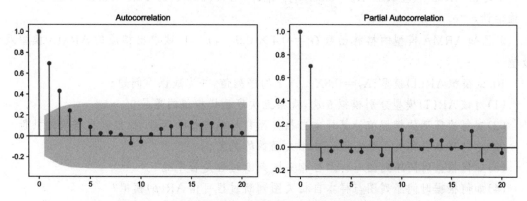

图 2.20　AR(1)模型第二次模拟序列的自相关、偏自相关图

对比图2.19和图2.20看出,同一模型两次模拟序列的自相关和偏自相关函数变化有各自的特点,但也有共性。其共性在于:自相关函数都呈现拖尾现象,偏自相关函数都呈现截尾特征。这正是AR(1)模型自相关函数和偏自相关函数具有的理论结果。这说明,对同一模型,每进行一次模拟,模拟序列不尽相同,这反映了样本的随机属性。但同时模拟序列固有的本质特征不会发生改变,也就是通过模拟序列直观地观察、了解模型的理论属性是可行的。

2.8　习　题

1.将下列模型用延迟算子B表示,并判断模型的平稳可逆性。

(1)$X_t = -0.5X_{t-1} + 1.2X_{t-1} + \varepsilon_t$

(2)$X_t = X_{t-1} + \varepsilon_t - 0.3\varepsilon_{t-1}$

(3)$X_t = 0.3X_{t-1} + \varepsilon_t + 0.4\varepsilon_{t-1}$

(4)$X_t = -0.7X_{t-1} + 0.5X_{t-2} + \varepsilon_t - 1.3\varepsilon_{t-1}$

2.已知 AR(1)模型为

$$X_t = 0.7X_{t-1} + \varepsilon_t, \ \varepsilon_t \sim WN(0,1)$$

求 $EX_t, VarX_t, \rho_2$ 和 ϕ_{22}。

3.已知 MA(2)模型为

$$X_t = \varepsilon_t - 0.3\varepsilon_{t-1} + 0.7\varepsilon_{t-2}, \ \varepsilon_t \sim WN(0,\sigma_\varepsilon^2)$$

求 $EX_t, VarX_t$ 及 $\rho_k(k \geqslant 1)$。

4.已知 AR(2)模型为

$$(1 - 0.2B)(1 - 0.5B)X_t = \varepsilon_t, \ \varepsilon_t \sim WN(0,1)$$

求 $EX_t, VarX_t, \rho_k$ 和 ϕ_{kk},其中 $k=1,2,3$。

5.已知某中心化 MA(1)模型一阶自相关系数 $\rho_1 = 0.3$,求该模型的表达式。

6.已知 $X_t = 0.7X_{t-1} + 1.3X_{t-2} + \varepsilon_t - 1.2\varepsilon_{t-1}$,试判断模型的平稳可逆性。

7.证明对任意常数 c,如下定义的 AR(3)序列一定是非平稳序列:

$$X_t = X_{t-1} + cX_{t-2} - cX_{t-3} + \varepsilon_t, \ \varepsilon_t \sim WN(0,\sigma_\varepsilon^2)$$

8.写出 AR(2)模型 $X_t = X_t - 0.3X_{t-1} + \varepsilon_t, \varepsilon_t \sim WN(0,0.1)$ 的 Yule-Walker 方程,并利用该方程估计 ρ_1, ρ_2。

9.已知 ARMA 模型的格林函数 $G_j = 0.4 \times 0.9^{j-1}, j \geqslant 1$,试求出相应的 ARMA 模型及参数值。

10.试模拟 AR(1)模型:$X_t = 0.8X_{t-1} + \varepsilon_t$ 的序列值,并完成以下问题:

(1)对该 AR(1)模型分别模拟五次,观察五次序列模拟值的差异;

(2)对每次序列的模拟值计算样本自相关函数与偏自相关函数,找出五次结果的共性;

(2)总结样本自相关函数与理论自相关函数的关系;

(3)如何根据时间序列图与样本自相关图判断过程是否平稳?

(4)如何根据时间序列图与样本自相关图判断过程可由 AR(p)模拟?

11.证明:

(1)对任意常数 c,如下定义的无穷阶 MA 序列一定是非平稳序列:

$$X_t = \varepsilon_t + c(\varepsilon_{t-1} + \varepsilon_{t-2} + \cdots), \ \varepsilon_t \sim WN(0,\sigma_\varepsilon^2)$$

(2)$\{X_t\}$ 的一阶差分序列一定是平稳序列,并求 $\{Y_t\}$ 自相关系数表达式:

$$Y_t = X_t - X_{t-1}$$

12.某车站 2010—2014 年各月列车运行数量如表 2.5 所示,完成以下问题:

表 2.5　某车站 2010—2014 年各月列车运行数量(行数据)　　　　　　单位:千列/公里

1196.8	1181.3	1222.6	1229.3	1221.5	1148.4	1250.2	1174.4	1234.5	1209.7
1206.5	1204.0	1234.1	1146.0	1304.9	1221.9	1244.1	1194.4	1281.5	1277.3
1238.9	1267.5	1200.9	1245.5	1249.9	1220.1	1267.4	1182.3	1221.7	1178.1
1261.6	1274.5	1196.4	1222.6	1174.7	1212.6	1251.0	1191.0	1179.0	1224.0
1183.0	1288.0	1274.0	1218.0	1263.0	1205.0	1210.0	1243.0	1266.0	1200.0
1306.0	1209.0	1248.0	1208.0	1231.0	1244.0	1296.0	1221.0	1287.0	1191.0

(1)计算该序列的样本自相关系数 $\hat{\rho}_k(k=1,2,\cdots,24)$;

(2)判断序列的平稳性;

(3)判断序列的纯随机性;

(4)选择适当的模型拟合该序列的发展。

13. 1950—1998年北京城乡居民定期储蓄所占比例,数据见附录A2.3,完成以下问题:

(1)检验序列的平稳性;

(2)检验序列的纯随机性;

(3)观察序列样本自相关和偏自相关图变化特点;

(4)选择适当的模型拟合该序列的发展。

14. 某加油站连续57天的OVERSHORT,数据见附录A2.4,完成以下问题:

(1)绘制时序图,直观判断序列的平稳性;

(2)采用ADF检验方法检验序列的平稳性;

(3)检验序列的纯随机性;

(4)做出序列的样本自相关和样本偏自相关图,依据此初步判断拟合的模型;

(5)尝试推断其相应阶数(如果能够推断出来)。

15. 1880—1985年全球气表平均温度改变值,数据见附录A2.5,完成以下问题:

(1)绘制时序图,直观判断序列的平稳性;

(2)检验序列的平稳性及纯随机性;

(3)做出序列的样本自相关和样本偏自相关图,依据此初步判断拟合的模型;

(4)尝试推断其相应阶数(如果能够推断出来)。

16. 2017—2020年中国茶叶出口量数据,数据见附录A2.6,完成以下问题:

(1)绘制序列时序图及样本自相关、偏自相关图,观察各自波动特征;

(2)检验序列的平稳性;

(3)判断序列的纯随机性。

17. 1978—2020年中国农产品生产价格指数,数据见附录A2.7,完成以下问题:

(1)绘制序列的时序图;

(2)检验序列的平稳性;

(3)判断序列的纯随机性;

(4)选择适当的模型拟合该序列的发展。

第3章 非平稳时间序列模型

上一章我们介绍了平稳时间序列模型及构建方法。现实中,满足平稳性的时间序列只是少数,我们常见的社会经济领域的时间序列大多是非平稳序列。由于产生机制不同,非平稳时间序列又有许多类型。那么,常见的非平稳时间序列有哪些? 能否借鉴平稳时间序列分析方法进行模型研究? 这些是本章重点讨论的内容。

平稳时间序列的定义包含三个条件:二阶矩存在;均值函数为常数;自协方差函数只是时间间隔的函数。若一个时间序列不满足上述三个条件中的任何一个,其即为非平稳时间序列。因此,非平稳时间序列可以有多种分类。例如,考虑均值与协方差的平稳性,有均值非平稳时间序列与协方差非平稳时间序列,而均值非平稳时间序列又可分为确定性趋势时间序列和随机趋势时间序列;考虑是否具有周期特征,可分为无季节效应的非平稳时间序列与有季节效应的非平稳时间序列。本章在了解非平稳时间序列属性的基础上,主要介绍随机趋势非平稳时间序列模型,按有无季节效应分别引入 ARIMA 模型和季节 ARIMA 模型。

3.1 非平稳时间序列

本章所引入的 ARIMA 模型及季节 ARIMA 模型,均是针对非平稳时间序列的建模方法,因此,有必要了解非平稳时间序列的统计属性,探讨其与平稳时间序列的不同,以此为依据构建适当的模型。

3.1.1 非平稳时间序列与平稳时间序列的差异

结合第 2 章所学内容可知,平稳时间序列的均值、方差均为常数,具有时不变性;其自协方差函数仅为时间间隔的一元函数,具有时间齐次性;t 时刻外在扰动带来的影响会随着时间的增加逐渐趋于 0。非平稳时间序列因为不具有上述一条或几条属性,从不同方面表现出与平稳序列的差异。

1. 从图像特征看

平稳时间序列的图像没有明显的趋势性与周期性:序列的振动是短暂的,经过一段时间以后,振动的影响会消失,序列将会回到其长期均值水平;在不同时刻或时段,序列偏离均值的程度基本相同。而非平稳时间序列可观察出明显的趋势性与周期性,或者存在不同时段震荡幅度明显不同的特征。

来自平稳时间序列的样本路径,其图像的平稳特征一般比较容易提取;而来自非平稳时间序列的样本路径,其非平稳特征的表现各有差异。不妨回顾本书第 1 章我们所介绍的几个时间序列,图 1.1 至图 1.3、图 1.5 是不同现实背景数据的时间序列图。可以看出,图 1.1 所展示的某材料裂纹长度数据有着明显的趋势特征,即均值具有时变属性,非平稳,但序列的波动性相对恒定;图1.2所展示的太阳黑子的活动数据有着明显的季节特征,且其方差也显示出随时间变化的特征,该序列的均值与方差均非平稳;图1.3展示的美元对人民币汇率月度数据,均值的变化有一个明显的阶段性特征,具体研究时应分阶段分析;图1.5展示的我国城镇居民人均可支配收入和我国社会消费品零售总额季度数据,具有比较典型的趋势特征、季节特征及方差非平稳特征,且其方差有着随均值增长而成比例增大的特征。读者也可以回顾本书前面各章的时间序列图,尝试从图形辨别不同时间序列的统计特性。

2.从统计属性看

平稳时间序列具有如下特性:

(1)具有常数均值,序列围绕在长期均值周围波动;

(2)方差和自协方差函数具有时不变性或时齐性;

(3)理论上,序列自相关函数随滞后阶数的增加而衰减。

非平稳时间序列则不具有上述特性:

(1)或者不具有常数均值;

(2)或者方差和自协方差函数不具有时齐性;

(3)理论上,序列自相关函数不随滞后阶数的增加而衰减。

3.从建模要求看

平稳序列具有许多优良性质,一般可满足统计建模的各种要求,诸如参数估计、模型检验等,传统方法均能获得良好效果。而非平稳序列,因不满足若干统计分析方法的基本假定,传统方法不再适用。我们只能对一些特殊的非平稳序列进行统计建模。

例 3.1　考虑模型 $X_t = \phi_1 X_{t-1} + \varepsilon_t$,其中 $\varepsilon_t \sim WN(0, \sigma_\varepsilon^2)$。

当参数 $|\phi_1| < 1$ 时,序列 $\{X_t\}$ 平稳。

当参数 $\phi_1 = 1$ 时,模型可写为

$$X_t = X_{t-1} + \varepsilon_t, \ \ \varepsilon_t \sim WN(0, \sigma_\varepsilon^2) \tag{3.1}$$

式(3.1)描述一类典型的非平稳时间序列,称为随机游走模型。我们根据式(3.1)模拟了一个随机游走序列,序列包含 100 个观测值,图 3.1 为其时间序列图。

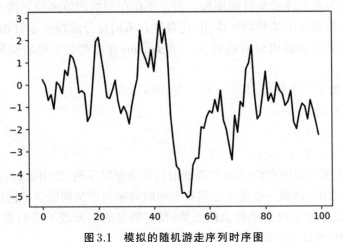

图 3.1　模拟的随机游走序列时序图

从图像特征看,随机游走序列在一定时间段内有某种程度的上升或下降的趋势,也就意味着该序列的波动方向具有一定的持续性,且序列不同时段的图像呈现一定的相似性。从图3.1还可以观察到,随机游走序列并没有围绕着某个常数上下波动,而是出现了持续偏离。随机游走的概念形象地描述其图像特征:状态取值自由游走,序列通过随机趋势显示出非平稳性。

随机游走模型有如下特点:

(1)从系统动态性角度看,系统具有很强的一期记忆性,也就是任意相邻两时刻的序列值除了受到随机扰动项的影响外,二者完全是一致的,即它们间的差异仅仅是由于随机扰动导致的。用传递形式表示序列,有 $X_t = \sum_{j=0}^{\infty} \varepsilon_{t-j}$,说明外在扰动对 X_t 的影响不会随时间的推移而衰减;

(2)从预测角度看,系统向前一步预测值是当前时刻值,这也就意味着基于过去的序列值,无法预测序列未来的发展方向;

(3)序列不具有有限方差。

假定初始时刻 $t = 1$,则

$$VarX_t = Var(X_{t-1} + \varepsilon_t) = Var(X_{t-2} + \varepsilon_{t-1} + \varepsilon_t) = Var(\varepsilon_1 + \varepsilon_2 + \cdots + \varepsilon_{t-1} + \varepsilon_t) = t\sigma_\varepsilon^2$$

可知,当 $t \to \infty$ 时,序列 $\{X_t\}$ 的方差亦趋于无穷,不再具有时不变性,说明该序列的方差也是非平稳的。

3.1.2 均值非平稳时间序列

非平稳时间序列中常见的一类是均值非平稳时间序列。均值非平稳,顾名思义,是指序列均值不再是常数,而是时间的函数。由于均值随时间的变化而变化,从而导致序列呈现某种时间趋势。例如,随时间增长或衰减的趋势,或者具有随时间周期变化的趋势。

1.均值非平稳序列的分类

依其内在属性,时间趋势可分为确定性时间趋势和随机时间趋势。若非平稳序列的均值函数可以由一个明确的时间函数所表示,或者说,该非平稳序列的走势呈现随时间稳定发展的态势,则可视其为确定性趋势时间序列。若非平稳序列的均值函数不能直接由一个确定的时间函数所表示,但是由于某些均衡作用,使得序列不同部分的特性非常相似,只是局部均值水平不同,则可视其具有随机时间趋势,Box 和 Jenkins 称此类非平稳时间序列为齐次非平稳时间序列。

例 3.2 考虑如下三个模型,其中 $\varepsilon_t \sim WN(0, \sigma_\varepsilon^2)$。

模型一:$X_t = 0.6X_{t-1} + \varepsilon_t$

模型二:$X_t = 0.6t + \varepsilon_t$

模型三:$X_t = 4 + X_{t-1} + \varepsilon_t$

分别模拟上述三个模型的序列值(100个观测值),并绘制时序图,如图3.2所示。

从图3.2可以看出,根据三个模型分别拟合的时间序列图呈现明显不同的波动特征:

模型一的模拟序列呈现水平方向的态势,没有明显的上升或下降趋势,这是我们已经熟悉的平稳时间序列,可以由 ARMA 模型来描述。

模型二与模型三的模拟时间序列图显示其均值具有时变特征,即均值非平稳,但二者的趋势特征并不相同。

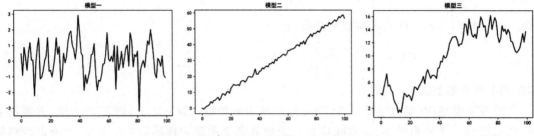

图3.2 均值平稳性不同的三个模型模拟图

模型二的模拟序列呈现明确的线性递增态势,其递增态势由时间 t 的确定性函数 $0.6t$ 所决定,这是确定性趋势时间序列;

模型三的模拟序列呈现斜率为4的线性趋势,如果对模型三进行递归运算(请读者自己完成),可以发现这个趋势实际是由常数项4主导,而不是像模型二那样由一个明确的趋势函数主导;此外,相对于模型二,模型三的模拟序列,波动特征更加鲜明。

模型三也称为带漂移的随机游走模型,它比随机游走模型多了一个常数项。和随机游走模型相同,带漂移的随机游走模型本质上还是随机趋势主导的非平稳模型,这类随机趋势主导的模型也就是本章重点介绍的齐次非平稳模型。

2.均值平稳化方法

确定性趋势时间序列与随机趋势时间序列均可以通过一定的变换达到均值平稳,为研究这两类时间序列的结构属性,选择合理的变换方法,我们不加证明地引入Cramer分解定理。

定理3.1 Cramer分解定理。

任何一个时间序列 $\{X_t\}$ 均可视为两部分的叠加,其中一部分是由时间 t 的多项式决定的确定性成分,另一部分是由白噪声序列决定的随机成分,即

$$X_t = \mu_t + u_t = \sum_{j=0}^{d} \beta_j t^j + \Psi(B)\varepsilon_t \tag{3.2}$$

其中,$d < \infty$,$\beta_1, \beta_2, \cdots, \beta_d$ 为常数系数,$\varepsilon_t \sim WN(0, \sigma_\varepsilon^2)$。

Cramer分解定理表明,一个序列在某一时刻所处状态,可视为是确定性影响与随机影响叠加作用的结果,由于两种影响的作用力度不同,使序列呈现出确定性趋势特征、随机趋势特征或者两者叠加的混合特征。通过分解或辨析主导序列趋势的核心影响因素,可以帮助我们确定均值函数的属性,进而给出合理的均值平稳化变换方法。

例3.3 利用Cramer分解定理分析如下模型的统计属性,并讨论均值平稳化方法,其中,$\varepsilon_t \sim WN(0, \sigma_\varepsilon^2)$。

模型一:$X_t = 0.6t + \varepsilon_t$

模型二:$X_t = X_{t-1} + \varepsilon_t$

(1)模型一已表示为由时间 t 的一次多项式决定的确定性成分与由白噪声序列决定的随机成分的和,对 X_t 求期望及方差,有

$$EX_t = 0.6t, \quad VarX_t = Var\varepsilon_t = \sigma_\varepsilon^2$$

即序列的均值具有时变性,而方差具有时不变性。

（2）由 Cramer 分解定理，模型二可分解为

$$X_t = \sum_{j=0}^{\infty} B^j \varepsilon_t = \Psi(B) \varepsilon_t$$

其中，$\varepsilon_t \sim WN(0, \sigma_\varepsilon^2)$，对 X_t 求期望及方差，有

$$EX_t = E\left(\sum_{j=0}^{\infty} B^j \varepsilon_t\right) = 0, \quad VarX_t = Var\left(\sum_{j=0}^{\infty} B^j \varepsilon_t\right) = \infty$$

即序列不具有常数方差。

（3）对于模型一（模拟结果见图 3.2），若 X_t 减去其均值 $0.6t$ 生成 Y_t，则 Y_t 的均值、方差均平稳，从而得到一个平稳模型，这意味模型一的趋势完全由确定性函数 $0.6t$ 主导，为确定性趋势主导的模型。

对于模型二（模拟结果见图 3.1），我们之前分析该序列呈现均值的局部非平稳性且序列不同时段的图像呈相似性，这种非平稳表现为均值水平随时间随机变化，即为由随机趋势主导的模型。显然，对该模型很难确立一个明确的均值函数，因此不能采用模型一的方法消除非平稳。但该模型通过一次差分运算，可生成一个平稳模型，即令 $Y_t = X_t - X_{t-1}$，则 $Y_t = \varepsilon_t$ 为一平稳模型。

通过上述例题的分析可知，不同趋势主导的均值非平稳时间序列，有着不同的平稳化方法。

（1）确定性趋势时间序列的平稳化

由确定性趋势主导的时间序列，可由一个确定性趋势模型来描述。

例如，如果均值函数服从线性趋势，则该非平稳时间序列可表述为

$$X_t = \mu_t + \varepsilon_t = \beta_0 + \beta_1 t + \varepsilon_t$$

其中，$\varepsilon_t \sim WN(0, \sigma_\varepsilon^2)$。

又如，如果均值函数服从二次曲线趋势，则该非平稳时间序列可表述为

$$X_t = \mu_t + \varepsilon_t = \beta_0 + \beta_1 t + \beta_2 t^2 + \varepsilon_t$$

更一般地，确定性趋势时间序列可表示为

$$X_t = \mu_t + a_t = \sum_{j=0}^{d} \beta_j t^j + a_t$$

其中，$\{a_t\}$ 为平稳时间序列。

如果序列具有明确的周期特征，也可表示为

$$X_t = \mu_t + a_t = v_0 + \sum_{j=1}^{m} [\alpha_j \cos(w_j t) + \beta_j \sin(w_j t)] + a_t$$

对于确定性趋势模型，因为均值是关于时间的确定性函数，因此，只需要借助趋势外推方法，拟合出其均值函数 μ_t，然后生成新序列 $\{Y_t\}$

$$Y_t = X_t - \mu_t = a_t$$

此时 $\{Y_t\}$ 即为平稳时间序列，可由 ARMA 模型描述。这种非平稳的处理方法称为"退势"，因此，确定性趋势时间序列也称为退势平稳时间序列。

（2）随机趋势时间序列的平稳化

通过例 3.3 模型二的分析，我们注意到齐次非平稳时间序列的非平稳性主要是由于其自

回归系数多项式的根在单位圆上(称为单位根),而不是单位圆外。差分运算消除或者提取了这个单位根,使得差分后的序列因不再有单位根而平稳。也就是说,齐次非平稳时间序列呈非平稳态势的主要原因是自回归系数多项式的某些根不在单位圆外,而是处于临界状态的单位圆上,这使得序列表现出一种齐次性,其局部特性与其均值水平独立。通过适当差分,提取其所有单位根,一个齐次非平稳时间序列就可以转化为一个平稳时间序列。

设齐次非平稳时间序列可表示为

$$(1-B)^d X_t = a_t$$

其中,$\{a_t\}$ 为平稳时间序列。上式表明该序列的自回归系数多项式存在 d 个单位根,对该序列进行 d 次差分,生成新序列 $\{Y_t\}$

$$Y_t = (1-B)^d X_t = a_t$$

此时 $\{Y_t\}$ 即为平稳时间序列,可由 ARMA 模型描述。这种能通过差分运算达到平稳的时间序列也称为差分平稳时间序列。

3.过差分现象

我们对具有确定性时间趋势和随机时间趋势的时间序列进行退势或者差分处理,使其达到平稳。需要注意的是,由定理3.1可知,任何一个非平稳时间序列均可通过差分达到平稳。而差分运算一方面是信息提取过程,另一方面,不适当的差分次数又是信息损失或扭曲的过程。对退势平稳时间序列进行差分,同样能使序列达到平稳,但这一处理可能导致信息损失,序列的波动性会变大;对平稳时间序列进行的差分,差分后序列仍为平稳序列,但可能会导致信息扭曲,致使序列的统计属性发生变化。这种现象称为过差分现象,显然,对齐次非平稳时间序列进行平稳化变换时,应避免过度差分。

例3.4　对时间序列 $\{X_t\}$ 进行两次差分处理,探讨差分后序列的统计特征。

$$X_t = X_{t-1} + \varepsilon_t$$

其中 $\varepsilon_t \sim WN(0, \sigma_\varepsilon^2)$。

$\{X_t\}$ 实际为随机游走序列,对其进行一次差分,即可使序列平稳:

$$\nabla X_t = X_t - X_{t-1} = \varepsilon_t$$

对平稳的 ∇X_t 再进行一次差分,得

$$\nabla^2 X_t = \varepsilon_t - \varepsilon_{t-1}$$

$\nabla^2 X_t$ 仍为一个平稳时间序列,形式上看,这是一个 $\theta = 1$ 的 MA(1)模型,而我们知道,$\theta = 1$ 时的 MA(1)模型是不可逆的,这表明过度差分使序列属性发生了变化,增加了模型分析的不确定性。

3.1.3　方差非平稳时间序列

一个均值平稳时间序列不一定是方差和自协方差平稳时间序列,同时一个均值非平稳时间序列也可能是方差和自协方差非平稳时间序列。也就是说,不是所有的非平稳问题都可以用退势或差分的方法解决,对于均值平稳而方差非平稳时间序列,我们同样需要进行适当的变换,以使方差平稳。

通常采用幂变换使序列的方差达到平稳。该变换由 Box 和 Cox 于 1964 年提出,因此被称作 Box-Cox 变换,见式(3.3),其中 λ 称为变换参数。

$$Y_t^{(\lambda)} = \begin{cases} \ln X_t, & \lambda = 0 \\ \dfrac{X_t^{\lambda} - 1}{\lambda}, & \lambda \neq 0 \end{cases} \tag{3.3}$$

一类常见的方差非平稳表现为序列的方差随其均值水平的变化而变化,Box-Cox 变换处理的就是这类方差非平稳。例如,如果序列 $\{X_t\}$ 的标准差与其均值水平成比例,则对数变换 $Y_t = \ln X_t$ 能达到方差平稳;如果序列 $\{X_t\}$ 的方差与其均值水平成比例,则平方根变换 $Y_t = \sqrt{X_t}$ 能达到方差平稳;如果序列 $\{X_t\}$ 的标准差与其均值水平的平方成比例,则倒数变换 $Y_t = 1/X_t$ 能达到方差平稳。表 3.1 是常用的 λ 值及相应变换。

表 3.1　常见 Box-Cox 变换表

λ 值	变换
-1.0	$1/X_t$
-0.5	$1/\sqrt{X_t}$
0.0	$\ln X_t$
0.5	$\sqrt{X_t}$

使用 Box-Cox 变换时有几个需要注意的地方:

(1)该变换要求序列 $\{X_t\}$ 为正值序列,若序列不满足要求,可给序列加一个常数,不影响序列的相关结构;

(2)方差平稳化变换应该在任何其他分析之前进行。也就是说,序列进行平稳化变换处理时,应该先进行方差平稳化变换,再进行均值平稳化变换;

(3)实际中若需进行方差平稳化变换,由于 λ 是未知的,可将其视为未知参数,由观测序列去估计,使残差平方和达到最小的 λ 就是其极大似然估计;

(4)通常,方差平稳化变换不仅能使方差平稳化,还能提高序列分布与正态分布的近似度;

(5)方差平稳化变换仅能消除或改善与均值成比例变化的序列非平稳方差。

Box-Cox 变换的应用及作用,我们将在第 3.6 节结合案例进行介绍,而上述需要注意的环节,建议读者在实际建模中留意数据分析环节,体会数据信息提取的递进过程。

3.2　无季节效应的非平稳时间序列模型

无季节效应的随机趋势非平稳时间序列即齐次非平稳时间序列,可由求和自回归移动平均(ARIMA)模型进行刻画。

3.2.1　ARIMA(p,d,q)模型的结构

定义 3.1　具有如下结构的模型称为求和自回归移动平均模型,记为 ARIMA(p, d, q):

$$\begin{cases} \Phi(B)\nabla^d X_t = \theta_0 + \Theta(B)\varepsilon_t \\ E\varepsilon_t = 0, Var\varepsilon_t = \sigma_\varepsilon^2, E(\varepsilon_s\varepsilon_t) = 0, s \neq t \\ E(X_s\varepsilon_t) = 0, \forall s < t \end{cases} \tag{3.4}$$

其中，$\nabla^d = (1-B)^d$，$\Phi(B) = 1 - \phi_1 B - \cdots - \phi_P B^p$ 称为 ARMA(p, q) 模型的自回归系数多项式，$\Theta(B) = 1 - \theta_1 B - \cdots - \theta_q B^q$ 称为 ARMA(p, q) 模型的移动平均系数多项式，假定 $\Phi(B)$ 与 $\Theta(B)$ 无公因子。

特别地，在 ARIMA(p, d, q) 模型中，当 $d=0$ 时，原模型退化为 ARMA(p, q) 模型；当 $q=0$ 时，原模型可记为 ARI(p, d) 模型；当 $p=0$ 时，原模型可记为 IMA(d, q) 模型。

式 (3.4) 中包含常数项 θ_0，它在 $d=0$ 和 $d\neq 0$ 时所起的作用完全不同。$d=0$ 时，平稳 ARMA 模型的常数项 θ_0 只与序列的均值有关；$d\neq 0$ 时，θ_0 被称为确定性趋势项。读者可以回顾第 3.1 节我们所分析的不带漂移的随机游走（不含常数项）模型和带漂移的随机游走（含常数项）模型，比较常数项 θ_0 起到的趋势主导作用。

一般的讨论及实际建模时，常将 θ_0 项略去（对于差分后的平稳序列，总是可以通过中心化变换，使其均值为 0），此时模型表达式为

$$\begin{cases} \Phi(B)\nabla^d X_t = \Theta(B)\varepsilon_t \\ E\varepsilon_t = 0, Var\varepsilon_t = \sigma_\varepsilon^2, E(\varepsilon_s\varepsilon_t) = 0, s \neq t \\ E(X_s\varepsilon_t) = 0, \forall s < t \end{cases} \tag{3.5}$$

3.2.2　ARIMA(p, d, q) 模型的性质

1. 广义自回归系数多项式

若时间序列 $\{X_t\}$ 可由 ARIMA(p, d, q) 模型描述，即

$$\Phi(B)(1-B)^d X_t = \Theta(B)\varepsilon_t, \ \varepsilon_t \sim WN(0, \sigma_\varepsilon^2)$$

记 $\phi(B) = \Phi(B)(1-B)^d$，称 $\phi(B)$ 为广义自回归系数多项式。显然，ARIMA(p, d, q) 模型的平稳性由广义自回归系数多项式根的性质所决定。

由于序列 $\{X_t\}$ 在 d 阶差分后平稳，服从 ARMA(p, q) 模型，所以不妨设

$$\Phi(B) = \prod_{i=1}^{p}(1 - \lambda_i B), \ |\lambda_i| < 1, \ i = 1, 2, \cdots, p$$

则

$$\phi(B) = \Phi(B)(1-B)^d = \left[\prod_{i=1}^{p}(1 - \lambda_i B)\right](1-B)^d$$

由上式可知，ARIMA(p, d, q) 模型的广义自回归系数多项式共有 $p+d$ 个根，其中 p 个根在单位圆外，d 个根在单位圆上，从而当 $d\neq 0$ 时，ARIMA(p, d, q) 模型非平稳，需对其进行 d 阶差分以达到平稳。

2. 方差与协方差

ARIMA(p, d, q) 模型的方差具有时变特征，是非平稳的。我们通过一个例子来总结其特征。

例 3.5　考察 IMA$(1, 1)$ 模型的方差与协方差特征。

$$X_t = X_{t-1} + \varepsilon_t - \theta\varepsilon_{t-1}$$

其中, $\varepsilon_t \sim WN(0, \sigma_\varepsilon^2)$, 假设 t_0 为初始时刻, 且 $X_{t_0}, \varepsilon_{t_0}$ 已知。

当 $t > t_0$ 时, 进行迭代, 有

$$X_t = X_{t-1} + \varepsilon_t - \theta\varepsilon_{t-1}$$
$$= X_{t-2} + \varepsilon_t + (1-\theta)\varepsilon_{t-1} - \theta\varepsilon_{t-2}$$
$$\vdots$$
$$= X_{t_0} + \varepsilon_t + (1-\theta)\varepsilon_{t-1} + \cdots + (1-\theta)\varepsilon_{t_0+1} - \theta\varepsilon_{t_0}$$

类似地, 对于 $t-k > t_0$, 有

$$X_{t-k} = X_{t_0} + \varepsilon_{t-k} + (1-\theta)\varepsilon_{t-k-1} + \cdots + (1-\theta)\varepsilon_{t_0+1} - \theta\varepsilon_{t_0}$$

因此, 相对于初始时刻 t_0, 有

$$VarX_t = \left[1 + (t-t_0-1)(1-\theta)^2\right]\sigma_\varepsilon^2$$
$$VarX_{t-k} = \left[1 + (t-k-t_0-1)(1-\theta)^2\right]\sigma_\varepsilon^2$$
$$Cov(X_{t-k}, X_t) = \left[(1-\theta) + (t-k-t_0-1)(1-\theta)^2\right]\sigma_\varepsilon^2$$

进一步求相关系数, 得

$$Corr(X_{t-k}, X_t) = \frac{Cov(X_{t-k}, X_t)}{\sqrt{Var X_{t-k}} \cdot \sqrt{Var X_t}}$$
$$= \frac{(1-\theta) + (t-k-t_0-1)(1-\theta)^2}{\sqrt{\left[1 + (t-k-t_0-1)(1-\theta)^2\right]\left[1 + (t-t_0-1)(1-\theta)^2\right]}}$$

结合上述推导, 我们可以总结 ARIMA(p, d, q) 模型方差与协方差的特征:

(1) ARIMA 模型的方差 $VarX_t$ 依赖于时间, 且当 $k \neq 0$ 时, $VarX_t \neq VarX_{t-k}$;

(2) 当 $t \to \infty$ 时, 方差 $VarX_t$ 的值是无界的;

(3) 序列的自协方差 $Cov(X_{t-k}, X_t)$ 与自相关 $Corr(X_{t-k}, X_t)$ 不仅是时间间隔 k 的函数, 而且也是时间原点 t 和初始参考点 t_0 的函数;

(4) 若 t 相对于 t_0 很大, $Corr(X_{t-k}, X_t) \approx 1$, 这意味着当 k 增大时自相关函数变化很慢。

虽然 ARIMA(p, d, q) 模型的方差非平稳, 由于对其进行 d 阶差分后所得序列平稳, 所以差分序列的均值与方差均呈时不变性。

例 3.6 对于模型

$$X_t = 1.5X_{t-1} - 0.5X_{t-2} + \varepsilon_t - 0.1\varepsilon_{t-1}$$

判断其平稳性并求一阶差分序列的期望与方差。其中, $\varepsilon_t \sim WN(0, \sigma_\varepsilon^2)$。

解: 若利用平稳域判定, 由于 $\phi_1 = 1.5, \phi_2 = -0.5$, 可知 $|\phi_2| < 1, \phi_2 + \phi_1 = 1, \phi_2 - \phi_1 = -2 < 1$, 不在平稳域内, 故模型不平稳。若求解自回归系数多项式的根, 即求解

$$1 - 1.5B + 0.5B^2 = 0$$

的根, 得 $B_1 = 1, B_2 = 2$。有一个根在单位圆上, 因此模型不平稳。

原模型可表示为

$$(1-B)(1-0.5B)X_t = (1-0.1B)\varepsilon_t$$

对其进行一阶差分, 令 $Y_t = (1-B)X_t$, 则有

$$(1-0.5B)Y_t = (1-0.1B)\varepsilon_t$$

即为 ARMA$(1, 1)$ 模型, 其中, $\phi_1 = 0.5, \theta_1 = -0.1$。而由例 2.5 可知, ARMA$(1, 1)$ 模型的格林函数为

$$G_j = \begin{cases} 1, & j = 0 \\ \phi_1^{j-1}(\phi_1 - \theta_1), & j \geqslant 1 \end{cases}$$

从而其传递形式 $Y_t = \sum\limits_{j=0}^{\infty} G_j \varepsilon_{t-j}$ 可表示为

$$Y_t = \varepsilon_t + \sum_{j=1}^{\infty} \phi_1^{j-1}(\phi_1 - \theta_1)\varepsilon_{t-j}$$

$$= \varepsilon_t + \sum_{j=1}^{\infty} 0.6 \times 0.5^{j-1} \varepsilon_{t-j}$$

两边求期望,得

$$EY_t = 0$$

两边求方差,得

$$VarY_t = Var\left(\sum_{j=0}^{\infty} G_j \varepsilon_{t-j}\right)$$

$$= \left[1 + \sum_{j=1}^{\infty} (0.6 \times 0.5^{j-1})^2\right]\sigma_\varepsilon^2$$

显然,Y_t 的均值与方差均为常数,具有时不变性。

3.自相关与偏自相关函数

ARIMA 模型所表述的时间序列,其自相关函数一般呈线性缓慢衰减或震荡缓慢衰减特征,偏自相关函数一般呈截尾特征;对序列进行适当差分后,差分序列的自相关函数与偏自相关函数将呈指数衰减(阻尼正弦波)或截尾特征。

以下我们通过模拟几个 ARIMA 模型来熟悉其自相关函数与偏自相关函数的特征。

例 3.7 模拟如下三个模型,对模拟序列进行差分,观察其 ACF 与 PACF 的变化特征。

模型一:$(1 - 0.9B)(1 - B)X_t = \varepsilon_t$

模型二:$(1 - B)X_t = (1 - 0.6B)\varepsilon_t$

模型三:$(1 - 0.8B)(1 - B)X_t = (1 - 0.4B)\varepsilon_t$

(1)模型一为 ARIMA(1,1,0)模型,模型二为 ARIMA(0,1,1)模型,模型三为 ARIMA(1,1,1)模型,分别模拟这三个模型,图 3.3 为所模拟序列的时间序列图。

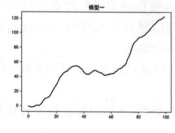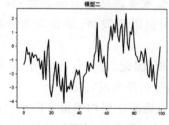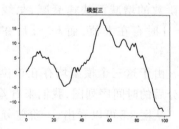

图 3.3 模拟序列时序图

从图 3.3 可以看出,这三个模拟序列均为非平稳时间序列,由于产生机制各不相同,呈现出不同的非平稳特征。总体来看,三个序列均呈现局部均值非平稳及波动相似性特征,与齐次非平稳时间序列的图像特征吻合。模拟序列的样本自相关函数与样本偏自相关函数见图 3.4。

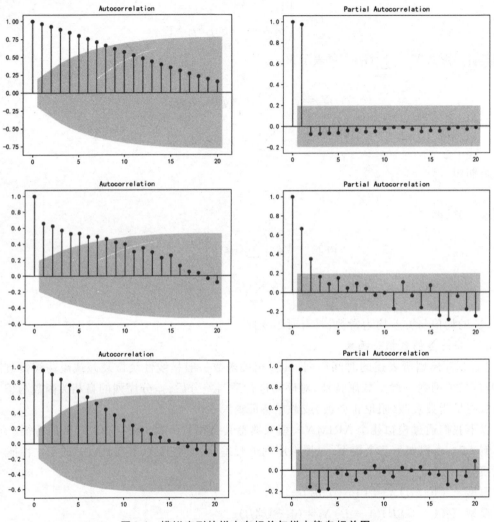

图 3.4　模拟序列的样本自相关与样本偏自相关图

从图 3.4 可以看出,这三个模拟序列的样本自相关函数均持续处于高值状态,不随滞后阶数的增减而快速衰减,呈线性或震荡缓慢衰减态势;样本偏自相关函数均在滞后阶数 $k=1$ 时存在大值,而 $k>1$ 后在 0 值附近波动,即表现为一阶截尾性。与序列生成机制保持一致。

由于这三个模型均存在单位根,因此,进行一阶差分,能使序列达到平稳。图 3.5 为一阶差分后的时间序列图,我们来看差分后序列的特征。

从图 3.5 可以看出,一阶差分以后的序列均不再有明显的趋势性,序列的波动幅度大致相当,可以判定一阶差分后的序列已呈现平稳时间序列的特征。

需要注意的是,由模型一拟合的序列与随机游走序列的走势很类似。这是因为模型一的自回归系数为 0.9,非常接近单位根,导致其图像识别有一定的难度。事实上,如果数据真实生成过程是自回归系数为 0.9 的 AR(1) 过程,由序列的一次长度有限的样本路径是很难准确识别该序列的,实际分析时需结合多种信息综合判定。

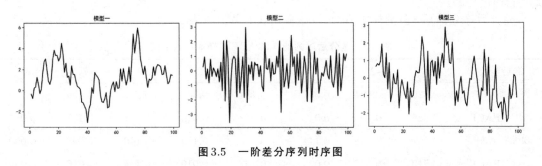

图 3.5　一阶差分序列时序图

　　再来看差分序列的样本自相关函数和样本偏自相关函数。从图 3.6 可以看出,通过差分,序列被单位根掩盖的内在关联机制已能清晰体现,三个差分序列的样本自相关函数与样本偏自相关函数已呈现出不同的衰减态势。模型一的样本 ACF 呈拖尾态势,而样本 PACF 一阶截尾;模型二的样本 ACF 一阶截尾,而样本 PACF 呈拖尾态势;模型三的样本 ACF 与样本 PACF 均呈拖尾态势,与三个模型理论 ACF 与理论 PACF 属性一致。

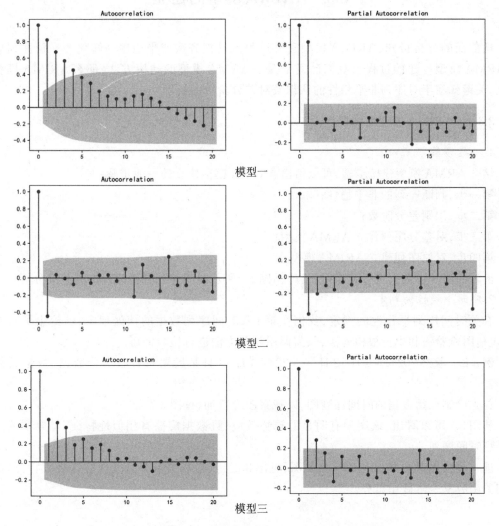

图 3.6　一阶差分序列的样本自相关与样本偏自相关图

差分后序列滞后8阶的样本ACF与样本PACF数值见表3.2。

表3.2 差分后序列的样本ACF与样本PACF值

滞后步长		1	2	3	4	5	6	7	8
模型一	ACF	0.820	0.674	0.567	0.454	0.364	0.297	0.196	0.136
	PACF	0.829	0.003	0.041	-0.072	0.002	0.011	-0.151	0.052
模型二	ACF	-0.507	0.035	0.144	-0.243	0.189	-0.146	0.098	0.039
	PACF	-0.512	-0.307	0.023	-0.197	-0.019	-0.153	0.016	0.069
模型三	ACF	0.469	0.434	0.380	0.187	0.251	0.152	0.191	0.126
	PACF	0.474	0.282	0.151	-0.137	0.116	-0.022	0.116	-0.069

3.3 ARIMA模型的建立

从前面的分析可知,ARIMA模型建模过程就是把齐次非平稳序列转化为平稳序列后进行ARMA模型构建的过程。我们已经掌握了ARMA模型的建模方法,那么ARIMA模型的建立,关键就在于对序列非平稳性的认识及对差分阶数的识别。

3.3.1 ARIMA模型建模要点

1.一般步骤

结合ARMA模型建模步骤,可以给出ARIMA模型建立的一般步骤:

第一步,判断序列的非平稳性;

第二步,识别差分阶数;

第三步,对差分序列建立ARMA模型;

第四步,对原序列建立ARIMA模型。

读者面对具体数据进行建模时,可遵循图1.9所示时间序列分析流程进行系统分析。

2.序列平稳性的判定

有关时间序列平稳性的判定,我们在第1章时间序列数据的预处理中,已给出了基本方法,包括图检验法和单位根检验法,只需调用相关方法进行检验即可。

例3.8 考察2021年4月12日—2022年4月11日某股票每日收盘价数据,数据见附录A3.1。

首先绘制原始数据的时间序列图,以观察图像特征,见图3.7。

从图3.7可以看出,该序列有明显的趋势效应,且数据震荡有相似性特征,是典型的齐次非平稳时间序列。

进一步绘制其自相关与偏自相关图,见图3.8。其自相关函数呈线性缓慢衰减特征,而偏自相关函数呈一阶截尾态势。

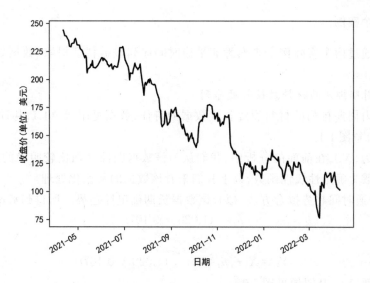

图 3.7 某股票每日收盘价时序图

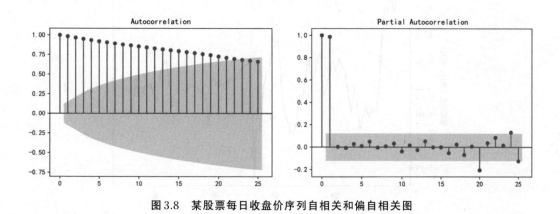

图 3.8 某股票每日收盘价序列自相关和偏自相关图

综合数据背景、数据时间序列图以及样本 ACF 与样本 PACF,我们判断 2021 年 4 月 12 日—2022 年 4 月 11 日该股票每日收盘价时间序列是一个齐次非平稳时间序列,可进一步进行差分平稳化处理。对该数据进一步的属性分析及模型刻画,交给读者来完成。

3.差分阶数的判定

齐次非平稳时间序列差分阶数的判定同样要结合数据背景、数据图、样本 ACF 与样本 PACF 以及单位根检验。定阶的要点是每进行一次差分处理,就需进行相应的平稳性判断。具体应注意以下几点:

(1)差分阶数不宜过高,如果差分后数据震荡幅度变大或者样本 ACF 产生明显的震荡起伏,应怀疑是否差分过度;

(2)由低阶开始,初步估计出 d,拟合模型并检验,若模型通过检验,则 d 为适合的差分阶数;否则,用更高阶 d 对原数据进行 ARIMA 拟合,直至确定出适当的差分阶数 d;

(3)现实中,社会经济领域的时间序列一般通过低阶差分($d=1,2$)即可达到平稳。

3.3.2 两个实例

下面我们通过两个实际例子来熟悉非平稳时间序列数据特征提取、数据处理及模型识别的基本过程。

1.按压力周期排列的材料裂纹长度序列

分析按压力周期排列的材料裂纹长度数据的特征,数据见附录 A1.1,共计 90 个数据。原始序列图见第 1 章图 1.1。

设原序列为 $\{X_t\}$,在前面的分析中,我们认为该数据图像呈现比较明确的上升态势,初步识别其均值函数为确定性线性函数,以下我们来看该数据的平稳化处理。

(1)采用普通时间趋势拟合方法,拟合该数据长期确定性趋势。所得趋势函数为

$$\hat{\mu}_t = 11.028 + 0.107t$$

令

$$Y_t = X_t - \hat{\mu}_t = X_t - 11.028 - 0.107t$$

得到退势后序列 $\{Y_t\}$,其图像见图 3.9。

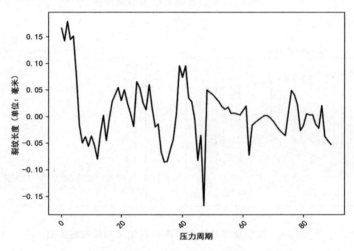

图 3.9 退势后序列时序图

从图 3.9 可知,序列 $\{Y_t\}$ 已不再具有趋势特征,序列呈水平变动态势。

(2)进一步分析 $\{Y_t\}$ 的样本 ACF 与样本 PACF,见图 3.10。

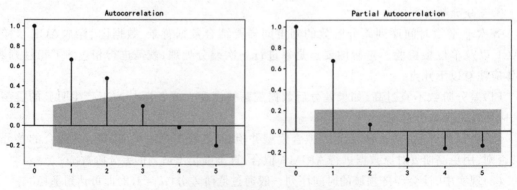

图 3.10 退势后序列的样本 ACF 与样本 PACF 图

由图 3.10 可知,退势后序列 $\{Y_t\}$ 的样本自相关函数呈拖尾特征,样本偏自相关函数显示一阶截尾特征,表现为平稳时间序列的特征,表明退势处理后序列已达到平稳。

(3)模型识别

根据退势后序列 $\{Y_t\}$ 的样本 ACF 拖尾、样本 PACF 一阶截尾特征,初步识别自回归(AR)阶数 $p=1$,移动平均(MA)阶数 $q=0$,即以 AR(1)模型拟合序列 $\{Y_t\}$,亦即可由模型

$$Y_t = \phi Y_{t-1} + \varepsilon_t$$

描述序列 $\{Y_t\}$,从而原序列可由模型

$$X_t = \hat{\mu}_t - \phi\hat{\mu}_{t-1} + \phi X_{t-1} + \varepsilon_t$$

描述。

2. 1889—1970 年美国 GNP 平减指数序列

分析 1889—1970 年美国 GNP 平减指数序列的特征,数据见附录 A3.2,共计 82 个数据。原始序列走势如图 3.11 所示。

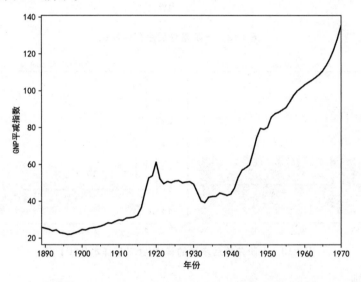

图 3.11　1889—1970 年美国 GNP 平减指数序列时序图

(1)序列图像特征

从图 3.11 可知,1889—1970 年美国 GNP 平减指数序列呈现比较鲜明的增长态势,但趋势线拉力不足,表现为随机趋势主导特征,可对原序列进行一阶差分处理。

(2)差分处理

一阶差分后的时序图见图 3.12,图中显示差分后序列已没有明显的趋势特征,围绕均值 0 水平波动,序列呈平稳特征。

为进一步验证差分后序列的平稳性,可观察差分后序列的样本 ACF 与样本 PACF,如图 3.13 所示。

一阶差分后序列的自相关函数呈拖尾特征,偏自相关函数呈一阶截尾特征,为平稳时间序列特征,因此确定差分阶数为一阶。

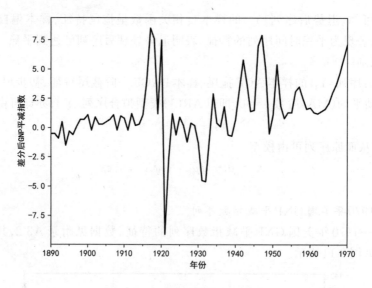

图3.12 一阶差分后序列时序图

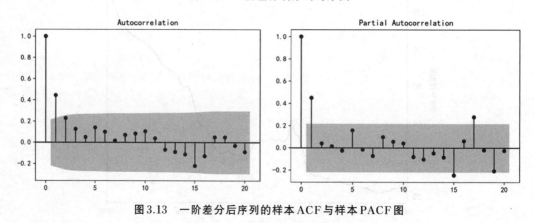

图3.13 一阶差分后序列的样本 ACF 与样本 PACF 图

(3)模型识别

根据差分后序列的样本 ACF 拖尾、样本 PACF 一阶截尾特征,初步识别自回归(AR)阶数 $p=1$,移动平均(MA)阶数 $q=0$,即以 AR(1)模型拟合一阶差分后序列,从而原序列可由 ARIMA(1,1,0)模型拟合。

3.4 有季节效应的非平稳时间序列模型

许多实际问题中,时间序列的变化包含明显的周期性规律,也就是序列不同时刻所处状态呈现有规律的重复,我们把这种周期性的变动称为季节效应,有季节效应的时间序列即为季节时间序列。季节时间序列关注的重点是序列中季节性或周期性信息的提取。国外学者关于太阳黑子运动规律的研究就是一个典型的季节时间序列研究案例,国内学者关于春节效应等的研究也属于季节时间序列的研究。

关于季节效应的研究,经济统计学有一整套基于因素分解理论的研究方法,主要针对存在确定性季节效应的时间序列进行季节信息的提取。这类方法将时间序列看作是由趋势项、季节项及不规则分量混合作用而生成,这些分量被假定为是独立的,因此可将季节时间序列由一个加法模型来描述。因素分解法一般假设季节分量是确定性的,且与其他非季节分量独立,如果所研究序列有近似特征,则该方法的季节效应提取是充分且有效的。然而,现实中更多季节时间序列的季节分量具有随机变量的特征,并且与非季节分量相关。本节我们将ARIMA模型分析方法推广到季节时间序列的分析中,引入季节ARIMA模型。

3.4.1　季节时间序列及特征

一个时间序列,若经过 s 个时间间隔后呈现出规律性的重复特征,则认为其周期为 s。一个周期内所包含的时间点称为周期点。一般来说,月度数据的周期为12,同一个周期内有12个周期点;季度数据的周期为4,同一个周期内有4个周期点。

季节时间序列存在两种相关性,为便于体现,可将数据按周期特征重新排列,形成一个二维表格,一个维度表示周期,另一维度表示周期点。将每一周期相同周期点的值列在同一列上,则序列 $\{X_t\}$ 中的数据可表示为 X_{i+j} 的结构,如表3.3所示。

表 3.3　季节时间序列的二维表示表

周期	周期点					
	1	2	3	4	⋯	s
1	X_1	X_2	X_3	X_4	⋯	X_s
2	X_{s+1}	X_{s+2}	X_{s+3}	X_{s+4}	⋯	X_{2s}
3	X_{2s+1}	X_{2s+2}	X_{2s+3}	X_{2s+4}	⋯	X_{3s}
4	X_{3s+1}	X_{3s+2}	X_{3s+3}	X_{3s+4}	⋯	X_{4s}
⋮	⋮	⋮	⋮	⋮		⋮

表3.3中的数据包含两种相关关系,即周期内部的相关关系与周期之间的相关关系。按行来看,第 i 行数据包含第 i 个周期内不同周期点(同一周期不同周期点)之间的相关关系;按列来看,第 j 列数据蕴含不同周期第 j 个周期点(不同周期同一周期点)之间的相关关系,这个周期间的相关关系即为季节效应。季节时间序列模型就是要同时提取这两种相关性。

对表3.3中的数据进行分析时,可分别按行及按列作和,通过和序列的变化,可以发现序列在周期内和周期间的趋势变化特征。

3.4.2　季节 ARIMA 模型

由于季节时间序列蕴含两种相关关系,假定这两种相关关系均受随机因素影响,则我们可以分两步提取相关信息:

第一步,构建单一模型。

分别建立两个 ARIMA 模型,提取和描述序列在横向与纵向两个维度上的相关关系。

第二步,构建综合模型。

将两个 ARIMA 模型综合为一个模型,依据两种相关之间是否存在交互作用,可建立无交互作用的季节加法模型或有交互作用的乘积季节模型。

由于现实中的时间序列往往是多种因素交互作用的结果,因此乘积季节模型更具有一般性。我们所说的季节 ARIMA 模型指的就是具有交互作用的乘积季节模型。

对于季节时间序列 $\{X_t\}$,假定我们并不知道 $\{X_t\}$ 包含季节效应,只对其构建普通 ARIMA (p, d, q) 模型,模型表达式为

$$\Phi(B)(1-B)^d X_t = \Theta(B) a_t \tag{3.6}$$

其中,$\Phi(B) = 1 - \phi_1 B - \cdots - \phi_p B^p$,$\Theta(B) = 1 - \theta_1 B - \cdots - \theta_q B^q$。

显然,$\{a_t\}$ 不再是白噪声序列,由于原序列中存在的季节效应并未被提取,使得序列 $\{a_t\}$ 中依然包含未被解释的不同周期间的相关关系。

序列 $\{a_t\}$ 包含间隔为周期 s 的各状态之间的相关关系,如果这个序列呈现非平稳特征,我们同样可以用 ARIMA 模型描述这个序列。这时我们需提取的是基本步长为 s 的状态间的相关关系,因此,其一阶差分的基本步长也为 s,称之为一阶季节差分,记为 $\nabla_s X_t$ 或 $(1-B^s)X_t$,即 $\nabla_s X_t = (1-B^s)X_t$。同理,$D$ 阶季节差分可记为 $\nabla_s^D X_t = (1-B^s)^D X_t$。例如,如果季节周期 $s = 12$,则一阶季节差分为 $\nabla_{12} X_t = (1-B^{12})X_t$,$D$ 阶季节差分为 $\nabla_{12}^D X_t = (1-B^{12})^D X_t$。用 ARIMA 模型描述的这个列变量序列,提取的就是原序列不同周期间的相关性,即季节效应。模型表达式记为

$$\Phi_P(B^s)(1-B^s)^D a_t = \Theta_Q(B^s) \varepsilon_t \tag{3.7}$$

其中,$\Phi_P(B) = 1 - \Phi_1 B^s - \cdots - \Phi_P B^{Ps}$,$\Theta_Q(B) = 1 - \Theta_1 B^s - \cdots - \Theta_Q B^{Qs}$;假定 $\Phi_P(B^s)$ 与 $\Theta_Q(B^s)$ 无共同的根,且根均在单位圆外;$\varepsilon_t \sim WN(0, \sigma_\varepsilon^2)$。

如果假定季节时间序列 $\{X_t\}$ 所包含的两种相关关系具有交互作用,则结合式(3.6)与式(3.7),可以得到乘积季节模型的一般形式:

$$\Phi_P(B^s)\Phi(B)(1-B)^d(1-B^s)^D X_t = \Theta(B)\Theta_Q(B^s)\varepsilon_t \tag{3.8}$$

其中,$\Phi(B)$ 称为(普通)自回归(AR)系数多项式,AR 的阶数为 p,$\Theta(B)$ 称为(普通)移动平均(MA)系数多项式,MA 的阶数为 q;$\Phi_P(B^s)$ 称为季节自回归(SAR)系数多项式,SAR 的阶数为 P,$\Theta_Q(B^s)$ 称为季节移动平均(SMA)系数多项式,SMA 的阶数为 Q。式(3.8)表述的模型记为 ARIMA$(p, d, q) \times (P, D, Q)_s$。

例 3.9 拟合以下两个季节 ARIMA 模型,观察其特征。

模型一:$(1-B^{12})(1-B)X_t = (1-0.2B)(1-0.8B^{12})\varepsilon_t$

模型二:$(1-B^4)(1-B)X_t = (1-0.8B)(1-0.6B^4)\varepsilon_t$

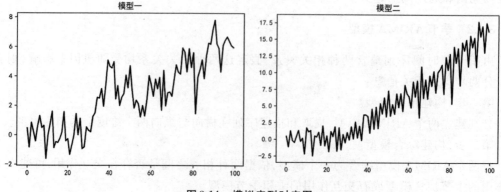

图 3.14　模拟序列时序图

　　模型一为 ARIMA$(0,1,1) \times (0,1,1)_{12}$ 模型，模型二为 ARIMA$(0,1,1) \times (0,1,1)_4$ 模型，分别模拟这两个模型，所得时间序列图见图 3.14。由图可知，两个时间序列均呈现趋势特征及季节特征，但由于季节周期不同，两个序列表现出来的季节特征存在明显差异。

　　模拟序列的样本 ACF 与样本 PACF 见图 3.15。可以看到，这两个模拟序列的样本自相关函数均持续偏高，不随滞后阶数的增减而快速衰减，呈缓慢衰减态势；样本偏自相关函数均在滞后阶数 $k=1$ 时存在大值，而 $k>1$ 后基本在 0 值附近波动，具有一阶截尾性。

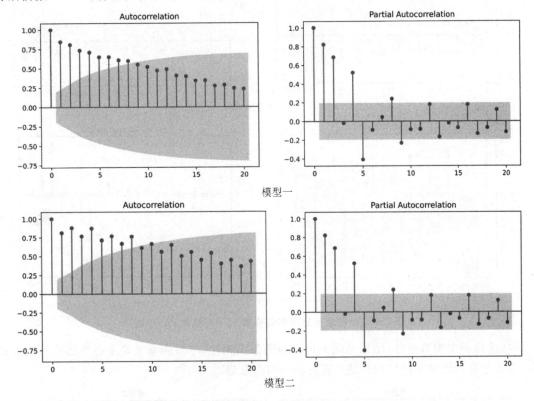

图 3.15　模拟序列的样本 ACF 与样本 PACF 图

　　为消除趋势特征，对序列进行一阶差分，图 3.16 为一阶差分后的时间序列图。从图 3.16 可以看出，一阶差分以后的序列均不再有明显的趋势性，但序列运行周期性特征显现，存在明显的周期性震荡特征。

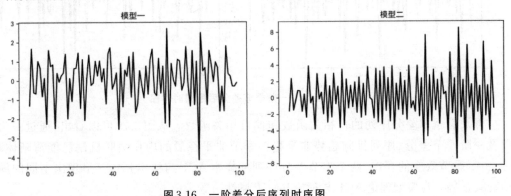

图 3.16　一阶差分后序列时序图

一阶差分后序列的样本 ACF 与样本 PACF 如图 3.17 所示,我们可以比较清晰地看到样本自相关函数在周期的整数倍点附近有较大值。

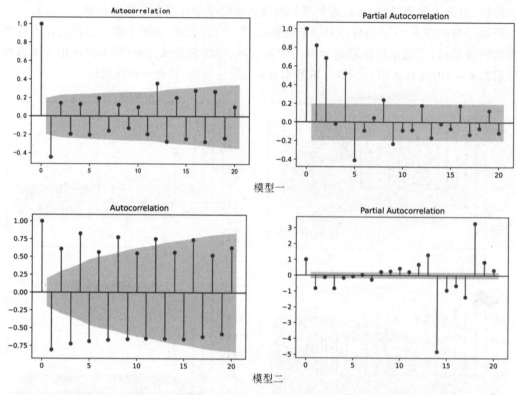

图 3.17　一阶差分后序列的样本 ACF 与样本 PACF 图

再进行一次季节差分,结果见图 3.18。与图 3.16 相比,序列的季节非平稳性已得到很好提取,季节差分后的序列已呈现围绕 0 值波动的均衡态势。

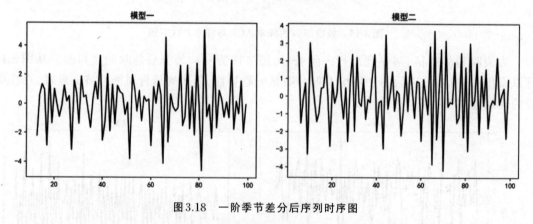

图 3.18　一阶季节差分后序列时序图

再来看季节差分序列的自相关函数和偏自相关函数。从图 3.19 可以看出,通过一阶差分以及一阶季节差分,序列排除趋势非平稳与季节非平稳后的内在关联机制已能清晰体现,而且,由于季节效应的存在,两个季节差分序列的样本 ACF 与样本 PACF 呈现出不同的周期变动衰减态势。与模型理论 ACF 与理论 PACF 属性一致。

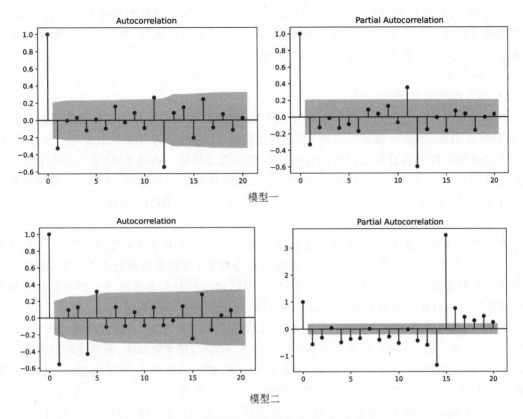

图 3.19 一阶季节差分后序列的样本 ACF 与样本 PACF 图

3.5 季节 ARIMA 模型的建立

季节 ARIMA 模型的构建过程实际上是依次提取趋势特征与季节特征,识别两次 ARIMA 模型的阶数并进行整合建模的过程。我们已经掌握了 ARMA 模型及 ARIMA 模型的建模方法,那么季节 ARIMA 模型的建立,关键在于如何对序列的季节性进行判定以及如何识别差分与季节差分的阶数。

3.5.1 季节 ARIMA 模型建模要点

1. 一般步骤

以下是季节 ARIMA 模型建立的一般步骤:

第一步,判明序列的周期性;

第二步,识别差分和季节差分的阶数,对时间序列进行适当差分和季节差分;

第三步,对差分后序列识别 AR、MA、SAR 及 SMA 的阶数;

第四步,建立季节 ARIMA 模型。

实际建模时,可采用试错法尝试判定模型的阶数,当试探模型的适应性检验表明其不是最优模型时,可根据检验所提供的有关信息,重新拟合改进模型,并对其进行适应性检验,直至得到最优模型为止。最终所建的乘积季节模型,从其表达式来看,最大滞后阶数之前的大量滞后系数均为0,这类模型也称为疏系数模型。

2.建模要点

(1)季节性判定要点

原始序列图是判定序列季节特征的有力工具,而周期的确定更倾向于依赖数据的实际背景,见到月度数据、季度数据或频率为5或7的数据时,应考虑是否存在季节效应。此外,从样本自相关函数与样本偏自相关函数同样可以观察到季节特征。若样本ACF与样本PACF既不拖尾也不截尾、不呈线性衰减,而是在相应于周期的整数倍点及附近,出现绝对值相对较大的峰值并呈现振荡变化,则可判定序列存在季节性,适合季节ARIMA模型。

(2)差分阶数判定要点

关于差分阶数和季节差分阶数的选择可以通过考察样本自相关函数来确定。一般情况下,如果样本自相关函数缓慢下降,同时在滞后期为周期 s 的整数倍附近出现峰值,通常说明序列同时有趋势非平稳特征与季节非平稳特征,可以进行差分与季节差分。如果差分后的序列所呈现的样本自相关函数有较好的截尾或拖尾性,则说明差分阶数适当。

实际中,差分阶数 d 与季节差分阶数 D 的选取可采用试探方法,一般低阶差分即可(如1,2,3阶),对于某一组 (d, D),计算差分后序列的样本ACF与样本PACF,若呈现较好的截尾或拖尾性,则意味阶数 (d, D) 适当。此时若增大阶数 (d, D),相应样本ACF与样本PACF会呈现离散增大及不稳定状态,这是提示过度差分的一个有效信息。

Box和Jenkins曾指出,通常季节差分的阶数 D 不会超过一阶,特别对 $s = 12$ 的月度数据。此外,差分与季节差分会使数据自由度快速降低,因此,如果序列长度不够理想时,可能无法充分提取季节信息,这时应慎重使用季节ARIMA模型。Box和Jenkins也曾指出,时间序列模型的构建,与其说是一门技术,不如说是一门艺术。读者在建模过程中可不断积累经验,也可充分利用已有的数据分析经验进行综合评判下的模型构建。

3.5.2 一个实例

以下,我们通过一个实际例子来熟悉季节时间序列数据特征提取及数据处理的基本过程,我们将分析1982年1月—2002年11月美国16~19岁男性月度就业数据(单位:千人),对其建立适当的季节ARIMA模型,数据见附录A3.3。

1.序列图像特征

首先进行时间序列数据的可视化,绘制数据时序图,观察数据的图像特征。考虑到时间序列数据可被分解为如下部分:基线水平+趋势+季节性+误差,可以看作是趋势性、季节性和误差项的整合,因此,可根据序列分解图初步获取数据分解特征,时序图与分解图如图3.20、图3.21所示。

时序分解图3.21分别展示了原始数据的时序图、长期趋势、季节性以及误差,由分解图可知,原序列具有较强的季节性与趋势性,但方差没有明显的变化,故可先通过差分来消除序列的趋势性,再通过季节差分消除数据的季节非平稳性,最后进入平稳模型的识别与构建。

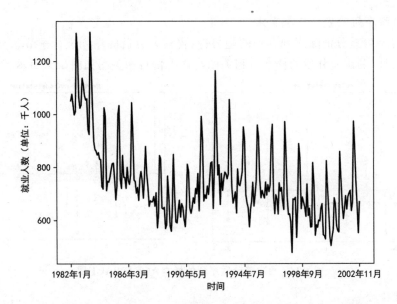

图 3.20　1982 年 1 月—2002 年 11 月美国 16～19 岁美国男性月度就业数据时序图

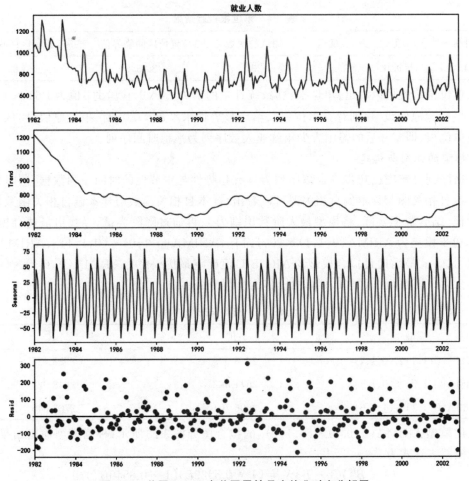

图 3.21　美国 16～19 岁美国男性月度就业时序分解图

2.差分消除序列趋势性与季节性

首先通过一阶差分消除序列存在的趋势性,再对差分后的序列进行季节差分以消除序列的季节非平稳性,两次差分后的样本自相关图与样本偏自相关图如图 3.22 所示。

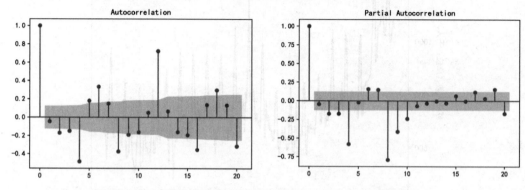

图3.22　两次差分后序列的样本 ACF 与 PACF 图

3.平稳性检验

为进一步确定差分后序列的平稳性,对差分后序列进行 ADF 检验,整理后结果见表3.4。

表 3.4　单位根检验结果

t统计量	p 值	延迟	测试的次数	99% 置信区间临界值	95% 置信区间临界值
-14.9	接近 0	9	237	-3.45	-3.8

从单位根检验可以看出,单位根检验 t 统计量的值为 -14.9,检验的 p 值为 1.61×10^{-27},根据单位根检验原假设"序列存在单位根",给定显著性水平 $\alpha = 0.05$ 时,拒绝原假设,认为序列不存在单位根,即差分后的美国青少年就业人数序列为平稳时间序列。

4.模型的识别与构建

根据序列分解图已初步判定该序列为具有趋势性与季节性的时间序列数据,同时根据序列的样本自相关图与样本偏自相关图可以看出,样本自相关函数与样本偏自相关函数均呈现拖尾特征,结合数据实际,将模型最大阶数识别为1,再通过降阶尝试,寻找出最适合模型,最终确定初步模型为 $\text{ARIMA}(0,1,1)\times(0,1,1)_{12}$,$\text{ARIMA}(0,1,0)\times(0,1,1)_{12}$,$\text{ARIMA}(0,1,1)\times(1,1,0)_{12}$,最后通过拟合模型的 AIC、BIC 值确定最优模型为 $\text{ARIMA}(0,1,1)\times(0,1,1)_{12}$,见表3.5,该模型的 AIC 与 BIC 值相较其他模型为最小。

表 3.5　模型识别表

模型	AIC	BIC
$\text{ARIMA}(0,1,1)\times(0,1,1)_{12}$	2573.009	2583.426
$\text{ARIMA}(0,1,0)\times(0,1,1)_{12}$	2641.982	2648.927
$\text{ARIMA}(0,1,1)\times(1,1,0)_{12}$	2696.701	2703.645

最优模型 $\text{ARIMA}(0,1,1)\times(0,1,1)_{12}$ 的拟合图如图 3.23 所示,根据模型输出结果,最终确定的模型表达式为

$$(1 - B^{12})(1 - B)X_t = (1 - 0.5922B)(1 - 0.8840B^{12})\varepsilon_t$$

```
                        SARIMAX Results
========================================================================
Dep. Variable:                    就业人数   No. Observations:         251
Model:          SARIMAX(0, 1, 1)x(0, 1, 1, 12)  Log Likelihood    -1283.504
Date:                   Mon, 23 May 2022    AIC                  2573.009
Time:                           15:01:41    BIC                  2583.426
Sample:                       01-01-1982    HQIC                 2577.207
                            - 11-01-2002
Covariance Type:                     opg
========================================================================
                 coef    std err       z      P>|z|    [0.025    0.975]
------------------------------------------------------------------------
ma.L1         -0.5922      0.053   -11.271     0.000    -0.695    -0.489
ma.S.L12      -0.8840      0.062   -14.313     0.000    -1.005    -0.763
sigma2      2619.1930    235.114    11.140     0.000  2158.377  3080.009
========================================================================
Ljung-Box (L1) (Q):            0.03   Jarque-Bera (JB):          3.33
Prob(Q):                       0.85   Prob(JB):                  0.19
Heteroskedasticity (H):        0.80   Skew:                     -0.11
Prob(H) (two-sided):           0.33   Kurtosis:                  3.54
========================================================================
```

图 3.23　最优模型拟合结果

3.6　案例分析

本节通过 Python 实践案例,介绍不同实际背景下非平稳时间序列模型的构建流程。

3.6.1　ARIMA 模型的建立

案例基于我国 1978—2019 年中国社会销售品零售总额年度数据,共计 42 个观测值,对其拟合 ARIMA 模型,数据见附录 A3.4。案例思路为:先导入数据进行数据处理,对处理后的数据进行平稳性检验与白噪声检验;再对数据模型识别并优化模型;最后建立最优模型。重点在于齐次非平稳模型的拟合过程。

1. 数据导入与处理

(1)数据导入

首先导入中国 1978—2019 年社会销售品零售总额数据,代码如下:

```
import numpy as np
import pandas as pd
import matplotlib.pylab as plt
import statsmodels.api as sm
from statsmodels.graphics.tsaplots import plot_acf
import warnings
warnings.filterwarnings("ignore")
data = pd.read_excel('零售总额.xlsx', index_col="年份",parse_dates=True)
```

【代码说明】

　　1)第 1 至 5 行,导入模块并命名,以第一行为例,导入 Numpy 模块并命名为 np;

　　2)第 6 至 7 行,忽略运行出现的警告;

　　3)第 8 行,读入数据;

（2）数据处理

接下来绘制数据时序图,观察数据基本特征,代码如下:

```
plt.rcParams['font.sans-serif'] = ['simhei']
plt.xlabel("年份")
plt.ylabel("社会消费品零售总额(单位:亿元)")
x = range(0,61)
_x = list(x)[::4]
plt.xticks(fontsize=8)
plt.yticks(fontsize=8)
plt.plot(data,color="k")
```

【代码说明】

　　1)第 1 行,使时序图中正常显示中文;

　　2)第 2 至 3 行,图像横、纵坐标的命名;

　　3)第 4 至 7 行,坐标轴刻度的处理;

　　4)第 8 行,绘制时序图。

输出结果如下:

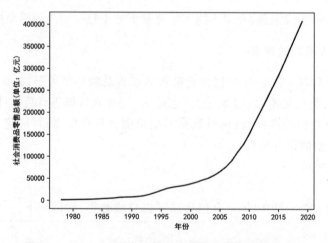

图3.24　1978—2019 年中国社会销售品零售总额时序图

　　从图 3.24 中看出,该序列有着显著的下凹上升趋势,初步判断为非正态数据,对原始数据进行对数处理转换为正态序列,并对处理前后的数据分别进行 Shapiro-Wilktest 正态性检验,判断处理后的数据是否具有正态性,检验代码如下:

```
from scipy import stats
print(stats.shapiro(data))
data1 = np.log(data)
print(stats.shapiro(data1))
```

【代码说明】

　　1）第 1 行，导入模块中 Shapiro-Wilktest 函数；

　　2）第 2 行，对原序列进行 Shapiro-Wilktest 正态性检验；

　　3）第 3 行，对原序列进行对数处理；

　　4）第 4 行，对对数序列进行 Shapiro-Wilktest 正态性检验。

输出结果如下：

```
ShapiroResult(statistic=0.7480342388153076, pvalue=4.0939482914836844e-07)
ShapiroResult(statistic=0.9472917914390564, pvalue=0.05168638750910759)
```

　　输出结果分别展示了原始序列与对数序列 Shapiro-Wilktest 正态性检验统计量值与 p 值，在给定显著性水平 0.05 时，根据检验结果，判断原始序列为非正态序列，对数序列为正态序列。

　　绘制取对数后时序图，观察对数数据时序图基本特征：

```
plt.xlabel('年份')
plt.ylabel('对数社会消费品零售总额')
x = range(0,61)
_x = list(x)[::4]
plt.xticks(fontsize=8)
plt.yticks(fontsize=8)
plt.plot(data1,color="k")
```

【代码说明】

　　1）第 1 至 2 行，横纵坐标轴的命名；

　　2）第 3 至 6 行，坐标轴刻度的处理；

　　3）第 7 行，绘制对数处理后时序图。

输出结果如下：

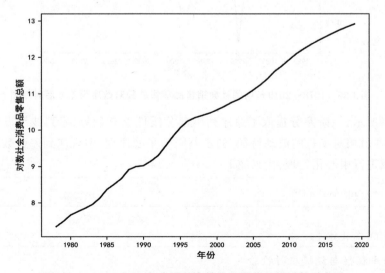

图 3.25　1978—2019 年中国社会销售品零售总额对数时序图

如图 3.25 所示,取对数后时序图虽具有正态性,但序列具有明显的线性上升趋势,为使数据具有平稳性特征,对数据再次进行一阶差分处理,代码如下:

```
diff1 = data1.diff(1).dropna()
plt.xlabel('年份')
x = range(0,61)
_x = list(x)[::4]
plt.xticks(fontsize=8)
plt.yticks(fontsize=8)
plt.plot(diff1,color="k")
```

【代码说明】

1)第 1 行,对数据进行一阶差分;

2)第 2 行,横坐标轴的命名;

3)第 3 至 6 行,坐标轴刻度的处理;

4)第 7 行,绘制差分序列时序图。

输出结果如下:

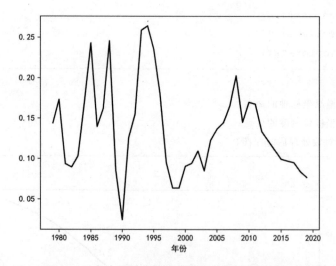

图3.26　1978—2019 年中国社会销售品零售总额对数序列差分后时序图

如图 3.26 所示,一阶差分提取了原序列中部分线性上升趋势,序列波动没有明显的趋势及周期性,呈现出相对平稳的波动特征,初步判断为平稳序列,但观测到差分数据序列均值不为 0,对该数据进行中心化处理,代码如下:

```
diff2 = diff1-np.mean(diff1)
```

【代码说明】

对序列进行中心化处理。

2.数据的平稳性与纯随机性检验

为了进一步确定差分后序列的平稳性,对差分后序列进行 ADF 检验,代码如下:

```
from statsmodels.tsa.stattools import adfuller
print(adfuller(diff2))
```

【代码说明】

　　1)第1行,导入单位根检验模块中函数;

　　2)第2行,对差分后数据进行单位根检验。

输出结果如下:

```
ADF statists=-3.583, p_value=0.006
  critical value:
    1%level:-3.610
    5%level:-2.939
    10%level:-2.608
```

　　根据检验结果知,ADF检验统计量的统计值为-3.583,小于显著性水平为0.05与0.1下的临界值,所以认为一阶差分后的序列是平稳序列。

　　对一阶差分后的平稳序列进行纯随机性检验,代码如下:

```
from statsmodels.stats.diagnostic import acorr_ljungbox
acorr_ljungbox(diff2, lags=18)
```

【代码说明】

　　1)第1行,导入纯随机检验模块;

　　2)第2行,对差分序列进行纯随机检验,并输出结果。

输出结果如下:

```
(array([13.92667123, 14.74800001, 14.89391862,
        19.62327413, 25.26437232, 27.54787957,
        27.78060604, 28.32218719, 28.34259596,
        29.18809964, 30.2919462 , 31.10079288,
        31.11293536, 31.63445966, 33.13725445,
        35.25230099, 36.55828059, 36.59514681]),
array([0.00019008, 0.00062735, 0.00190958,
        0.00059259, 0.00012387, 0.00011429,
        0.00024096, 0.00041671, 0.00083589,
        0.00116159, 0.0014256 , 0.00190148,
        0.00324574, 0.00451369, 0.0044929 ,
        0.00367006, 0.00386062, 0.00591471]))
```

　　根据检验结果知,第一个输出数组为各阶滞后LB统计量值,第二个输出数组为各阶滞后LB统计量的p值。给定显著性水平为0.05时,各阶延迟下LB统计量的p值都小于显著性水平,所以认为差分后序列为平稳非白噪声序列。

　　3.模型的建立

　　(1)模型识别与定阶

对中心化后的序列进行建模。首先,绘制出样本自相关与样本偏相关图,代码如下:

```
from statsmodels.graphics.tsaplots import plot_acf, plot_pacf
plot_acf(diff2)
plot_pacf(diff2)
```

【代码说明】

  1)第1行,导入相应模块;

  2)第2行,绘制自相关图;

  3)第3行,绘制偏自相关图。

样本自相关函数图与样本偏自相关函数图如下:

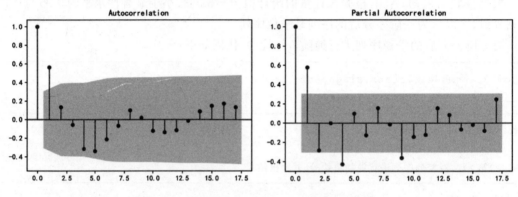

图 3.27　一阶差分后样本 ACF 与样本 PACF 图

根据图 3.27 样本 ACF 和样本 PACF 所呈现的特征,初步考虑拟合 AR(1)、AR(2)及 AR(4)模型。

(2)模型的参数估计

对中心化后的序列拟合 AR(1)、AR(2)与 AR(4)模型,代码如下:

```
from statsmodels.tsa.arima_model import ARMA, ARIMA
print(ARMA(diff2, (1,0)).fit(trend='nc').summary())
print(ARMA(diff2, (2,0)).fit(trend='nc').summary())
print(ARMA(diff2, (4,0)).fit(trend='nc').summary())
```

【代码说明】

  1)第1行,导入模块中 ARMA 函数;

  2)第2至4行,对数据进行建模,分别建立 AR(1)、AR(2)与 AR(4)模型并对模型进行参数估计。

输出结果如下:

```
                        ARMA Model Results
==============================================================================
Dep. Variable:                        Y   No. Observations:             41
Model:                        ARMA(1, 0)   Log Likelihood            67.756
Method:                          css-mle   S.D. of innovations        0.046
Date:                   Fri, 08 Jul 2022   AIC                     -131.513
Time:                           20:20:55   BIC                     -128.086
Sample:                       01-01-1979   HQIC                    -130.265
                            - 01-01-2019
==============================================================================
                 coef    std err          z      P>|z|      [0.025      0.975]
------------------------------------------------------------------------------
ar.L1.Y        0.5639      0.127      4.435      0.000       0.315       0.813
                                Roots
==============================================================================
                  Real           Imaginary           Modulus         Frequency
------------------------------------------------------------------------------
AR.1            1.7734           +0.0000j            1.7734            0.0000
------------------------------------------------------------------------------
```

图 3.28　AR(1)模型输出结果

```
                        ARMA Model Results
==============================================================================
Dep. Variable:                        Y   No. Observations:             41
Model:                        ARMA(2, 0)   Log Likelihood            69.181
Method:                          css-mle   S.D. of innovations        0.044
Date:                   Fri, 08 Jul 2022   AIC                     -132.361
Time:                           20:20:56   BIC                     -127.220
Sample:                       01-01-1979   HQIC                    -130.489
                            - 01-01-2019
==============================================================================
                 coef    std err          z      P>|z|      [0.025      0.975]
------------------------------------------------------------------------------
ar.L1.Y        0.7099      0.149      4.749      0.000       0.417       1.003
ar.L2.Y       -0.2582      0.150     -1.725      0.085      -0.552       0.035
                                Roots
==============================================================================
                  Real           Imaginary           Modulus         Frequency
------------------------------------------------------------------------------
AR.1            1.3746           -1.4083j            1.9679           -0.1269
AR.2            1.3746           +1.4083j            1.9679            0.1269
------------------------------------------------------------------------------
```

图 3.29　AR(2)模型输出结果

ARMA Model Results

```
==============================================================================
Dep. Variable:                     Y   No. Observations:              41
Model:                     ARMA(4, 0)  Log Likelihood               72.295
Method:                       css-mle  S.D. of innovations           0.041
Date:                Fri, 08 Jul 2022  AIC                        -134.590
Time:                        20:20:57  BIC                        -126.022
Sample:                    01-01-1979  HQIC                       -131.470
                         - 01-01-2019
==============================================================================
                 coef    std err          z      P>|z|      [0.025      0.975]
------------------------------------------------------------------------------
ar.L1.Y        0.7080      0.144      4.933      0.000       0.427       0.989
ar.L2.Y       -0.3681      0.182     -2.026      0.043      -0.724      -0.012
ar.L3.Y        0.2771      0.179      1.547      0.122      -0.074       0.628
ar.L4.Y       -0.3771      0.143     -2.641      0.008      -0.657      -0.097
                                     Roots
==============================================================================
                  Real          Imaginary           Modulus         Frequency
------------------------------------------------------------------------------
AR.1            0.9654           -0.7043j            1.1950           -0.1003
AR.2            0.9654           +0.7043j            1.1950            0.1003
AR.3           -0.5979           -1.2245j            1.3627           -0.3223
AR.4           -0.5979           +1.2245j            1.3627            0.3223
------------------------------------------------------------------------------
```

图 3.30　AR(4)模型输出结果

4.模型检验与优化

(1)模型平稳可逆性检验

根据 AR(1)、AR(2)与 AR(4)模型输出结果图,输出结果中"Roots"部分,分别给出三个拟合模型 AR(1)、AR(2)与 AR(4)中自回归系数多项式根的实部与虚部,经检验其根的绝对值均在单位圆外,故三个模型均满足平稳可逆性条件。

(2)模型的适应性检验

对所构建的 AR(1)、AR(2)与 AR(4)模型进行适应性检验,代码如下:

```
err1 = diff2["Y"]-sm.tsa.ARMA(diff2["Y"],(1,0)).fit(disp=-1).predict()
print(acorr_ljungbox(err1, lags=[3,6,18],return_df=True))
err2 = diff2["Y"]-sm.tsa.ARMA(diff2["Y"],(1,0)).fit(disp=-1).predict()
print(acorr_ljungbox(err2, lags=[3,6,18],return_df=True))
err4 = diff2["Y"]-sm.tsa.ARMA(diff2["Y"],(1,0)).fit(disp=-1).predict()
print(acorr_ljungbox(err4, lags=[3,6,18],return_df=True))
```

【代码说明】

1)第 1 行,计算 AR(1)模型拟合残差;

2)第 2 行,对 AR(1)拟合模型残差序列进行白噪声检验,即 LB 检验;

3)第 3 行,计算 AR(2)模型拟合残差;

4)第 4 行,对 AR(2)拟合模型残差序列进行白噪声检验;

5)第 5 行,计算 AR(4)模型拟合残差;

6)第 6 行,对 AR(4)拟合模型残差序列进行白噪声检验。

各模型检验结果依次如下:

	lb_stat	lb_pvalue
3	2.257585	0.520695
6	8.325057	0.215243
18	16.706027	0.543396

	lb_stat	lb_pvalue
3	2.257585	0.520695
6	8.325057	0.215243
18	16.706027	0.543396

	lb_stat	lb_pvalue
3	2.257585	0.520695
6	8.325057	0.215243
18	16.706027	0.543396

由 AR(1)、AR(2)与 AR(4)模型残差检验结果,各阶延迟下 LB 统计量的 p 值都大于显著性水平 0.05,所以认为拟合 AR(1)、AR(2)与 AR(4)模型残差序列为白噪声序列,AR(1)、AR(2)与 AR(4)模型均通过适应性检验,序列相关性提取充分。

(3)模型优化

借助 AIC 准则和 BIC 准则进行模型优化,各模型对应准则函数值如表 3.6 所示。比较来看,AR(1)模型的 AIC 值为 -131.513,不占优;但其 BIC 值为 -128.083,相比于其他模型较小。

表 3.6　各模型对应的准则函数值

模型	AIC	BIC
AR(1)	-131.513	-128.086
AR(2)	-132.361	-127.220
AR(4)	-134.590	-126.022

根据图 3.28、图 3.29 与图 3.30 三个模型中各参数检验结果,可以看出,显著性水平 $\alpha = 0.05$ 时,AR(1)模型各参数通过显著性检验,而 AR(2)与 AR(4)均存在参数未通过显著性检验。

综上,结合建模的简约性原则,认为 AR(1)模型在信息提取充分性与模型简约性方面占优,最终选取 AR(1)模型为相对较优模型。模型表达式为

$$Y_t = 0.564 Y_{t-1} + \varepsilon_t$$

由于对原序列进行过对数处理与中心化处理,最终所建我国 1978—2019 年社会销售品零

售总额序列(X_t)的模型为

$$\ln X_t - 0.135 = 0.564(\ln X_{t-1} - 0.135) + \varepsilon_t$$

3.6.2 季节 ARIMA 的建立

案例基于2001年1月—2020年12月中国城镇居民人均可支配收入季度数据,进行季节 ARIMA 模型的识别与构建,数据见附录 A1.5。

案例思路为:首先导入2001年1月—2020年12月我国城镇居民人均可支配收入数据;再对原序列进行方差变换以改善原序列方差非平稳属性,减小不可观测的误差和预测变量的相关性;进而对方差变换后的数据进行一阶差分以消除序列趋势性,对一阶差分后序列进行季节差分以消除数据的季节非平稳性;最后进行模型识别与构建。

1.数据导入与预处理

首先导入2001年1月—2020年12月我国城镇居民人均可支配收入数据,并命名为df3,代码如下:

```
import numpy as np
import pandas as pd
import matplotlib.pylab as plt
import statsmodels.api as sm
df3 = pd.read_excel('城镇居民人均可支配收入.xlsx',parse_dates=True,index_col="时
间")
df3
```

【代码说明】
  1)第1至4行,导入模块并命名,以第一行为例,导入 Numpy 模块并命名为 np;
  2)第5至6行,导入2001年1月—2020年12月我国城镇居民人均可支配收入数据并查看数据。

观察2001年1月—2020年12月我国城镇居民人均可支配收入时序图,见图1.5(左)。从时序图中可以看出,序列具有较强的趋势性与季节性;同时序列的方差随均值增长而增长,呈非平稳特征,需进行方差平稳化变换。

2.方差变换

为研究方差平稳化所适宜的变换参数λ,采用常见的四种 Box-Cox 变换,再根据所绘制的关于参数λ的似然函数图,确定参数λ。使似然函数值达到最大的参数λ,即为最优变换参数,尝试不同λ值以确定最终变换参数的代码如下:

```
Pip install rpy2
from rpy2.robjects.packages import importr
from rpy2.robjects import pandas2ri
pandas2ri.activate()
import rpy2.robjects as robjects
inext = importr("TSA")
result1 = robjects.r['BoxCox.ar'](df3["城镇居民人均可支配收入"])
```

【代码说明】

　　1)第 1 行,下载调用 R 软件的模块;

　　2)第 2 至 5 行,调用对应模块;

　　3)第 6 行,导入 R 的 TSA 程序包;

　　4)第 7 行,调用 BoxCox.ar 函数并展示结果。

　　最终输出 λ 值与对应的似然函数值如图 3.31 所示,由图 3.31 可知,似然函数值最大时对应的 λ 值为 0,同时根据表 3.1,确定最终的方差变换为对序列进行取对数变换。

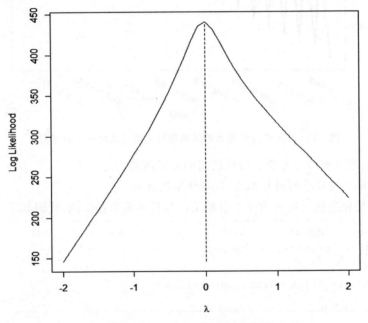

图 3.31　Box-Cox 幂变换结果图

　　接下来对原序列进行方差变换,采取使似然函数值最大时的 λ 值,并绘制变换后的时序图,代码如下:

```
df33 = np.log(df3["城镇居民人均可支配收入"])
plt.xlabel('时间')
df33.plot()
plt.show()
```

【代码说明】

　　1)第 1 行,对原序列进行 Box-Cox 变换;

　　2)第 2 至 4 行,绘制变换后的时序图。

时序图如下:

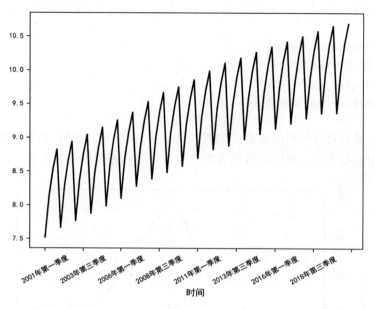

图 3.32　Box-Cox 变换后的城镇居民人均可支配收入时序图

图 3.32 表明，原序列的方差非平稳性已得到有效改善。

3. 方差平稳化变换后序列的样本 ACF 与样本 PACF

绘制方差平稳化变换后序列的样本自相关图与样本偏自相关图，代码如下：

```
from statsmodels.graphics.tsaplots import plot_acf, plot_pacf
plot_acf(df33,use_vlines=True,lags=10)
plt.show()
plot_pacf(df33,use_vlines=True,lags=10)
plt.show()
```

【代码说明】
　　1）第 1 行，导入相关模块；
　　2）第 2 至 3 行，绘制自相关函数图；
　　3）第 4 至 5 行，绘制偏自相关图。

样本自相关图与样本偏自相关图如下：

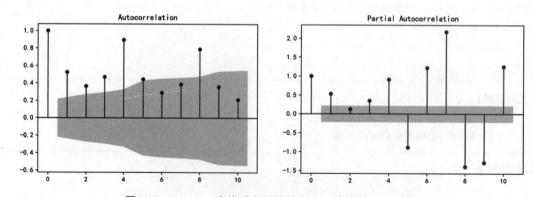

图 3.33　Box-Cox 变换后序列的样本 ACF 与样本 PACF 图

4.消除序列趋势性与季节非平稳性

由2001年1月—2020年12月我国城镇居民人均可支配收入数据时序图可知,原序列具有较强趋势性与季节非平稳性,首先对序列进行一阶差分以消除趋势性,再对序列进行一阶季节差分以消除季节非平稳性,绘制消除趋势性与季节非平稳性后数据的时序图,代码如下:

```
df331 = df33.diff().dropna()
df332 = df331.diff(4).dropna()
df33 = np.log(df3["城镇居民人均可支配收入"])
plt.xlabel('时间')
df332.plot()
plt.show()
```

【代码说明】
 1)第1行,进行一阶差分消除序列趋势性;
 2)第2行,进行季节差分消除季节非平稳性;
 3)第3至6行,绘制消除趋势性及季节非平稳性的城镇居民人均可支配收入。

最终绘制消除趋势性、季节非平稳性后序列的时间序列图如下:

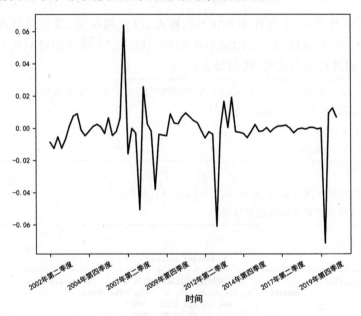

图3.34　消除非平稳性后时序图

5.模型识别与构建

进行模型的识别与构建,首先绘制出经方差平稳化变换、一阶差分、一阶季节差分后序列的样本自相关图与样本偏自相关图,代码如下所示:

```
plot_acf(df332,use_vlines=True,lags=15)
plt.show()
plot_pacf(df332,use_vlines=True,lags=15)
plt.show()
```

【代码说明】

　　1）第1至2行,绘制经方差变换、一阶差分、一阶季节差分后序列的自相关图;

　　2）第3至4行,绘制经方差变换、一阶差分、一阶季节差分后序列的偏自相关图。

最终得到经方差平稳化变换、一阶差分、一阶季节差分后序列的样本自相关图与样本偏自相关图如下:

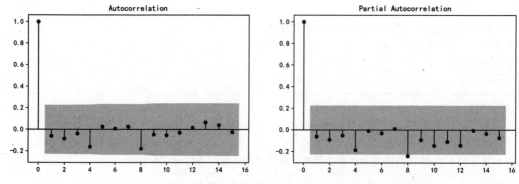

图 3.35　差分及季节差分后序列的样本 ACF 与样本 PACF 图

　　观察图 3.35 中样本 ACF 与样本 PACF 的特点,以识别模型,确定模型 AR、MA、SAR 及 SMA 的阶数,初步识别的模型为 $ARIMA(0,1,0) \times (0,1,1)_4$ 或 $ARIMA(0,1,0) \times (0,1,2)_4$,接下来对数据分别进行拟合建模,代码如下:

```
mod = sm.tsa.statespace.SARIMAX(df3["城镇居民人均可支配收入"], trend='n', order
=(0,1,0), seasonal_order=(0,1,1,4))
results = mod.fit()
print(results.summary())
```

【代码说明】

　　1）第1至2行,对数据建立 $ARIMA(0,1,0) \times (0,1,1)_4$ 模型;

　　2）第3至4行,拟合模型并输出模型结果。

模型估计结果如下:

```
                           SARIMAX Results
==============================================================================
Dep. Variable:               城镇居民人均可支配收入（元）   No. Observations:
Model:             SARIMAX(0, 1, 0)x(0, 1, [1], 4)   Log Likelihood        -582.695
Date:                       Mon, 23 May 2022   AIC                        1169.391
Time:                               15:09:44   BIC                        1174.026
Sample:                                    0   HQIC                       1171.241
                                       - 80
Covariance Type:                         opg
==============================================================================
                 coef    std err          z      P>|z|      [0.025      0.975]
------------------------------------------------------------------------------
ma.S.L4        0.9937      0.734      1.354      0.176      -0.444       2.432
sigma2      2.667e+05   1.92e+05      1.386      0.166      -1.1e+05    6.44e+05
===================================================================================
Ljung-Box (L1) (Q):                   3.45   Jarque-Bera (JB):               54.59
Prob(Q):                              0.06   Prob(JB):                        0.00
Heteroskedasticity (H):               3.06   Skew:                           -1.75
Prob(H) (two-sided):                  0.01   Kurtosis:                        5.28
===================================================================================
```

图 3.36　$ARIMA(0,1,0) \times (0,1,1)_4$ 模型估计结果

建立 ARIMA$(0,1,0)\times(0,1,2)_4$模型,代码如下:

```
mod = sm.tsa.statespace.SARIMAX(df3["城镇居民人均可支配收入"], trend='n', order
=(0,1,0), seasonal_order=(0,1,2,4))
results1 = mod.fit()
print(results.summary())
```

【代码说明】

1)第 1 至 2 行,对数据建立 ARIMA$(0,1,0)\times(0,1,2)_4$模型;

2)第 3 至 4 行,拟合模型并输出模型结果。

模型估计结果如下:

```
                            SARIMAX Results
========================================================================
Dep. Variable:              城镇居民人均可支配收入（元）    No. Observations:
Model:            SARIMAX(0, 1, 0)x(0, 1, [1, 2], 4)  Log Likelihood       -564.029
Date:                          Mon, 23 May 2022   AIC                  1134.059
Time:                               15:12:26     BIC                  1141.011
Sample:                                    0     HQIC                 1136.835
                                        - 80
Covariance Type:                         opg
========================================================================
                 coef     std err        z      P>|z|     [0.025     0.975]
------------------------------------------------------------------------
ma.S.L4        1.1777       0.085    13.899      0.000      1.012      1.344
ma.S.L8        0.9983       0.089    11.235      0.000      0.824      1.172
sigma2       1.436e+05   9.11e-07    1.58e+11    0.000    1.44e+05   1.44e+05
========================================================================
Ljung-Box (L1) (Q):               1.29   Jarque-Bera (JB):          82.44
Prob(Q):                          0.26   Prob(JB):                   0.00
Heteroskedasticity (H):           2.52   Skew:                      -1.86
Prob(H) (two-sided):              0.02   Kurtosis:                   6.53
========================================================================
```

图 3.37   ARIMA$(0,1,0)\times(0,1,2)_4$模型估计结果

由图 3.36 和图 3.37 知,ARIMA$(0,1,0)\times(0,1,2)_4$模型 AIC 值与 BIC 值均小于 ARIMA$(0,1,0)\times(0,1,1)_4$,最终确定所建立的模型为 ARIMA$(0,1,0)\times(0,1,2)_4$,模型表达式为

$$(1-B)(1-B^4)X_t = (1+1.1777B^4)(1+0.9983B^8)\varepsilon_t$$

3.7 习 题

1.对于下列模型,求原序列及差分序列的期望与方差,并进行比较,其中 $\varepsilon_t \sim WN(0,\sigma_\varepsilon^2)$。

(1)$X_t = X_{t-1} + \varepsilon_t - 0.6\varepsilon_{t-1}$

(2)$X_t = 2X_{t-1} - 1.7X_{t-2} + 0.7X_{t-3} + \varepsilon_t - 0.5\varepsilon_{t-1} + 0.25\varepsilon_{t-2}$

2.考虑模型$(1-B)^2 X_t = (1-0.3B-0.5B^2)\varepsilon_t$,其中 $\varepsilon_t \sim WN(0,\sigma_\varepsilon^2)$。

(1)讨论 X_t 的平稳性;

(2)令 $W_t = (1-B)^2 X_t$,讨论 W_t 的平稳性。

3.假设序列 X_t 由 $X_t = \varepsilon_t + c\varepsilon_{t-1} + c\varepsilon_{t-2} + c\varepsilon_{t-3} + \cdots + c\varepsilon_0$ 生成,$t > 0$,$\varepsilon_t \sim WN(0,\sigma_\varepsilon^2)$。

(1)求序列 X_t 的方差和协方差,判断 X_t 是否平稳;

(2)求序列 ∇X_t 的方差和协方差,判断 ∇X_t 是否平稳;

(3)将序列 X_t 识别为一个 ARIMA 模型。

4.考察如下四个模型,其中 $\varepsilon_t \sim WN(0, \sigma_\varepsilon^2)$,

(a)$X_t = 0.8X_{t-1} + \varepsilon_t$ (b)$X_t = -1.1X_{t-1} + \varepsilon_t$

(c)$X_t = X_{t-1} - 0.5X_{t-2} + \varepsilon_t$ (d)$X_t = 1.3X_{t-1} + \varepsilon_t$

(1)模拟这四个模型;

(2)至少对一个模型写出模拟步骤;

(3)对各模型作时间序列图及自相关、偏自相关图,观察其特点;

(4)总结平稳序列与非平稳序列的图像差异。

5.观察下列某市区房价数据并选择适当模型拟合该序列的发展。

表3.6 某市区房价(行数据) 单位:元

1889.57	1832.33	1825.18	1672.03	1630.83	1403.38	1706.54	1546.25	1860.89
1842.31	1372.88	1772.14	1874.45	1859.82	2040.55	1742.26	1823.27	2252.42
1861.83	1951.21	2136.11	2124.55	2629.48	2213.94	2374.11	2226.50	2687.83
2374.88	2483.15	2341.80	2417.31	2175.36	2377.02	2447.25	2471.37	2595.96
2560.83	2667.09	2636.74	2808.50	2533.52	2273.82	2337.59	2544.08	2770.01
2772.98	2636.42	2868.90	2830.82	2973.76	2875.72	3400.51	2941.64	

6.继续观察例3.7中某股票收盘价数据,分析该数据特征并选择适当模型描述该数据,数据见附录A3.1。

7.观察1961—2021年年末我国人口总数数据并选择适当模型拟合该序列的发展,数据见附录A3.5。

8.观察1975—1982年美国啤酒的季度产量数据并选择适当模型拟合该序列的发展,数据见附录A1.11。

9.观察1995年1月—2002年3月美国月航空乘客人数数据,数据见附录A3.6。

(1)观察序列特点;

(2)对序列进行平稳化处理;

(3)选择适当模型拟合该序列的发展。

第4章 时间序列的预测

构建时间序列模型的一个主要目的,就是要对序列的未来发展进行预测。基于时间序列模型的预测属于惯性短期预测,即利用序列的历史状态和当前状态,依据其内在运行规律,对其未来状态进行有限步长的估计推断。

与预测序列未来取值同等重要的是评估预测效果,即注重预测的精度。特别是对同一个动态过程,我们有多种预测方法,对于具体问题,不同预测方法的适用性不同,预测效果也各异,因此需构建合理的评价标准以进行预测方法的比较与选取。本章在介绍预测方法选取基本原则与预测效果评价核心指标的基础上,学习时间序列模型的基本预测方法——最小均方误差预测。

4.1 最小均方误差预测

预测方法是在一定目标与规范下构建起来的,时间序列模型的预测一般遵循的是最小均方误差原则。

4.1.1 预测函数

定义 4.1 设当前时刻为 t,已知序列 $\{X_t\}$ 在时刻 t 及之前时刻观测值 $X_t, X_{t-1}, \cdots, X_{t-T}$,欲对 t 时刻以后的观测值 $X_{t+l}(l>0)$ 进行估计,称为以 t 为原点,对序列进行向前步长为 l 的预测,所得估计值记为 $\hat{X}_t(l)$ 或 $\hat{X}_{t+l}$(这里不再区分估计量与估计值,统一用大写字母表示),称为 X_{t+l} 的预测值或 $\{X_t\}$ 的 l 步预测值。

$\hat{X}_{t+l}$ 是由样本 $X_t, X_{t-1}, \cdots, X_{t-T}$ 所提供的信息估计出来的,即为样本的函数,记为

$$\hat{X}_{t+l} = g(X_t, X_{t-1}, \cdots, X_{t-T}) \tag{4.1}$$

定义 4.2 称式(4.1)中的函数 $g(\cdot)$ 为 $\{X_t\}$ 的预测函数,若 $g(\cdot)$ 为线性函数,则称其为线性预测函数。

4.1.2 最小均方误差原则

引入预测函数,则预测问题转化为预测函数的确定问题。从预测目标来看,我们希望所构建的预测函数能使预测误差 $e_t(l) = X_{t+l} - \hat{X}_{t+l}$ 尽可能小,从而预测精度就相应较高,这样就有了预测函数构建的一个基本原则——最小均方误差原则,即以预测量的均方误差达到最小为原则,寻求最佳预测函数。

定义 4.3 记预测误差 $e_t(l) = X_{t+l} - \hat{X}_{t+l}$,其均方值为

$$E\left[e_t^2(l)\right] = E\left(X_{t+l} - \hat{X}_{t+l}\right)^2$$

使 $E\left[e_t^2(l)\right]$ 达到最小的 $\hat{X}_{t+l}$，称为 X_{t+l} 的最小均方误差预测。

例 4.1 对于平稳 ARMA 模型

$$\Phi(B)X_t = \Theta(B)\varepsilon_t, \ \ \varepsilon_t \sim WN(0, \sigma_\varepsilon^2)$$

将其表示为传递形式，即

$$X_t = \frac{\Theta(B)}{\Phi(B)}\varepsilon_t = \psi(B)\varepsilon_t = \sum_{j=0}^{\infty}\psi_j B^j \varepsilon_t = \sum_{j=0}^{\infty}\psi_j \varepsilon_{t-j} \tag{4.2}$$

其中，

$$\psi(B) = \sum_{j=0}^{\infty}\psi_j B^j = \psi_0 + \psi_1 B + \psi_2 B^2 + \cdots + \psi_j B^j + \cdots, \ \ \psi_0 = 1$$

对于 $t = t_0 + l$，有

$$X_t = X_{t_0+l} = \sum_{j=0}^{\infty}\psi_j \varepsilon_{t_0+l-j} = \varepsilon_{t_0+l} + \psi_1 \varepsilon_{t_0+l-1} + \psi_2 \varepsilon_{t_0+l-2} + \cdots \tag{4.3}$$

假设在时刻 $t = t_0$，要由已知观测值 $X_{t_0}, X_{t_0-1}, X_{t_0-2}, \cdots$ 的线性组合对未来值 X_{t_0+l} 进行预测，设 X_{t_0+l} 的最小均方误差预测为

$$\hat{X}_{t_0+l} = \psi_l^* \varepsilon_{t_0} + \psi_{l+1}^* \varepsilon_{t_0-1} + \psi_{l+2}^* \varepsilon_{t_0-2} + \cdots \tag{4.4}$$

其中，ψ_j^* 待定。

将式(4.3)与式(4.4)相减，得到预测的均方误差为

$$E\left(X_{t_0+l} - \hat{X}_{t_0+l}\right)^2 = \sigma_\varepsilon^2 \sum_{j=0}^{l-1}\psi_j^2 + \sigma_\varepsilon^2 \sum_{j=0}^{\infty}\left(\psi_{l+j} - \psi_{l+j}^*\right)^2$$

显然，当 $\psi_{l+j}^* = \psi_{l+j}$ 时，$E\left(X_{t_0+l} - \hat{X}_{t_0+l}\right)^2$ 达到最小。因此，X_{t_0+l} 的最小均方误差预测为

$$\hat{X}_{t_0+l} = \psi_l \varepsilon_{t_0} + \psi_{l+1} \varepsilon_{t_0-1} + \psi_{l+2} \varepsilon_{t_0-2} + \cdots \tag{4.5}$$

4.1.3 预测效果评价

预测精度是指预测模型拟合的好坏程度，即由预测模型所产生的模拟值与历史实际值拟合程度的优劣。一个好的预测，预测误差应越小越好，预测精度应越高越好。因此，如何提高预测精度是预测研究的一项重要任务。建立预测效果的评估标准，是其中的一个主要内容。预测结果作为未来状态的一个估计，是随机变量。因此，对它的评价可从误差的均值和方差两个角度进行。又因为实际数据往往量纲不同、基数不同，相较于比较绝对误差，比较相对误差更有实际意义。

为评价模型的预测效果，可将样本数据集合分为两部分，样本前段数据(80%~90% 的样本数据)作为建模数据或训练数据，余下数据作为检验数据或测试数据。由建模数据构建出时间序列模型后，比较实际值与模型拟合值之间的误差即模型残差，可以评估模型拟合效果；而对于检验数据，比较实际值和拟合值(预测值)之间的误差，可以评估模型的外推预测能力，经验模型预测效果的各评价指标，就是基于检验数据计算出来的。若模型预测效果优良，则可以进行样本期外的外推预测。设 t_0 为当前时刻，x_{t_0} 已知，进行向前 l 步的预测，则预测样本期 $t = t_0 + 1, t_0 + 2, \cdots, t_0 + l$，预测值记为 $\hat{X}_t$。以下是预测效果评价的常用指标。

1.对预测误差均值的评估

(1)平均绝对误差(MAE)

$$MAE = \frac{1}{l} \sum_{t=t_0+1}^{t_0+l} \left| \hat{X}_t - X_t \right|$$

(2)平均相对误差(MPE)

$$MPE = \frac{1}{l} \sum_{t=t_0+1}^{t_0+l} \frac{\hat{X}_t - X_t}{X_t}$$

(3)平均相对误差绝对值(MAPE)

$$MAPE = \frac{1}{l} \sum_{t=t_0+1}^{t_0+l} \left| \frac{\hat{X}_t - X_t}{X_t} \right|$$

2.对预测误差方差的评估

(1)均方误差(MSE)

$$MSE = \frac{1}{l} \sum_{t=t_0+1}^{t_0+l} \left(\hat{X}_t - X_t \right)^2$$

(2)均方根误差(RMSE)

$$RMSE = \sqrt{\frac{1}{l} \sum_{t=t_0+1}^{t_0+l} \left(\hat{X}_t - X_t \right)^2}$$

(3)泰尔不等系数(TIC)

$$TIC = \frac{\sqrt{\frac{1}{l} \sum_{t=t_0+1}^{t_0+l} \left(\hat{X}_t - X_t \right)^2}}{\sqrt{\frac{1}{l} \sum_{t=t_0+1}^{t_0+l} \hat{X}_t^2} + \sqrt{\frac{1}{l} \sum_{t=t_0+1}^{t_0+l} X_t^2}}$$

3.对预测偏离程度的评估

MSE可以分解为

$$\frac{1}{l} \sum_{t=t_0+1}^{t_0+l} \left(\hat{X}_t - X_t \right)^2 = \left(\bar{\hat{X}} - \bar{X} \right)^2 + \left(S_{\hat{X}} - S_X \right)^2 + 2(1-r) S_{\hat{X}} S_X$$

其中,$\bar{\hat{X}}$,$\bar{X}$分别为$\hat{X}_t$和X_t的平均值,$S_{\hat{X}}$,S_X分别为$\hat{X}_t$和X_t的标准差,r为$\hat{X}_t$和X_t的相关系数。

定义:

(1)偏差比(bias proportion,BP)

$$BP = \frac{\left(\bar{\hat{X}} - \bar{X} \right)^2}{\sum_{t=t_0+1}^{t_0+l} \left(\hat{X}_t - X \right)^2 / l}$$

(2)方差比(variance proportion,VP)

$$VP = \frac{\left(S_{\hat{X}} - S_X \right)^2}{\sum_{t=t_0+1}^{t_0+l} \left(\hat{X}_t - X_t \right)^2 / l}$$

（3）协方差比（covariance proportion，CP）

$$CP = \frac{2(1-r)S_{\hat{x}}S_X}{\sum\limits_{t=t_0+1}^{t_0+l}\left(\hat{X}_t - X_t\right)^2/l}$$

偏差比度量预测均值与序列实际均值的偏离程度，表示系统误差；方差比度量预测方差与序列实际方差的偏离程度；协方差比度量非系统预测误差的大小。偏差比、方差比和协方差比之和为1。一个好的预测，偏差比和方差比应该较小，而协方差比相对较大。

实际中，就单个预测模型，我们常选用 MAPE 及 RMSE 进行预测效果的评价；若涉及多个模型预测效果的比较，则可以引入泰尔不等系数、偏差比、方差比及协方差比等指标，进行多角度的比较与权衡。

4.2 平稳时间序列的预测

4.2.1 条件期望预测

第 4.1 节中，我们指出时间序列预测遵循最小均方误差原则，本节我们探讨最小均方误差预测的获得路径，并给出平稳 ARMA 模型的一般预测方法。

1．条件期望预测与最小均方误差预测

在例 4.1 中，式（4.5）给出 ARMA 模型的一个最小均方误差预测。在下式

$$E\left(\varepsilon_{t+j} \mid X_t, X_{t-1}, \cdots\right) = E\left(\varepsilon_{t+j} \mid \varepsilon_t, \varepsilon_{t-1}, \cdots\right) = \begin{cases} 0, & j > 0 \\ \varepsilon_{t+j}, & j \leqslant 0 \end{cases}$$

成立的基础上，进一步对式（4.3）求条件期望，即

$$E\left(X_{t+l} \mid X_t, X_{t-1}, \cdots\right) = E\left[\left(\varepsilon_{t+l} + \psi_1\varepsilon_{t+l-1} + \psi_2\varepsilon_{t+l-2} + \cdots\right) \mid X_t, X_{t-1}, \cdots\right]$$

得到

$$E\left(X_{t+l} \mid X_t, X_{t-1}, \cdots\right) = \psi_l\varepsilon_t + \psi_{l+1}\varepsilon_{t-1} + \psi_{l+2}\varepsilon_{t-2} + \cdots$$

与式（4.5）对比可知，X_{t+l} 的最小均方误差预测由其条件期望给出，即

$$\hat{X}_t(l) = \hat{X}_{t+l} = E\left(X_{t+l} \mid X_t, X_{t-1}, \cdots\right) \tag{4.6}$$

也就是说，X_{t+l} 的条件期望即为其最小均方误差预测。因此，为获得序列 $\{X_t\}$ 的向前 l 步预测值，我们可以相应地对 X_{t+l} 求条件期望。

2．条件期望的性质

为利用条件期望计算 X_{t+l} 的预测值，首先应了解 ARMA 模型中 X_t 与 ε_t 的条件期望所具有的性质。

（1）常量的条件期望是其本身，从而现在或过去观测值的条件期望即为其本身（已知的观测值视为常数），即

$$E\left(X_{t+l} \mid X_t, X_{t-1}, \cdots\right) = X_{t+l}, \ l \leqslant 0$$

（2）现在或过去扰动的条件期望为其本身（可由已知推导出），即

$$E\left(\varepsilon_{t+l} \mid X_t, X_{t-1}, \cdots\right) = \varepsilon_{t+l}, \ l \leqslant 0$$

（3）未来扰动的条件期望为 0，即

$$E(\varepsilon_{t+l} \mid X_t, X_{t-1}, \cdots) = 0, \quad l > 0$$

（4）未来观测值的条件期望即为其预测值，即

$$E(X_{t+l} \mid X_t, X_{t-1}, \cdots) = \hat{X}_{t+l}, \quad l > 0$$

4.2.2　预测的三种形式

由于平稳时间序列有三种表现形式：传递形式、逆转形式及简约差分形式，因此我们对序列求解条件期望也有相应的三种形式。三种形式的预测函数在预测性质分析、实际数据预测等不同场合各有优势。

1. 三个预测公式

（1）基于传递形式的预测

首先回顾 ARMA 模型的传递形式

$$X_t = \sum_{j=0}^{\infty} G_j \varepsilon_{t-j}$$

将 X_{t+l} 用传递形式表示为

$$X_{t+l} = \sum_{j=0}^{\infty} G_j \varepsilon_{t+l-j}$$

即

$$X_{t+l} = (G_0 \varepsilon_{t+l} + G_1 \varepsilon_{t+l-1} + \cdots + G_{l-1} \varepsilon_{t+1}) + (G_l \varepsilon_t + G_{l+1} \varepsilon_{t-1} + \cdots)$$

利用条件期望的性质对上式求条件期望，有

$$\hat{X}_t(l) = E(X_{t+l} \mid X_t, X_{t-1}, \cdots) = 0 + (G_l \varepsilon_t + G_{l+1} \varepsilon_{t-1} + \cdots) = G_l \varepsilon_t + G_{l+1} \varepsilon_{t-1} + \cdots$$

即

$$\hat{X}_t(l) = \sum_{j=0}^{\infty} G_{l+j} \varepsilon_{t-j} \tag{4.7}$$

从式（4.7）可知，$\hat{X}_t(l)$ 的预测式包含无限项求和，而实际中我们获得的数据总是有限的，由于 G_j 指数衰减，所以一般截取有限项的和来近似获得 $\hat{X}_t(l)$，即

$$\hat{X}_t(l) \approx \sum_{j=0}^{T} G_{l+j} \varepsilon_{t-j}$$

其中，T 的取值只要使 $\sum_{j=T+1}^{\infty} |G_{l+j} \varepsilon_{t-j}|$ 小于允许值即可。式（4.7）中的格林函数 G_j 与扰动项 ε_t 均可通过递推计算出来。

（2）基于逆转形式的预测

ARMA 模型的逆转形式为

$$\varepsilon_t = \sum_{j=0}^{\infty} I_j X_{t-j} = I(B) X_t$$

可写为

$$X_t = \sum_{j=1}^{\infty} I_j X_{t-j} + \varepsilon_t$$

将 X_{t+l} 用上述形式表示为

$$X_{t+l} = \sum_{j=1}^{\infty} I_j X_{t+l-j} + \varepsilon_{t+l}$$

整理得

$$X_{t+l} = (I_1 X_{t+l-1} + I_2 X_{t+l-2} + \cdots + I_{l-1} X_{t+1}) + (I_l X_t + I_{l+1} X_{t-1} + \cdots + \varepsilon_{t+l})$$

对上式求条件期望,有

$$\hat{X}_t(l) = E(X_{t+l}|X_t, X_{t-1}, \cdots)$$
$$= \left[I_1 \hat{X}_t(l-1) + I_2 \hat{X}_t(l-2) + \cdots + I_{l-1} \hat{X}_t(1) \right] + (I_l X_t + I_{l+1} X_{t-1} + \cdots)$$

从而

$$\hat{X}_t(l) = \sum_{j=1}^{l-1} I_j \hat{X}_t(l-j) + \sum_{j=0}^{\infty} I_{l+j} X_{t-j} \tag{4.8}$$

从式(4.8)可以看出,预测要用到所有过去 X_t 的信息。由于 ARMA 模型的可逆性保证了 I_j 构成收敛级数,因此实际中可以按精度要求,取某个 k 值,当 $j > k$ 时,令 $I_j = 0$,以实现有限数据下的预测。

(3)基于差分形式的预测

ARMA 模型的差分形式即为其模型表达式,ARMA(p, q)模型的表达式为

$$X_t = \phi_1 X_{t-1} + \cdots + \phi_p X_{t-p} + \varepsilon_t - \theta_1 \varepsilon_{t-1} - \cdots - \theta_q \varepsilon_{t-q}$$

X_{t+l} 可类似表示为

$$X_{t+l} = \phi_1 X_{t+l-1} + \cdots + \phi_p X_{t+l-p} + \varepsilon_{t+l} - \theta_1 \varepsilon_{t+l-1} - \cdots - \theta_q \varepsilon_{t+l-q}$$

两边求条件期望,得到

$$\hat{X}_t(l) = E(X_{t+l}| X_t, X_{t-1}, \cdots)$$
$$= \left[\phi_1 \hat{X}_t(l-1) + \cdots + \phi_p X_{t+l-p} \right] + (\varepsilon_{t+l} - \theta_1 \varepsilon_{t+l-1} - \cdots - \theta_q \varepsilon_{t+l-q})$$

进而有

$$\hat{X}_t(l) = E(X_{t+l}|X_t, X_{t-1}, \cdots)$$
$$= E\left[(\phi_1 X_{t+l-1} + \cdots + \phi_p X_{t+l-p} + \varepsilon_{t+l} - \theta_1 \varepsilon_{t+l-1} - \cdots - \theta_q \varepsilon_{t+l-q})| X_t, X_{t-1}, \cdots \right]$$
$$= \begin{cases} \phi_1 \hat{X}_t(l-1) + \cdots + \phi_p \hat{X}_t(l-p) - \sum_{i=l}^{q} \theta_i \varepsilon_{t+l-i}, & l \leqslant q \\ \phi_1 \hat{X}_t(l-1) + \cdots + \phi_p \hat{X}_t(l-p), & l > q \end{cases}$$

$$\tag{4.9}$$

由式(4.9)可知,对 X_{t+l} 的预测既受序列值的影响又受随机扰动的影响。其中,预测函数的形式由模型的自回归部分决定,而移动平均部分用于确定预测函数中的待定系数,使得预测函数"适应"于观测数据。由于扰动项是不可观测的,在实际预测时,往往给 ε_t 序列一个初始值,之前的扰动视为 0,由此可递推计算出 ε_t。

例 4.2 求解 AR(1)模型的预测函数。

解:设序列 $\{X_t\}$ 可由 AR(1)模型描述,即

$$X_t = \phi_1 X_{t-1} + \varepsilon_t$$

有

$$X_{t+1} = \phi_1 X_t + \varepsilon_{t+1}$$
$$X_{t+2} = \phi_1 X_{t+1} + \varepsilon_{t+2}$$
$$\vdots$$
$$X_{t+l} = \phi_1 X_{t+l-1} + \varepsilon_{t+l}$$

两边求条件期望

$$\hat{X}_t(l) = E(X_{t+l} | X_t, X_{t-1}, \cdots)$$

则有

$$\hat{X}_t(1) = E\left[(\phi_1 X_t + \varepsilon_{t+1}) | X_t, X_{t-1}, \cdots\right] = \phi_1 X_t$$
$$\hat{X}_t(2) = E\left[(\phi_1 X_{t+1} + \varepsilon_{t+2}) | X_t, X_{t-1}, \cdots\right] = \phi_1 \hat{X}_t(1) = \phi_1^2 X_t$$
$$\vdots$$
$$\hat{X}_t(l) = E\left[(\phi_1 X_{t+l-1} + \varepsilon_{t+l}) | X_t, X_{t-1}, \cdots\right] = \phi_1 \hat{X}_t(l-1)$$

上式表明,$l > 0$ 时,预测值满足差分方程

$$\hat{X}_t(l) - \phi_1 \hat{X}_t(l-1) = 0$$

其中,$\hat{X}_t(0) = X_t$。从而 AR(1) 模型的向前 l 步预测函数为

$$\hat{X}_t(l) = \phi_1^l X_t$$

例 4.3 求解 MA(1) 模型的预测函数。

解:设序列 $\{X_t\}$ 可由 MA(1) 模型描述,即

$$X_t = \varepsilon_t - \theta_1 \varepsilon_{t-1}$$

有

$$X_{t+1} = \varepsilon_{t+1} - \theta_1 \varepsilon_t$$
$$X_{t+2} = \varepsilon_{t+2} - \theta_1 \varepsilon_{t+1}$$
$$\vdots$$
$$X_{t+l} = \varepsilon_{t+l} - \theta_1 \varepsilon_{t+l-1}$$

两边求条件期望

$$\hat{X}_t(l) = E(X_{t+l} | X_t, X_{t-1}, \cdots)$$

则有

$$\hat{X}_t(1) = E\left[(\varepsilon_{t+1} - \theta_1 \varepsilon_t) | X_t, X_{t-1}, \cdots\right] = -\theta_1 \varepsilon_t$$
$$\hat{X}_t(2) = E\left[(\varepsilon_{t+2} - \theta_1 \varepsilon_{t+1}) | X_t, X_{t-1}, \cdots\right] = 0$$
$$\vdots$$
$$\hat{X}_t(l) = E\left[(\varepsilon_{t+l} - \theta_1 \varepsilon_{t+l-1}) | X_t, X_{t-1}, \cdots\right] = 0$$

一般地,对于 MA(1) 模型,有

$$\hat{X}_t(l) = 0, \quad l \geqslant 2$$

事实上,对于 MA(q) 模型,如果进行向前超过 q 步的预测,则预测值均为 0,这与 MA 序列的短期记忆特性是吻合的。

例 4.4 求解 ARMA(1,1) 模型的预测函数。

解:设序列 $\{X_t\}$ 可由 ARMA(1,1) 模型描述,即

$$X_t = \phi_1 X_{t-1} + \varepsilon_t - \theta_1 \varepsilon_{t-1}$$

有

$$X_{t+1} = \phi_1 X_t + \varepsilon_{t+1} - \theta_1 \varepsilon_t$$
$$X_{t+2} = \phi_1 X_{t+1} + \varepsilon_{t+2} - \theta_1 \varepsilon_{t+1}$$
$$\vdots$$
$$X_{t+l} = \phi_1 X_{t+l-1} + \varepsilon_{t+l} - \theta_1 \varepsilon_{t+l-1}$$

两边求条件期望

$$\hat{X}_t(l) = E(X_{t+l} | X_t, X_{t-1}, \cdots)$$

则有

$$\hat{X}_t(1) = E[(\phi_1 X_t + \varepsilon_{t+1} - \theta_1 \varepsilon_t) | X_t, X_{t-1}, \cdots]$$
$$= \phi_1 X_t - \theta_1 \varepsilon_t$$
$$\hat{X}_t(2) = E[(\phi_1 X_{t+1} + \varepsilon_{t+2} - \theta_1 \varepsilon_{t+1}) | X_t, X_{t-1}, \cdots]$$
$$= \phi_1 \hat{X}_t(1)$$
$$\vdots$$
$$\hat{X}_t(l) = E[(\phi_1 X_{t+l-1} + \varepsilon_{t+l} - \theta_1 \varepsilon_{t+l-1}) | X_t, X_{t-1}, \cdots]$$
$$= \phi_1 \hat{X}_t(l-1)$$

即 $l > 0$ 时,预测值满足差分方程形式的自回归部分

$$\hat{X}_t(l) - \phi_1 \hat{X}_t(l-1) = 0$$

该差分方程的通解形式为

$$\hat{X}_t(l) = b_0^{(t)} \phi_1^l$$

其中,系数 $b_0^{(t)}$ 待定。

由于

$$\hat{X}_t(1) = b_0^{(t)} \phi_1$$

而

$$\hat{X}_t(1) = \phi_1 X_t - \theta_1 \varepsilon_t$$

从而

$$b_0^{(t)} \phi_1 = \phi_1 X_t - \theta_1 \varepsilon_t = \phi_1 \left(X_t - \frac{\theta_1}{\phi_1} \varepsilon_t \right)$$

得

$$b_0^{(t)} = X_t - \frac{\theta_1}{\phi_1} \varepsilon_t$$

因此,当 $l > 0$ 时,ARMA(1, 1)模型的向前 l 步预测函数为

$$\hat{X}_t(l) = \left(X_t - \frac{\theta_1}{\phi_1} \varepsilon_t \right) \phi_1^l$$

又由于

$$\hat{X}_t(1) = \phi_1 X_t - \theta_1 \varepsilon_t$$

从而

$$\varepsilon_t = X_t - \hat{X}_{t-1}(1) = X_t - \phi_1 X_{t-1} + \theta_1 \varepsilon_{t-1}$$

上式说明 ε_t 需要递推计算,实际中往往给定初始值,取以前某时刻 $\varepsilon_{t-j} = 0$,假定 X_{t-j}

$=\hat{X}_{t-j-1}(1)$，由此递推计算出 ε_t，进而得到 $\hat{X}_t(1)$。

2．最小均方误差预测的性质

ARMA(p,q)模型

$$\Phi(B)X_t=\Theta(B)\varepsilon_t,\ \ \varepsilon_t\sim WN(0,\sigma_\varepsilon^2)$$

其中，扰动项 ε_t 为正态白噪声序列。根据传递形式的预测公式(4.7)，可以推导平稳序列最小均方误差预测的属性。

（1）预测误差的方差

预测误差

$$e_t(l)=X_{t+l}-\hat{X}_{t+l}=G_0\varepsilon_{t+l}+G_1\varepsilon_{t+l-1}+\cdots+G_{l-1}\varepsilon_{t+1}$$

由于 $E[e_t(l)]=0$，有

$$E[e_t^2(l)]=E(X_{t+l}-\hat{X}_{t+l})^2=(1+G_1^2+G_2^2+\cdots+G_{l-1}^2)\sigma_\varepsilon^2$$

从而

$$e_t(l)\sim N(0,(1+G_1^2+G_2^2+\cdots+G_{l-1}^2)\sigma_\varepsilon^2),\ \ l\geqslant 1 \tag{4.10}$$

（2）条件无偏最小方差估计值

对 X_{t+l} 的传递形式进行分解

$$X_{t+l}=(G_0\varepsilon_{t+l}+G_1\varepsilon_{t+l-1}+\cdots+G_{l-1}\varepsilon_{t+1})+(G_l\varepsilon_t+G_{l+1}\varepsilon_{t-1}+\cdots)=e_t(l)+\hat{X}_t(l)$$

未来任意 l 期的序列值最终都可以表示成已知历史信息的线性函数，记为

$$\hat{X}_t(l)=\sum_{i=0}^{\infty}D_i x_{t-i}$$

即在 $X_t,X_{t-1},\cdots$ 已知条件下，$\hat{X}_t(l)$ 为常数，有

$$E[\hat{X}_t(l)|X_t,X_{t-1},\cdots]=\hat{X}_t(l),\ \ Var[\hat{X}_t(l)|X_t,X_{t-1},\cdots]=0$$

从而有

$$E(X_{t+l}|X_t,X_{t-1},\cdots)=E[e_t(l)|X_t,X_{t-1},\cdots]+E[\hat{X}_t(l)|X_t,X_{t-1},\cdots]$$
$$=\hat{X}_t(l)$$
$$Var(X_{t+l}|X_t,X_{t-1},\cdots)=Var[e_t(l)|X_t,X_{t-1},\cdots]+Var[\hat{X}_t(l)|X_t,X_{t-1},\cdots]$$
$$=Var[e_t(l)]$$

这说明在预测方差最小原则下得到的估计值 $\hat{X}_t(l)$ 是序列值 X_{t+l} 在 $X_t,X_{t-1},\cdots$ 已知情况下的条件无偏最小方差估计值，且预测方差只与预测步长 l 有关，而与预测起始点 t 无关，表明了预测的平稳性质；随着预测步长 l 的增大，预测值的方差也会增大，因此，时间序列数据通常只适合做短期预测。

（3）区间预测

在正态假定下，有

$$X_{t+l}|X_t,X_{t-1},\cdots\sim N(\hat{X}_t(l),Var[e_t(l)])$$

从而在 $X_t,X_{t-1},\cdots$ 已知条件下，X_{t+l} 的置信水平为 $1-\alpha$ 的预测区间为

$$\left(\hat{X}_t(l)-z_{1-\alpha/2}(1+G_1^2+\cdots+G_{l-1}^2)^{\frac{1}{2}}\sigma_\varepsilon,\hat{X}_t(l)+z_{1-\alpha/2}(1+G_1^2+\cdots+G_{l-1}^2)^{\frac{1}{2}}\sigma_\varepsilon\right) \tag{4.11}$$

其中，$z_{1-\alpha/2}$ 为标准正态分布 $1-\alpha/2$ 水平的下侧分位数。

由于平稳序列的格林函数收敛，因此，序列 $\{X_t\}$ 的向前 l 步预测区间会趋于稳定。

例 4.5　设 X_t 适合以下 ARMA(2,1) 模型

$$X_t - 0.8X_{t-1} + 0.5X_{t-2} = \varepsilon_t - 0.3\varepsilon_{t-1}$$

已知 $x_{t-3}=-1, x_{t-2}=2, x_{t-1}=2.5, x_t=0.6, e_{t-2}=0$，求 $\hat{x}_t(1), \hat{x}_t(2)$ 和预测函数 $\hat{X}_t(l)$。

解：先求 e_{t-1} 和 e_t，由于

$$X_{t-1} - 0.8X_{t-2} + 0.5X_{t-3} = \varepsilon_{t-1} - 0.3\varepsilon_{t-2}$$

故

$$
\begin{aligned}
e_{t-1} &= x_{t-1} - 0.8x_{t-2} + 0.5x_{t-3} + 0.3e_{t-2}\\
&= 2.5 - 0.8 \times 2 + 0.5 \times -1 + 0.3 \times 0\\
&= 0.4
\end{aligned}
$$

同理

$$
\begin{aligned}
e_t &= x_t - 0.8x_{t-1} + 0.5x_{t-2} + 0.3e_{t-1}\\
&= 0.6 - 0.8 \times 2.5 + 0.5 \times 2 + 0.3 \times 0.4\\
&= -0.28
\end{aligned}
$$

所以

$$
\begin{aligned}
\hat{x}_t(1) &= E(X_{t+1}|X_t, X_{t-1}, \cdots)\\
&= E[(0.8X_t - 0.5X_{t-1} + \varepsilon_{t+1} - 0.3\varepsilon_t)|X_t, X_{t-1}, \cdots]\\
&= 0.8x_t - 0.5x_{t-1} + 0 - 0.3e_t\\
&= 0.8 \times 0.6 - 0.5 \times 2.5 + 0 - 0.3 \times (-0.28)\\
&= -0.686
\end{aligned}
$$

$$
\begin{aligned}
\hat{x}_t(2) &= E(X_{t+2}|X_t, X_{t-1}, \cdots)\\
&= E[(0.8X_{t+1} - 0.5X_t + \varepsilon_{t+2} - 0.3\varepsilon_{t+1})|X_t, X_{t-1}, \cdots]\\
&= 0.8 \times E(X_{t+1}|X_t, X_{t-1}, \cdots) - 0.5x_t + 0 - 0\\
&= 0.8 \times (-0.686) - 0.5 \times 0.6\\
&= -0.8488
\end{aligned}
$$

当 $l>1$ 时，预测值满足由模型自回归部分决定的差分方程，即

$$\hat{X}_t(l) - 0.8\hat{X}_t(l-1) + 0.5\hat{X}_t(l-2) = 0$$

其中，$\hat{X}_t(0)=X_t$，特征方程 $\lambda^2 - 0.8\lambda + 0.5 = 0$ 的根为 $0.4 \pm 0.58i$，故预测函数为如下形式：

$$\hat{X}_t(l) = \left(\sqrt{0.4^2 + 0.58^2}\right)^l (b_0^t \sin\theta l + b_1^t \cos\theta l), \quad l>0$$

其中，

$$\theta = \arctan\frac{0.58}{0.4} = 55.41°$$

预测函数式中 b_0^t 和 b_1^t 的确定需要用到模型的移动平均部分。可以看出，随着超前步数 l 的增大，预测值 $\hat{X}_t(l)$ 将振荡衰减趋于 0（序列 X_t 的均值）。

例 4.6　对于 AR(2) 模型

$$X_t = 0.7X_{t-1} - 0.1X_{t-2} + \varepsilon_t, \quad \sigma_\varepsilon = 2$$

若已知 $x_{49}=4, x_{50}=5$，求 $t=50$ 时的向前一步、两步和三步预测。

解：由 ϕ_1 和 ϕ_2 求出格林函数 G_0, G_1, G_2 及 G_3

$$G_0 = 1$$

$$G_1 = \phi_1 = 0.7$$
$$G_2 = \phi_1 G_1 + \phi_2 = 0.7 \times 0.7 - 0.1 = 0.39$$
$$G_3 = \phi_1 G_2 + \phi_2 G_1 = 0.7 \times 0.39 - 0.1 \times 0.7 = 0.203$$

利用模型进行点预测,即

$$\hat{x}_{50}(1) = 0.7 x_{50} - 0.1 x_{49}$$
$$= 0.7 \times 5 - 0.1 \times 4$$
$$= 3.1$$
$$\hat{x}_{50}(2) = 0.7 \hat{x}_{50}(1) - 0.1 x_{50}$$
$$= 0.7 \times 3.1 - 0.1 \times 5$$
$$= 1.67$$
$$\hat{x}_{50}(3) = 0.7 \hat{x}_{50}(2) - 0.1 \hat{x}_{50}(1)$$
$$= 0.7 \times 1.67 - 0.1 \times 3.1$$
$$= 0.859$$

置信度为95%的预测区间为

$$(\hat{x}_{50}(1) - 1.96\sigma_\varepsilon, \ \hat{x}_{50}(1) + 1.96\sigma_\varepsilon)$$
$$= (3.1 - 1.96 \times 2, \ 3.1 + 1.96 \times 2)$$
$$= (-0.82, 7.02)$$
$$\left(\hat{x}_{50}(2) - 1.96\sigma_\varepsilon\sqrt{1 + G_1^2}, \ \hat{x}_{50}(2) + 1.96\sigma_\varepsilon\sqrt{1 + G_1^2} \right)$$
$$= \left(1.67 - 1.96 \times 2 \times \sqrt{1 + 0.7^2}, 1.67 + 1.96 \times 2 \times \sqrt{1 + 0.7^2} \right)$$
$$= (-3.115, 6.455)$$
$$\left(\hat{x}_{50}(3) - 1.96\sigma_\varepsilon\sqrt{1 + G_1^2 + G_2^2}, \ \hat{x}_{50}(3) + 1.96\sigma_\varepsilon\sqrt{1 + G_1^2 + G_2^2} \right)$$
$$= \left(0.859 - 1.96 \times 2 \times \sqrt{1 + 0.7^2 + 0.39^2}, 0.859 + 1.96 \times 2 \times \sqrt{1 + 0.7^2 + 0.39^2} \right)$$
$$= (-4.164, 5.882)$$

4.2.3 适时修正预测

1.适时修正预测的提出

我们构建时间序列模型是希望立足当前时刻 t 对未来状态进行预测,而在我们预测未来的同时,时间也在推移,一些预测值已经有了现实观测值。这时我们面临一个新的问题:如果以 t 时刻为原点进行向前一步、二步、三步等的预测,得到预测值 $\hat{X}_t(1), \hat{X}_t(2), \hat{X}_t(3), \cdots$,而当到了时刻 $t+1$ 时,X_{t+1} 已成为已知,此时之前对序列在时刻 $t+2, t+3, \cdots$ 所做的预测 $\hat{X}_t(2), \hat{X}_t(3), \cdots$,能直接用来进行推断决策吗?显然是不行的,因为 $\hat{X}_t(2), \hat{X}_t(3), \cdots$ 只利用了 t 时刻及以前的信息,并未利用 X_{t+1} 所包含的 $t+1$ 时刻的最新信息。以时刻 t 为原点得到的预测 $\hat{X}_t(1), \hat{X}_t(2), \hat{X}_t(3), \cdots$ 是为 t 时刻的决策服务的,当时间推移到 $t+1$ 时刻时,应以 $t+1$ 时刻为原点进行预测,从而得到 $\hat{X}_{t+1}(1), \hat{X}_{t+1}(2), \hat{X}_{t+1}(3), \cdots$。也就是说,在原有观测值的基础上,随着时间的推移,我们会不断获得新的观测值,每获得一个新的观测值就应该将新的信息加入信息集合,然后在更新了的信息集合上进行预测,这种不断更新的基于动态信息集合的预测,才是合理的预测,能使预测精度得到提升。

适时修正预测就是研究如何利用新的信息去获得精度更高的预测值,其本质就是利用动态信息集合进行适时动态预测。那么,如何实现信息集更新基础上的预测值更新呢?一个简单的想法就是基于新的信息集合重新拟合模型,再利用拟合后的模型预测 X_{t+l} 的序列值。但是实际中,考虑到建模的时间成本与人力、物力成本,重新拟合模型是最不经济的一种方法,等于重新展开一次建模过程。有没有更为方便的办法呢?能否由原来的预测 $\hat{X}_t(1), \hat{X}_t(2), \hat{X}_t(3), \cdots$ 得到新的预测 $\hat{X}_{t+1}(1), \hat{X}_{t+1}(2), \hat{X}_{t+1}(3), \cdots$ 呢?答案是肯定的。我们可以根据平稳时序预测的性质,寻找更为简便的修正预测方法。

2.适时修正预测的实现

来看 ARMA 模型传递形式的预测式(4.7),在已知旧信息 $X_t, X_{t-1}, \cdots$ 的基础上,t 时刻对 X_{t+l} 的预测为

$$\hat{X}_t(l) = G_l \varepsilon_t + G_{l+1} \varepsilon_{t-1} + \cdots$$

而基于新信息 $X_{t+1}, X_t, X_{t-1}, \cdots$,新时刻 $t+1$ 对 X_{t+l} 的预测为

$$\hat{X}_{t+1}(l-1) = G_{l-1} \varepsilon_{t+1} + G_l \varepsilon_t + G_{l+1} \varepsilon_{t-1} + \cdots$$

因而有

$$\hat{X}_{t+1}(l-1) = \hat{X}_t(l) + G_{l-1} \varepsilon_{t+1} \tag{4.12}$$

其中,$\varepsilon_{t+1} = X_{t+1} - \hat{X}_t(1)$ 是 X_{t+1} 的一步预测误差,是真实可测的,源于 X_{t+1} 提供的新信息。

如果我们把 $t+1$ 时刻的观测值和预测值 $\hat{X}_{t+1}(l-1)$ 称为新的,而把 t 时刻的预测值 $\hat{X}_t(l)$ 称为旧的,则式(4.12)说明新的预测值可以由旧的预测值和新的观测值推算出来,即新的预测值是对旧的预测值的一个修正,修正项主要由旧的一步预测误差构成。

此时,修正预测误差为

$$e_{t+1}(l-1) = G_0 \varepsilon_{t+l} + \cdots + G_{l-2} \varepsilon_{t+2}$$

因而,预测方差为

$$Var[e_{t+1}(l-1)] = (G_0^2 + \cdots + G_{l-2}^2) \sigma_\varepsilon^2 = Var[e_t(l-1)]$$

可以看到,修正后的第 l 步预测方差等于修正前的第 $l-1$ 步预测方差,比修正前的同期预测方差减少了 $G_{l-1}^2 \sigma_\varepsilon^2$,从而提升了预测精度。

例 4.7(例 4.6 续) 假设已经知道观测值 $X_{51} = 3.5$,试计算 $\hat{X}_{51}(1)$ 和 $\hat{X}_{51}(2)$。

解:
$$\begin{aligned}
e_{51} &= x_{51} - \hat{x}_{50}(1) \\
&= 3.5 - 3.1 \\
&= 0.4 \\
\hat{x}_{51}(1) &= \hat{x}_{50}(2) + G_1 e_{51} \\
&= 1.67 + 0.7 \times 0.4 \\
&= 1.95 \\
\hat{x}_{51}(2) &= \hat{x}_{50}(3) + G_2 e_{51} \\
&= 0.859 + 0.39 \times 0.4 \\
&= 1.015
\end{aligned}$$

我们将以上结果用表 4.1 表示,表中每一列上面的数据,是在 $t = 50$ 时进行的预测,下面的数据是当 $x_{51} = 3.5$ 变为已知后对前边所进行预测的修正。当后面的 X_t 逐渐变为已知时可以利用此表不断地对以前的预测进行修正,得到最新的预测。

表 4.1　预测表

超前期 l	1	2	3	
格林函数 G_l	0.7	0.39	0.203	…
预测	$\hat{X}_{t-1}(1)$	$\hat{X}_{t-2}(2)$	$\hat{X}_{t-3}(3)$	
t　x_t　e_t				
49　4				
50　5				
51　3.5　0.4	3.1			
52	1.95	1.67		
53		1.015	0.859	
54			0.516	

4.3　非平稳时间序列的预测

在最小均方误差预测原理下，ARIMA 模型、季节 ARIMA 模型的预测方法与 ARMA 模型的预测方法相似，但预测结果的属性存在质的差异。本节主要介绍 ARIMA 模型的预测方法及性质。

4.3.1　ARIMA 模型的最小均方误差预测

与 ARMA 模型类似，ARIMA(p, d, q) 模型的差分方程形式

$$\Phi(B)(1-B)^d X_t = \Theta(B)\varepsilon_t$$

可以用随机扰动项的线性函数表示，即

$$X_t = \varepsilon_t + \Psi_1\varepsilon_{t-1} + \Psi_2\varepsilon_{t-2} + \cdots = \Psi(B)\varepsilon_t$$

其中，$\Psi_1, \Psi_2, \cdots$ 的值由

$$\Phi(B)(1-B)^d\Psi(B) = \Theta(B)$$

确定。

用 $\phi(B)$ 表示广义自回归系数多项式，有

$$\phi(B) = \Phi(B)(1-B)^d = 1 - \tilde{\phi}_1 B - \tilde{\phi}_2 B^2 - \cdots$$

容易验证 $\Psi_1, \Psi_2, \cdots$ 的值满足如下递推公式

$$\begin{cases} \Psi_1 = \tilde{\phi}_1 - \theta_1 \\ \Psi_2 = \tilde{\phi}_1\Psi_1 + \tilde{\phi}_2 - \theta_2 \\ \quad\vdots \\ \Psi_j = \tilde{\phi}_1\Psi_{j-1} + \cdots + \tilde{\phi}_{p+d}\Psi_{j-p-d} - \theta_j \end{cases}$$

其中，$\Psi_j = \begin{cases} 0, j < 0 \\ 1, j = 0 \end{cases}$，$\theta_j = 0, j > q$。

则有

$$X_{t+l} = (\varepsilon_{t+l} + \Psi_1\varepsilon_{t+l-1} + \cdots + \Psi_{l-1}\varepsilon_{t+1}) + (\Psi_l\varepsilon_t + \Psi_{l+1}\varepsilon_{t-1} + \cdots)$$

由于 $\varepsilon_{t+l}, \varepsilon_{t+l-1}, \cdots, \varepsilon_{t-1}$ 的不可观测,所以 X_{t+l} 的估计值只能为

$$\hat{X}_t(l) = \Psi_0^*\varepsilon_t + \Psi_1^*\varepsilon_{t-1} + \Psi_2^*\varepsilon_{t-2} + \cdots$$

从而预测均方误差为

$$E\left[X_{t+l} - \hat{X}_t(l)\right]^2 = (1 + \Psi_1^2 + \cdots + \Psi_{l-1}^2)\sigma_\varepsilon^2 + \sum_{j=0}^{\infty}(\Psi_{l+j} - \Psi_j^*)^2\sigma_\varepsilon^2$$

要使均方误差最小,当且仅当

$$\Psi_j^* = \Psi_{l+j}$$

因此,在均方误差最小原则下,$\{X_t\}$ 的 l 步预测值为

$$\hat{X}_t(l) = \Psi_1\varepsilon_t + \Psi_{l+1}\varepsilon_{t-1} + \Psi_{l+2}\varepsilon_{t-2} + \cdots$$

l 步预测误差为

$$e_t(l) = \varepsilon_{t+l} + \Psi_1\varepsilon_{t+l-1} + \cdots + \Psi_{l-1}\varepsilon_{t+1}$$

真实值等于预测值加上预测误差

$$X_{t+l} = (\Psi_1\varepsilon_t + \Psi_{l+1}\varepsilon_{t-1} + \cdots) + (\varepsilon_{t+l} + \Psi_1\varepsilon_{t+l-1} + \cdots + \Psi_{l-1}\varepsilon_{t+1})$$
$$= \hat{X}_t(l) + e_t(l)$$

l 步预测误差的方差为

$$Var[e_t(l)] = (1 + \Psi_1^2 + \cdots + \Psi_{l-1}^2)\sigma_\varepsilon^2$$

4.3.2 最小均方误差预测的性质

ARIMA 模型与 ARMA 模型的最小均方误差预测方法上有共性,性质上存在差异性。

(1)当 $X_t, X_{t-1}, \cdots$ 已知时,与 ARMA 模型一致,ARIMA 模型的最小均方误差预测由其条件期望给出。

$$\hat{X}_t(l) = \hat{X}_{t+l} = E(X_{t+l} | X_t, X_{t-1}, \cdots)$$

(2)ARIMA 模型的预测公式与 ARMA 模型有完全相同的形式。

点预测:

$$\hat{X}_t(l) = G_l\varepsilon_t + G_{l+1}\varepsilon_{t-1} + \cdots$$

区间预测:在 $X_t, X_{t-1}, \cdots$ 已知条件下,X_{t+l} 的置信度为 $1 - \alpha$ 的预测区间为

$$\left(\hat{X}_t(l) - z_{1-\alpha/2}(1 + G_1^2 + \cdots + G_{l-1}^2)^{\frac{1}{2}}\sigma_\varepsilon, \ \hat{X}_t(l) + z_{1-\alpha/2}(1 + G_1^2 + \cdots + G_{l-1}^2)^{\frac{1}{2}}\sigma_\varepsilon\right)$$

(3)由于不同模型 G_j 的性质各不相同,从而预测的稳定性也不相同。

对于 ARMA 模型,当 $j \to \infty$ 时,有 $G_j \to 0$,且

$$\lim_{l \to \infty}(1 + G_1^2 + \cdots + G_{l-1}^2) = k(存在)$$

由于系统的记忆性衰减为 0,预测值随着超前步数的增大,也将趋于零或过程的均值;预测区间可由两条水平线表示,如图 4.1(左)所示。

对于 ARIMA 模型,当 $j \to \infty$ 时,有 $G_j \to c(\neq 0)$,且

$$\lim_{l \to \infty}(1 + G_1^2 + \cdots + G_{l-1}^2) = \infty(不存在)$$

由于系统的记忆性趋于恒定,预测值随着超前步数的增大,也将趋于常数;预测区间随预

测步长的增大而增大,呈喇叭口开放,预测结果随时间推移越来越不确定,不再可信,如图 4.1
(右)所示。

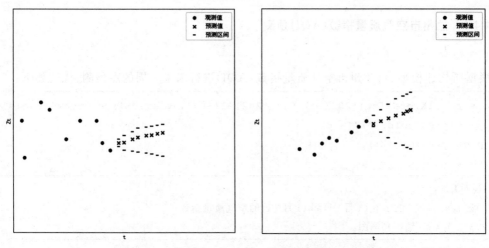

图 4.1　ARMA 模型与 ARIMA 模型区间预测对比图

(4)实际预测中,可对 ARIMA 模型或季节 ARIMA 模型直接求解其条件期望,即直接由
模型表达式递推出 X_{t+l} 的表达式,等式两边求条件期望可得 $\hat{X}_t(l)$。

例 4.8　求解 ARIMA$(1,1,1)$ 模型的预测函数。

解:设序列 $\{X_t\}$ 可由 ARIMA$(1,1,1)$ 模型描述,即

$$(1-\phi_1 B)(1-B)X_t=(1-\theta_1 B)\varepsilon_t$$
$$X_t=(1+\phi_1)X_{t-1}-\phi_1 X_{t-2}+\varepsilon_t-\theta_1\varepsilon_{t-1}$$

有

$$X_{t+1}=(1+\phi_1)X_t-\phi_1 X_{t-1}+\varepsilon_{t+1}-\theta_1\varepsilon_t$$
$$X_{t+l}=(1+\phi_1)X_{t+l-1}-\phi_1 X_{t+l-2}+\varepsilon_{t+l}-\theta_1\varepsilon_{t+l-1}$$

两边求条件期望

$$\hat{X}_t(l)=E(X_{t+l}|X_t,X_{t-1},\cdots)$$

则有

$$\hat{X}_t(1)=(1+\phi_1)X_t-\phi_1 X_{t-1}-\theta_1\varepsilon_t$$
$$\hat{X}_t(l)=(1+\phi_1)\hat{X}_t(l-1)-\phi_1\hat{X}_t(l-2),\ l>1$$

读者亦可从 ARIMA$(1,1,1)$ 模型的传递形式与逆转形式入手,通过求条件期望,获得其
预测函数。

4.4　案例分析

本节通过 Python 软件实现时间序列模型的预测,包括平稳序列和非平稳序列的预测。其
中,第 4.4.1 小节针对第 2 章案例分析中兰州市空气质量指数(AQI)建立的模型进行预测,数据
见附录 A2.2;第 4.4.2 小节、第 4.4.3 小节分别针对第 3 章案例分析中中国社会销售品零售总

额、中国城镇居民人均可支配收入季度数据建立的模型进行预测,数据见附录 A3.4 和 A1.5;第 4.4.4 小节基于奶牛月产奶量进行预测分析,数据见附录 A4.1。

4.4.1 兰州市空气质量指数(AQI)预测

1.点预测

根据所构建模型,对兰州市空气质量指数(AQI)进行未来一周的点预测,代码如下:

```
pred = result.predict('2021-11-01','2021-11-07',dynamic=True, typ='levels')
plt.plot(pred,color='k')
plt.plot(y,color='k')
plt.show()
```

【代码说明】
  1)第 1 行,预测 2021 年 11 月 1 日到 11 月 7 日的空气质量指数;
  2)第 2 至 4 行,绘制预测图。

预测结果如下:

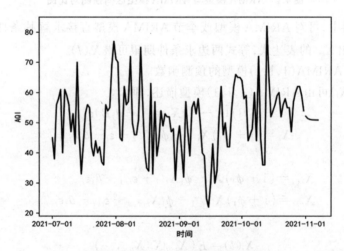

图 4.2 兰州市空气质量指数预测图

2.区间预测

对兰州市空气质量指数(AQI)进行未来一周的区间预测,并绘制置信度为 95% 的预测区间的预测图,代码如下:

```
from statsmodels.tsa.ar_model import AutoReg
model = AutoReg(data, lags=1)
model_fit = model.fit()
plt.rcParams['font.sans-serif'] = ['simhei']
plt.rcParams['axes.unicode_minus'] = False
result = model_fit.get_prediction(' 2021-11-01', '2021-11-07')
pred_uc_ci = result.conf_int(alpha=0.05)
```

```
plt.plot(data,color="k",label="观测值")
plt.plot(pred_uc_ci["lower"],color="k",linestyle='--',label="预测区间下限")
plt.plot(pred_uc_ci["upper"],color="k",linestyle=':',label="预测区间上限")
plt.xlabel('时间')
plt.ylabel('AQI')
plt.legend(loc = 'upper left')
print(pred_uc_ci)
```

【代码说明】

1)第1至3行,拟合预测模型;

2)第4至5行,正常显示图中正负号与正文;

3)第6至8行,对未来AQI进行预测区间预测;

4)第9至13行,绘制预测区间图;

5)第14行,输出预测时序图。

结果如下:

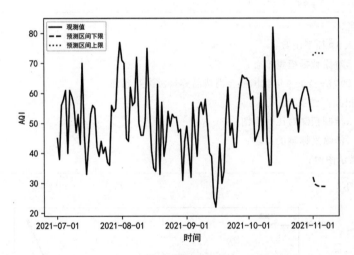

图4.3　兰州市空气质量指数区间预测时序图

由图4.3可知,未来一周内兰州市空气质量指数(AQI)值波动较大,预测区间上、下限值如表4.2所示。

表4.2　兰州市空气质量指数(AQI)预测区间

时间	预测区间下限	预测区间上限
2021—11—01	31.984	72.506
2021—11—02	29.659	73.403
2021—11—03	29.114	73.368
2021—11—04	28.954	73.292
2021—11—05	28.899	73.251
2021—11—06	28.878	73.232
2021—11—07	28.871	73.224

4.4.2 中国社会销售品零售总额预测

1.样本观测期内的预测

根据第 3.6.1 小节,对 1978—2019 年中国社会消费品零售总额所拟合的最优模型为 AR(1)模型。现对样本观测期内 1978—2019 年社会消费品零售总额进行预测,并将预测值与真实值绘制在同一图中进行比较,代码如下:

```
from statsmodels.tsa.ar_model import AutoReg
model = AutoReg(data, lags=1)
model_fit = model.fit()
pred1 = model_fit.predict("1978", "2019")
print(pred1)
plt.plot(pred1,color="k",linestyle='--',label="预测值")
plt.plot(data,color="k",label="观测值")
plt.xlabel('年份')
plt.ylabel('社会消费品零售总额(单位:亿元)')
plt.legend(loc='upper left')
```

【代码说明】

1)第 1 行,导入 AR 模型函数;

2)第 2 至 3 行,对原数据模型拟合;

3)第 4 行,对 1978—2019 年我国社会消费品零售额进行预测;

4)第 5 行,输出预测结果;

5)第 6 至 7 行,绘制预测对比时序图;

6)第 8 至 9 行,横纵坐标轴的命名;

7)第 10 行,显示图例。

预测对比结果如下:

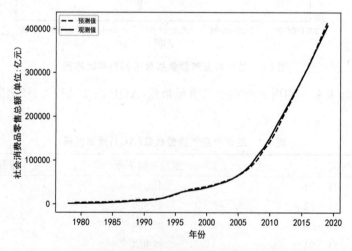

图 4.4 1978—2019 年中国社会消费品零售总据预测对比时序图

从图 4.4 可以看出预测值与真实值高度重合,认为模型拟合预测效果良好,由于数值众多,仅列出样本观测期内 2017—2019 年中国社会消费品零售总额预测对比值,如表 4.3 所示。

表4.3 2017—2019年社会消费品零售总额预测对比表 单位:亿元

年份	观测值	预测值
2017	347326.7	349082.432
2018	377783.1	383740.898
2019	408017.2	417229.328

2.样本观测期外的预测

对样本观测期外2020—2022年社会消费品零售总额进行预测,模型仍采用拟合模型AR(1),代码如下:

```
pred2 = model_fit.predict("2020", "2022")
print(pred2)
plt.plot(pred2,color="k",linestyle='--',label="预测值")
plt.plot(data,color="k",label="观测值")
plt.xlabel('年份')
plt.ylabel('社会消费品零售总额(单位:亿元)')
plt.legend(loc='upper left')
```

【代码说明】

1)第1行,对未来三年我国社会消费品零售额进行预测;

2)第2行,输出预测数值;

3)第3至4行,绘制预测对比时序图;

4)第5至6行,横纵坐标轴的命名;

5)第7行,显示图例。

预测结果如下:

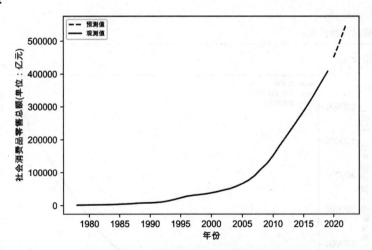

图4.5 2020—2022年中国社会消费品零售总额预测时序图

从图4.5可以看出,2020—2022年中国社会消费品零售总额仍呈现下凹上升趋势,2020—2022年社会消费品零售总额预测值如表4.4所示。

表4.4　2020—2022年中国社会消费品零售总额预测值表　　　　　单位:亿元

年份	预测值
2020	450473.328
2021	497156.098
2022	548486.284

3.区间预测

对2020—2022年社会消费品零售总额进行区间预测,并绘制置信度为95%的预测区间的预测图,代码如下:

```
result = model_fit.get_prediction("2020", "2022")
pred_uc_ci = result.conf_int(alpha=0.05)
plt.plot(data,color="k",label="观测值")
plt.plot(pred_uc_ci["lower"],color="k",linestyle='--',label="预测区间下限")
plt.plot(pred_uc_ci["upper"],color="k",linestyle=':',label="预测区间上限")
plt.xlabel('年份')
plt.ylabel('社会消费品零售总额(单位:亿元)')
plt.legend(loc='upper left')
print(pred_uc_ci)
```

【代码说明】

1)第1行,绘制未来三年社会消费品零售总额(亿元)进行区间预测;

2)第2行,输出预测数值;

3)第3至5行,绘制置信度为95%的预测区间预测图;

4)第6至7行,横纵坐标轴的命名;

5)第8行,显示图例;

6)第9行,输出预测区间。

区间预测结果如下:

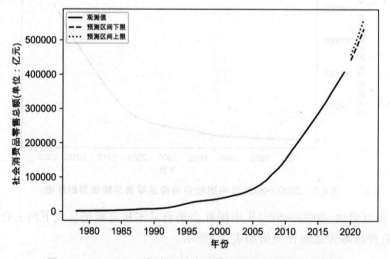

图4.6　2020—2022年中国社会消费品零售总额预测时序图

从图 4.6 可看出,2020—2022 年社会消费品零售总额预测区间上下限差距不大,社会消费品零售总额仍呈现上升趋势。预测区间上下限具体数值如表 4.5 所示。

表 4.5　2020—2022 年中国社会消费品零售总额预测区间　　　　　　单位:亿元

年份	预测区间下限	预测区间上限
2020	443010.934	457935.723
2021	486064.918	508247.277
2022	534188.953	562783.616

4.4.3　中国城镇居民人均可支配收入季度数据预测

根据第 3.6.2 小节所建立的模型 ARIMA$(0,1,0)\times(0,1,2)_4$ 对中国城镇居民人均可支配收入进行预测。对原序列进行预测并与真实值比较,代码如下:

```
df3['预测'] = results.predict(60,79,dynamic=True, typ='levels')
df3[['城镇居民人均可支配收入', '预测']].plot(figsize=(12, 8))
print(df3['预测'][-20:])
```

【代码说明】
　　1)第 1 行,生成预测数据;
　　2)第 2 行,绘制预测数据与原始数据对比图;
　　3)第 3 行,输出预测数据序列。

预测结果如下:

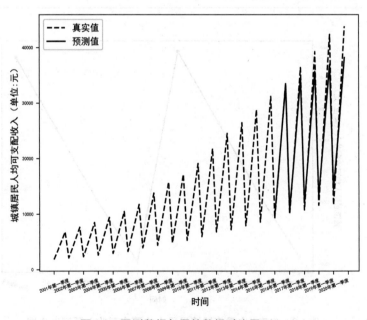

图 4.7　预测数据与原始数据对比图

由图 4.7 可知,模型拟合效果良好,预测值与真实值重叠度较高。序列真实值与预测值如表 4.6 所示,由于数值众多仅展示 2019 年第一季度—2020 年第四季度的对比值。

表 4.6　城镇居民人均可支配收入真实值与预测值对比表　　　　单位:元

时间	2019年第一季度	2019年第二季度	2019年第三季度	2019年第四季度	2020年第一季度	2020年第二季度	2020年第三季度	2020年第四季度
真实值	11633	21342	31939	42359	11691	21655	32821	43834
预测值	13260	20676	28934	36957	14496	20913	30171	38194

基于2001年第一季度—2020年第四季度城镇居民人均可支配收入,对样本期外未来8个季度城镇居民人均可支配收入进行预测,预测代码如下所示:

```
steps = 8
start_time = df3.index[-1]
forecast_ts = results.forecast(steps)
print(forecast_ts)
plt.plot(forecast_ts)
df3['城镇居民人均可支配收入'].plot(color='k',linestyle='--')
plt.show()
```

【代码说明】

1)第1行,设置预测时期为未来8个季度;

2)第2行,设置预测起始时间;

3)第3行,对未来8个季度城镇居民人均可支配收入进行预测;

4)第4行,输出预测结果;

5)第5至7行,绘制预测时序图。

预测结果如下:

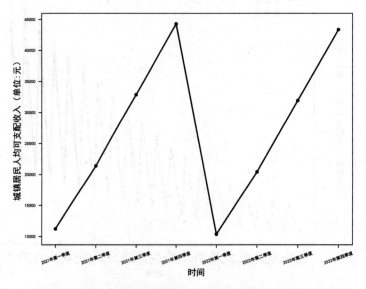

图4.8　未来8个季度城镇居民人均可支配收入预测时序图

由图4.8可知,未来8个季度城镇居民人均可支配收入仍呈现较强趋势性与季节性。未来8个季度城镇居民人均可支配收入预测值如表4.7所示。

表 4.7 未来八个季度城镇居民人均可支配收入预测表   单位:元

时间	2021年 第一季度	2021年 第二季度	2021年 第三季度	2021年 第四季度	2022年 第一季度	2022年 第二季度	2022年 第三季度	2022年 第四季度
预测值	11227	21392	32884	44301	10361	20419	31934	43377

4.4.4 季节 ARIMA 模型预测案例

案例基于 1962 年 1 月—1975 年 12 月平均每头奶牛月产奶量数据,共计 168 个观测值,数据见附录 A4.1。具体分析过程:首先,利用 1962 年 1 月—1974 年 12 月的数据拟合模型;然后,利用 1975 年 1 月—1975 年 12 月的数据测试模型预测效果;最后,利用最优模型对未来 1976 年 1 月—1976 年 12 月的数据进行预测。

1.原始序列图

```
import pandas as pd
import numpy as np
import matplotlib.pyplot as plt
data = pd.read_excel('奶牛月产奶量.xlsx',index_col="year",parse_dates=True)
plt.plot(data,'-')
plt.show()
```

【代码说明】
1)第 1 至 3 行,导入相应的模块并命名。以第 1 行为例,导入 pandas 模块并命名为 pd;
2)第 4 行,导入 1962 年 1 月—1974 年 12 月平均每头奶牛月产奶量数据;
3)第 5 至 6 行,绘制时序图。

时序图如下:

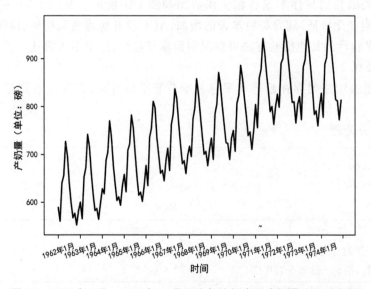

图 4.9 1962 年 1 月—1975 年 12 月平均每头奶牛月产奶量序列时序图

由图 4.9 可知,序列波动存在明显的趋势性及周期性,初步判断为有季节效应的非平稳时间序列。

2.自相关图

```
from statsmodels.graphics.tsaplots import plot_acf, plot_pacf
plot_acf(data)
plot_pacf(data)
```

【代码说明】
　　1)第1行,导入自相关和偏自相关包 statsmodels.graphics.tsaplots;
　　2)第2至3行,绘制自相关函数图和偏自相关图。

结果如下:

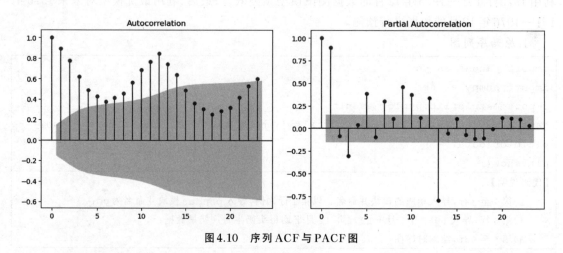

图4.10　序列ACF与PACF图

　　样本自相关函数图与样本偏自相关函数图如图4.10所示。从图4.10(左)中看出,序列 ACF 呈明显周期变化特征,随着滞后步长的增加,ACF 没有快速衰减特征,说明序列是季节非平稳序列。非平稳性的其他检验方法可参照前面章节进行,这里不再赘述。

　　3.平稳化处理

　　前述图分析表明序列存在趋势非平稳及季节非平稳特征,需进行差分与季节差分,以使序列平稳化。

　　(1)一阶差分处理

```
diff1 = data.diff(1)
plt.plot(diff1,'-')
plt.show()
```

【代码说明】
　　1)第1行,一阶差分处理;
　　2)第2至3行,绘制一阶差分时序图。

差分后序列时序图如下:

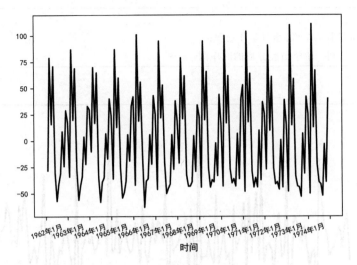

图 4.11　一阶差分后时序图

绘制差分后序列的自相关、偏自相关图,代码如下:

```
plot_acf(diff1)
plot_pacf(diff1)
plt.show()
```

【代码说明】
绘制自相关函数图和偏自相关图。

结果如下:

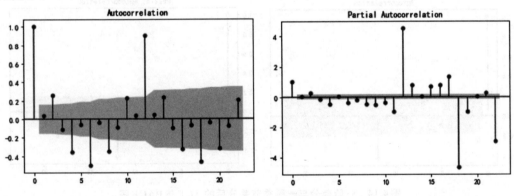

图 4.12　一阶差分后的 ACF 与 PACF 图

由图 4.11 及图 4.12 可知,经过一次差分以后的序列,趋势性已经消除,但其周期性特征依然鲜明,ACF 不能快速衰减,需进一步进行季节差分。

（2）一阶步长为 12 的季节差分处理

```
diff1_12 = diff1.diff(periods=12).dropna(axis=0,how='any')
plt.plot(diff1_12)
plt.show()
```

【代码说明】

1）第1行，一阶步长为12的季节差分处理；

2）第2至3行，绘制一阶季节差分后的时序图。

结果如下：

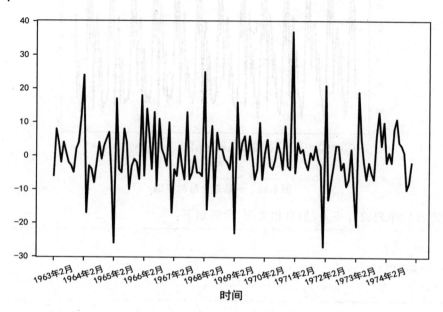

图4.13　一阶季节差分后的时序图

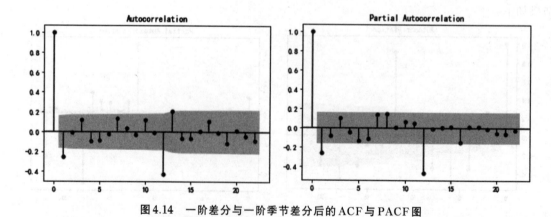

图4.14　一阶差分与一阶季节差分后的 ACF 与 PACF 图

由图4.13及图4.14可知，经过一次步长为12的季节差分后，序列的周期性特征不再明显，ACF 与 PACF 的快速衰减及截尾特征鲜明，表明序列的非平稳性已消除，可对经过差分与季节差分的序列识别并构建 ARMA 模型。

4.模型建立

通过对图4.14的分析，初步识别模型为：$ARIMA(1,1,0)\times(0,1,1)_{12}$，$ARIMA(0,1,1)\times(0,1,1)_{12}$，$ARIMA(1,1,1)\times(0,1,1)_{12}$，$ARIMA(0,1,0)\times(0,1,1)_{12}$。以下分别是四个模型的建模过程及模型输出结果。

(1)ARIMA$(1,1,0)\times(0,1,1)_{12}$

```
import statsmodels.api as sm
model = sm.tsa.statespace.SARIMAX(data, order=(1,1,0), seasonal_order=(0,1,
1,12))
results = model.fit()
print(results.summary())
```

【代码说明】

　1)第1行,导入 SARIMAX 模型;

　2)第2至5行,估计 ARIMA$(1,1,0)\times(0,1,1)_{12}$模型。

SARIMAX Results

Dep. Variable:			milk	No. Observations:		156
Model:	SARIMAX(1, 1, 0)x(0, 1, [1], 12)			Log Likelihood		-491.265
Date:		Sun, 22 May 2022		AIC		988.530
Time:		21:29:26		BIC		997.419
Sample:		01-01-1962		HQIC		992.142
		- 12-01-1974				
Covariance Type:			opg			

	coef	std err	z	P>|z|	[0.025	0.975]
ar.L1	-0.2512	0.081	-3.093	0.002	-0.410	-0.092
ma.S.L12	-0.6090	0.078	-7.858	0.000	-0.761	-0.457
sigma2	54.2523	5.266	10.303	0.000	43.931	64.573

Ljung-Box (L1) (Q):	0.05	Jarque-Bera (JB):	38.09
Prob(Q):	0.83	Prob(JB):	0.00
Heteroskedasticity (H):	1.20	Skew:	0.79
Prob(H) (two-sided):	0.52	Kurtosis:	4.97

图4.15　ARIMA$(1,1,0)\times(0,1,1)_{12}$模型输出结果

(2)ARIMA$(0,1,1)\times(0,1,1)_{12}$

```
model = sm.tsa.statespace.SARIMAX(data, order=(0,1,1), seasonal_order=(0,1,
1,12))
results = model.fit()
print(results.summary())
```

【代码说明】

　1)第1至2行,导入 SARIMAX 模型;

　2)第3至4行,估计 ARIMA$(0,1,1)\times(0,1,1)_{12}$模型。

```
                            SARIMAX Results
===============================================================================
Dep. Variable:                          milk   No. Observations:           156
Model:            SARIMAX(0, 1, 1)x(0, 1, 1, 12)   Log Likelihood       -491.084
Date:                        Sun, 22 May 2022   AIC                      988.167
Time:                                21:30:38   BIC                      997.056
Sample:                            01-01-1962   HQIC                     991.779
                                 - 12-01-1974
Covariance Type:                          opg
===============================================================================
                 coef    std err          z      P>|z|      [0.025      0.975]
-------------------------------------------------------------------------------
ma.L1         -0.2579      0.080     -3.226      0.001      -0.415      -0.101
ma.S.L12      -0.6116      0.078     -7.855      0.000      -0.764      -0.459
sigma2        54.0912      5.334     10.141      0.000      43.637      64.545
===============================================================================
Ljung-Box (L1) (Q):               0.01   Jarque-Bera (JB):          36.67
Prob(Q):                          0.94   Prob(JB):                   0.00
Heteroskedasticity (H):           1.21   Skew:                       0.79
Prob(H) (two-sided):              0.51   Kurtosis:                   4.92
===============================================================================
```

图 4.16 ARIMA$(0,1,1)\times(0,1,1)_{12}$模型输出结果

(3)ARIMA$(1,1,1)\times(0,1,1)_{12}$

```
model = sm.tsa.statespace.SARIMAX(data, order=(1,1,1), seasonal_order=(0,1,
1,12))
results = model.fit()
print(results.summary())
```

【代码说明】

1)第 1 至 2 行,导入 SARIMAX 模型;

2)第 3 至 4 行,估计 ARIMA$(1,1,1)\times(0,1,1)_{12}$模型。

```
                            SARIMAX Results
===============================================================================
Dep. Variable:                          milk   No. Observations:           156
Model:            SARIMAX(1, 1, 1)x(0, 1, 1, 12)   Log Likelihood       -491.037
Date:                        Sun, 22 May 2022   AIC                      990.074
Time:                                21:32:24   BIC                     1001.925
Sample:                            01-01-1962   HQIC                     994.890
                                 - 12-01-1974
Covariance Type:                          opg
===============================================================================
                 coef    std err          z      P>|z|      [0.025      0.975]
-------------------------------------------------------------------------------
ar.L1         -0.0882      0.308     -0.287      0.774      -0.691       0.515
ma.L1         -0.1768      0.301     -0.588      0.557      -0.766       0.413
ma.S.L12      -0.6106      0.078     -7.806      0.000      -0.764      -0.457
sigma2        54.0644      5.302     10.197      0.000      43.673      64.456
===============================================================================
Ljung-Box (L1) (Q):               0.00   Jarque-Bera (JB):          37.18
Prob(Q):                          0.99   Prob(JB):                   0.00
Heteroskedasticity (H):           1.21   Skew:                       0.78
Prob(H) (two-sided):              0.51   Kurtosis:                   4.94
===============================================================================
```

图 4.17 ARIMA$(1,1,1)\times(0,1,1)_{12}$模型输出结果

(4) ARIMA$(0,1,0)\times(0,1,1)_{12}$

```
model = sm.tsa.statespace.SARIMAX(data, order=(0,1,0), seasonal_order=(0,1,
1,12))
results = model.fit()
print(results.summary())
```

【代码说明】

1)第 1 至 2 行,导入 SARIMAX 模型;

2)第 3 至 4 行,估计 ARIMA$(0,1,0)\times(0,1,1)_{12}$模型。

```
                               SARIMAX Results
========================================================================================
Dep. Variable:                            milk   No. Observations:                 156
Model:             SARIMAX(0, 1, 0)x(0, 1, [1], 12)   Log Likelihood             -495.956
Date:                          Sun, 22 May 2022   AIC                           995.913
Time:                                  21:33:40   BIC                          1001.838
Sample:                              01-01-1962   HQIC                          998.320
                                   - 12-01-1974
Covariance Type:                            opg
========================================================================================
                 coef    std err          z      P>|z|      [0.025      0.975]
----------------------------------------------------------------------------------------
ma.S.L12      -0.6115      0.071     -8.659      0.000      -0.750      -0.473
sigma2        57.9358      5.842      9.917      0.000      46.486      69.386
========================================================================================
Ljung-Box (L1) (Q):                  9.34   Jarque-Bera (JB):                31.32
Prob(Q):                             0.00   Prob(JB):                         0.00
Heteroskedasticity (H):              1.07   Skew:                             0.82
Prob(H) (two-sided):                 0.80   Kurtosis:                         4.60
========================================================================================
```

图 4.18 ARIMA$(0,1,0)\times(0,1,1)_{12}$模型输出结果

5.模型检验

对所拟合的模型进行检验,具体流程请参考第 2 章案例,此处仅给出图检验结果,见图 4.19。其中,ARIMA$(0,1,0)\times(0,1,1)_{12}$模型未通过模型的适应性检验,予以淘汰。

6.模型优化

利用准则函数对模型进行进一步的优化筛选,比较三个准则函数的值,见表 4.8。从结果来看,ARIMA$(1,1,0)\times(0,1,1)_{12}$模型的 AIC 值为 988.530,模型 BIC 值为 997.419,模型 HQIC 值为 992.142,ARIMA$(0,1,1)\times(0,1,1)_{12}$模型的 AIC 值为 988.167,模型 BIC 值为 997.056,模型 HQIC 值为 991.779,相比于其他模型均较小,故最优模型在 ARIMA$(1,1,0)\times(0,1,1)_{12}$和 ARIMA$(0,1,1)\times(0,1,1)_{12}$中选择。

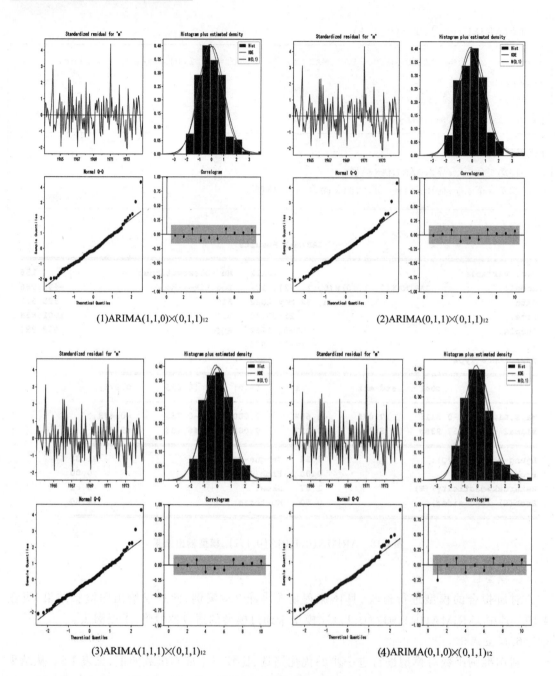

(1)ARIMA$(1,1,0) \times (0,1,1)_{12}$ (2)ARIMA$(0,1,1) \times (0,1,1)_{12}$

(3)ARIMA$(1,1,1) \times (0,1,1)_{12}$ (4)ARIMA$(0,1,0) \times (0,1,1)_{12}$

图 4.19　模型检验结果

表 4.8　准则函数优化法

模型	AIC 准则函数	BIC 准则函数	HQIC 准则函数
ARIMA$(1,1,0) \times (0,1,1)_{12}$	988.530	997.419	992.142
ARIMA$(0,1,1) \times (0,1,1)_{12}$	988.167	997.056	991.779
ARIMA$(1,1,1) \times (0,1,1)_{12}$	990.074	1001.925	994.890
ARIMA$(0,1,0) \times (0,1,1)_{12}$	995.913	1001.838	998.320

对于这两个模型,我们选择用MAPE及RMSE进行预测效果的比较评价,代码如下:

```
import statsmodels.api as sm
model1 = sm.tsa.statespace.SARIMAX(data, order=(1,1,0), seasonal_order=(0,1,
1,12))
result1 = model1.fit()
model2 = sm.tsa.statespace.SARIMAX(data, order=(0,1,1), seasonal_order=(0,1,
1,12))
result2 = model2.fit()
pred1=result1.predict('1975-01-01','1975-12-01',dynamic=True,typ='levels')
pred2=result2.predict('1975-01-01','1975-12-01',dynamic=True,typ='levels')
print(pred1)
print(pred2)
```

【代码说明】

1)第1行,导入statsmodels.api模块并命名为sm;

2)第2至9行,拟合模型并对1975年1月—1975年12月数据进行预测;

3)第10至11行,输出预测的结果。

输出结果如下:

```
1975-01-01    838.322722
1975-02-01    793.824553
1975-03-01    898.706787
1975-04-01    912.980006
1975-05-01    976.257216
1975-06-01    949.855759
1975-07-01    908.369453
1975-08-01    867.773624
1975-09-01    818.723464
1975-10-01    820.846493
1975-11-01    784.252419
1975-12-01    824.263107
Freq: MS, Name: predicted_mean, dtype: float64
1975-01-01    838.762196
1975-02-01    794.301602
1975-03-01    899.129487
1975-04-01    913.417297
1975-05-01    976.683534
1975-06-01    950.274526
1975-07-01    908.767283
1975-08-01    868.179184
1975-09-01    819.165474
1975-10-01    821.308467
1975-11-01    784.733168
```

1975-12-01　　824.737881

Freq：MS，Name：predicted_mean，dtype：float64

计算模型预测评价指标，代码如下：

```
from sklearn import metrics
RMSE1 = metrics.mean_squared_error(y, y_pred1)**0.5
MAPE1 = metrics.mean_absolute_percentage_error(y, y_pred1)
RMSE2 = metrics.mean_squared_error(y, y_pred2)**0.5
MAPE2 = metrics.mean_absolute_percentage_error(y, y_pred2)
TIC1 = (np.sqrt((sum((y- y_pred1)**2)/12)))/((np.sqrt(sum(y_pred1 **2))/
12)+(np.sqrt(sum(y**2))/12))
TIC2 = (np.sqrt((sum((y- y_pred2)**2)/12)))/((np.sqrt(sum(y_pred2 **2))/
12)+(np.sqrt(sum(y**2))/12))
print( RMSE1，MAPE1，TIC1)
print( RMSE2，MAPE2，TIC2)
```

【代码说明】

1)第1行，导入 sklearn.metrics 模块；

2)第2至11行，计算两个模型的 RMSE、MAPE 和 TIC，并输出结果。

输出结果如下：

10.770329614269007 0.011407491945114465 0.021533905539228564

10.743214912988881 0.011483272288333938 0.021474540302359364

整理后的评价指标见表4.9。

表4.9　预测效果评估指标

模型	RMSE	MAPE	TIC
ARIMA$(1,1,0)\times(0,1,1)_{12}$	10.770	0.011	0.022
ARIMA$(0,1,1)\times(0,1,1)_{12}$	10.743	0.012	0.021

从表4.9来看，ARIMA$(1,1,0)\times(0,1,1)_{12}$模型的 RMSE 值为10.7703，模型 MAPE 值为0.0114，模型 TIC 值为0.0215，ARIMA$(0,1,1)\times(0,1,1)_{12}$模型的 RMSE 值为10.7432，模型 MAPE 值为0.0115，模型 TIC 值为0.0215，故 ARIMA$(0,1,1)\times(0,1,1)_{12}$模型的精度更高，所以最优模型选择 ARIMA$(0,1,1)\times(0,1,1)_{12}$。

7.模型结果输出

由建模结果写出最终模型表达式为

$$(1-B^{12})(1-B)X_t=(1-0.2579B)(1-0.6116B^{12})\varepsilon_t$$

8.模型预测

根据最终模型对序列的未来走势进行预测，这里对未来12个月1976年1月—1976年12月奶牛月产奶量继续进行预测，代码如下：

```
pred_uc = result2.get_forecast(steps=24)
pred_ci = pred_uc.conf_int()
ax = data.plot(label='observed')
pred_uc.predicted_mean.plot(ax=ax, label='Forecast')
ax.fill_between(pred_ci.index,
pred_ci.iloc[:, 0],
pred_ci.iloc[:, 1], color='k', alpha=.05)
ax.set_xlabel('time')
plt.legend()
plt.show()
```

【代码说明】

　　1)第 1 行,预测 1975 年 1 月—1975 年 12 月及未来 12 个月 1976 年 1 月—1976 年 12 月奶牛月产奶量,故预测步长设置为 24;

　　2)第 2 至 7 行,计算 95% 置信区间的上下限;

　　3)第 8 至 10 行,绘制预测图。

预测结果如下:

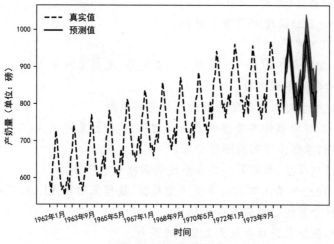

图 4.20　模型预测结果

　　图 4.20 中灰色部分是对 1974 年 12 月后的 24 期值的预测结果。从图中看出,序列未来值的变化仍然有很明显的季节波动特征。

　　也请读者练习:在模型确定后,将 1975 年 1 月—1975 年 12 月的数据纳入建模数据,重新估计该模型的参数,并进行外推预测。

4.5　习　题

1.判断下列说法是否正确。

(1)给定现在和过去观测值的条件下,现在和过去观测值的条件期望是其本身;

(2)给定现在和过去观测值的条件下,未来取值的条件期望是其预测值;

(3)预测误差的方差大小与预测步长无关;

(4)对于 $MA(q)$ 模型,当预测步长超过 q 时,其预测值为序列均值;

(5)对于平稳 $ARMA(p, q)$ 模型,当预测步长超过 p 时,其预测值为序列均值。

2.写出下列模型的预测函数 $\hat{X}_t(l)$:

(1)$X_t = -0.8X_{t-1} + \varepsilon_t$

(2)$X_t = \varepsilon_t - 1.3\varepsilon_{t-1} + 0.4\varepsilon_{t-2}$

(3)$X_t = 0.8X_{t-1} + \varepsilon_t + 0.5\varepsilon_{t-1}$

(4)$X_t = 0.8X_{t-1} - 0.5X_{t-2} + \varepsilon_t - 0.3\varepsilon_{t-1}$

(5)$X_t = X_{t-1} + \varepsilon_t - 0.7\varepsilon_{t-1}$

3.获得100个 $ARIMA(0, 1, 1)$ 序列观察值 $x_1, x_2, \cdots, x_{100}$。

(1)已知 $\theta_1 = 0.3, x_{100} = 50, \hat{x}_{100}(1) = 51$,求 $\hat{X}_{100}(2)$ 的值;

(2)假定获得新值 $x_{101} = 52$,求 $\hat{X}_{101}(1)$ 的值。

4.某时间序列适合如下的 $AR(2)$ 模型:

$$X_t - 1.5X_{t-1} + 0.5X_{t-2} = \varepsilon_t$$

已知 x_{54} 和 x_{55} 分别是0.8和1.2,$\sigma_\varepsilon^2 = 1.21$,

(1)求 $\hat{x}_{55}(1)$ 和 $\hat{x}_{55}(2)$ 以及95%置信区间;

(2)已知 $x_{56} = 0.9$,求 $\hat{x}_{56}(1)$。

5.观察2009—2019年中国第一产业就业人员数据,数据见附录A4.2。

(1)识别并构建时间序列模型;

(2)使用所构建模型对下一年度的就业人数进行预测。

6.观察2010—2021年我国各季度牧业总产值序列,数据见附录A4.3,完成以下问题:

(1)绘制时序图,考察该序列的图像特征;

(2)构建时间序列模型,预测下一年各季度我国牧业总产值。

7.利用1975—1982年美国啤酒的季度产量数据,数据见附录A1.11,完成以下问题:

(1)给出拟合模型预测效果的评估指标;

(2)对原始序列值分别进行步长为1,2,3的预测。

8.利用1995年1月—2002年3月美国月航空乘客人数数据,数据见附录A3.6,完成以下问题:

(1)给出拟合模型预测效果的评估指标;

(2)对原始序列值分别进行步长为1,2,3的预测。

第5章 多元时间序列分析

在单变量时间序列分析中,我们仅考虑一个时间序列当前与过去的关系,而现实中,很多时间序列的当前表现不仅受其自身运行规律影响,同时与其他时间序列的运行密切相关。因此,现实中我们经常需要同时观察多个时间序列。例如,在气象预报分析时,需同时考虑该地区的降雨量、气温、气压等的变化过程;工程中可能同时要观测电流与电压随时间变化的情况。这时,我们需分析多变量时间序列或者向量时间序列 $X_t = [X_{1,t}, X_{2,t}, \cdots, X_{m,t}]^T$。显然,我们不能把多变量时间序列分解成若干单变量时间序列,然后用单变量时间序列分析方法去研究它。事实上,当所研究的时间序列不唯一时,对序列间作用关系的把握才是我们关注的重点。本章介绍的多元时间序列分析,正是多个时间序列运行动态关系的统计分析方法。需要注意的是,本章所介绍的模型均有不同的研究切入点及理论支撑,建模条件与适用背景各有差异。当我们掌握了更多的建模原理与方法时,应注重建模方法的甄别、比较与选取,熟悉不同建模方法的优缺点。

5.1 向量平稳时间序列

类似于单变量时间序列分析,对于多变量时间序列,我们首先研究多变量平稳时间序列的模型分析方法,进而探讨一些特殊条件或特殊形式下的多元时间序列建模问题。

5.1.1 向量平稳时间序列的定义

定义 5.1 设有向量时间序列 $X_t = [X_{1,t}, X_{2,t}, \cdots, X_{m,t}]^T$, $t = 0, \pm 1, \pm 2, \cdots$,满足:对于每一个 $i = 1, 2, \cdots, m$,均值 $EX_{i,t} = \mu_i$ 是常数,对于每一个 $i = 1, 2, \cdots, m$ 和 $j = 1, 2, \cdots, m$,$X_{i,t}$ 和 $X_{j,s}$ 之间的互协方差只是时间间隔 $s - t$ 的函数,则称 $X_t = [X_{1,t}, X_{2,t}, \cdots, X_{m,t}]^T$, $t = 0, \pm 1, \pm 2, \cdots$ 为 m 维联合平稳向量时间序列。后续我们用符号 $\{X_t, t \in T\}$ 或 $\{X_t\}$ 表示向量时间序列。

向量时间序列的均值向量为

$$EX_t = \mu = \begin{bmatrix} \mu_1 \\ \mu_2 \\ \vdots \\ \mu_m \end{bmatrix}$$

k 阶滞后协方差矩阵为

$$\Gamma(k) = Cov(X_t, X_{t+k}) = E[(X_t - \mu)(X_{t+k} - \mu)^T]$$

$$=E\left(\begin{bmatrix} X_{1,t}-\mu_1 \\ X_{2,t}-\mu_2 \\ \vdots \\ X_{m,t}-\mu_m \end{bmatrix}\begin{bmatrix} X_{1,t+k}-\mu_1, X_{2,t+k}-\mu_2, \cdots, X_{m,t+k}-\mu_m \end{bmatrix}\right)$$

$$=\begin{bmatrix} \gamma_{11}(k) & \gamma_{12}(k) & \cdots & \gamma_{1m}(k) \\ \gamma_{21}(k) & \gamma_{22}(k) & \cdots & \gamma_{2m}(k) \\ \vdots & \vdots & \ddots & \vdots \\ \gamma_{m1}(k) & \gamma_{m2}(k) & \cdots & \gamma_{mm}(k) \end{bmatrix}=Cov(\boldsymbol{X}_{t-k}, \boldsymbol{X}_t) \tag{5.1}$$

其中,$\gamma_{ij}(k)=E[(X_{i,t}-\mu_i)(X_{j,t+k}-\mu_j)]=E[(X_{i,t-k}-\mu_i)(X_{j,t}-\mu_j)]$,$k=0,\pm1,\pm2,\cdots$;$i=1,2,\cdots,m$;$j=1,2,\cdots,m$。作为 k 的函数,$\boldsymbol{\Gamma}(k)$ 称为向量 $\boldsymbol{X}_t$ 的协方差矩阵函数。当 $i=j$ 时,$\gamma_{ij}(k)$ 是第 i 个分量序列 $X_{i,t}$ 的自协方差函数;当 $i\neq j$ 时,$\gamma_{ij}(k)$ 是 $X_{i,t}$ 和 $X_{j,t+k}$ 之间的互协方差函数。矩阵 $\boldsymbol{\Gamma}(0)$ 可以看作这一向量时间序列的同期方差协方差矩阵。

定义 5.2 向量时间序列 $\{\boldsymbol{X}_t\}$ 的相关矩阵函数定义为

$$\boldsymbol{\rho}(k)=D^{-1/2}\boldsymbol{\Gamma}(k)D^{-1/2}=[\rho_{ij}(k)],\quad i=1,2,\cdots,m;j=1,2,\cdots,m \tag{5.2}$$

其中,D 是对角矩阵,其第 i 个对角元素是第 i 个序列的方差,即

$$D=\text{diag}[\gamma_{11}(0),\gamma_{22}(0),\cdots,\gamma_{mm}(0)]$$

显然,$\boldsymbol{\rho}(k)$ 的第 i 个对角元素 $\rho_{ii}(k)$ 是第 i 分量序列 $X_{i,t}$ 的自相关函数,$\boldsymbol{\rho}(k)$ 的非对角线元素 $\rho_{ij}(k)$

$$\rho_{ij}(k)=\frac{\gamma_{ij}(k)}{[\gamma_{ii}(0)\gamma_{jj}(0)]^{1/2}}$$

表示 $X_{i,t}$ 和 $X_{j,t}$ 之间的互相关函数。

与单一时间序列的自协方差和自相关函数属性一致,互协方差矩阵和互相关矩阵函数也是半正定矩阵,即

$$\sum_{i=1}^{n}\sum_{j=1}^{n}\boldsymbol{\alpha}_i^T\boldsymbol{\Gamma}(t_i-t_j)\boldsymbol{\alpha}_j\geqslant0$$

和

$$\sum_{i=1}^{n}\sum_{j=1}^{n}\boldsymbol{\alpha}_i^T\boldsymbol{\rho}(t_i-t_j)\boldsymbol{\alpha}_j\geqslant0$$

对所有正整数 n 和所有 m 维常向量 $\boldsymbol{\alpha}_1,\boldsymbol{\alpha}_2,\cdots,\boldsymbol{\alpha}_n$ 成立。

需要注意的是,$i\neq j$ 时,$\gamma_{ij}(k)\neq\gamma_{ij}(-k)$,也有 $\boldsymbol{\Gamma}(k)\neq\boldsymbol{\Gamma}(-k)$。

因为

$$\gamma_{ij}(k)=E[(X_{i,t}-\mu_i)(X_{j,t+k}-\mu_j)]$$
$$=E[(X_{j,t+k}-\mu_j)(X_{i,t}-\mu_i)]=\gamma_{ji}(-k)$$

我们有

$$\begin{cases} \boldsymbol{\Gamma}(k)=\boldsymbol{\Gamma}^T(-k) \\ \boldsymbol{\rho}(k)=\boldsymbol{\rho}^T(-k) \end{cases}$$

与一元平稳时间序列的自协方差函数与自相关函数的作用类似,平稳向量时间序列的协

方差矩阵函数与相关矩阵函数的结构,在揭示该向量时间序列各分量之间的动态关系方面能提供非常有用的特征信息,但由于其结构复杂,整体上的解释较一元时间序列困难。

此外,我们还要注意,联合平稳向量时间序列的每个一元分量时间序列是平稳的。但是,每个平稳时间序列的联合向量不一定是平稳向量时间序列。

5.1.2　向量白噪声时间序列

类似于一元时间序列中的白噪声序列,向量白噪声时间序列也是多元时间序列中一个基本的平稳向量时间序列,是分析一般向量时间序列的基础,来看它的定义。

定义 5.3　若向量时间序列 $\{\varepsilon_t, t = \pm 1, \pm 2, \cdots\}$,满足

(1) $E\varepsilon_t = 0$,对所有 t;

(2) $E(\varepsilon_t \varepsilon_t^T) = C$, C 为对称正定矩阵;

(3) $E(\varepsilon_t \varepsilon_s^T) = 0$, $t \neq s$。

则称序列 $\{\varepsilon_t\}$ 为向量白噪声时间序列。

向量白噪声时间序列的每个分量都是白噪声序列,不同分量白噪声序列在不同时刻是不相关的,但在同一时刻可以相关。

5.1.3　向量 ARMA 模型

对于联合平稳向量时间序列,类似于一元平稳向量时间序列,我们也可以构建向量自回归模型、向量移动平均模型及向量自回归移动平均模型对其运行规律进行描述刻画。

1. 模型基本形式

与单变量时间序列的自回归移动平均模型结构类似,向量自回归移动平均模型的基本形式如下:

$$(I - \Phi_1 B - \cdots - \Phi_p B^p)(I - \Theta_1 B - \cdots - \Theta_q B^q) X_t = \varepsilon_t$$

或

$$X_t = \Phi_1 X_{t-1} + \cdots + \Phi_p X_{t-p} + \varepsilon_t - \Theta_1 \varepsilon_{t-1} - \cdots - \Theta_q \varepsilon_{t-q} \tag{5.3}$$

其中, X_t 为 m 维向量, p 为自回归滞后阶数, q 为移动平均滞后阶数, ε_t 为 m 维白噪声随机扰动向量。

向量自回归移动平均模型也可记为 VARMA(p, q)。其中,若 $q = 0$,即为向量自回归模型 VAR(q);若 $p = 0$,即为向量移动平均模型 VMA(q)。由于平稳序列为二阶矩序列,即序列的二阶矩存在,故可通过坐标平移转化为零均值过程,过程内在的概率结构不会发生改变。因此,为分析方便,本章所描述的平稳序列均假定为零均值序列。

2. 平稳可逆性

VARMA 模型的平稳可逆性分析与 ARMA 模型原理一致。对于 VARMA(p, q) 模型

$$(I - \Phi_1 B - \cdots - \Phi_p B^p) X_t = (I - \Theta_1 B - \cdots - \Theta_q B^q) \varepsilon_t$$

要求自回归矩阵多项式与移动平均矩阵多项式的根均在单位圆外,即要求

$$|I - \Phi_1 B - \cdots - \Phi_p B^p| = 0$$

$$|I - \Theta_1 B - \cdots - \Theta_q B^q| = 0$$

的根在单位圆外。或者,特征矩阵多项式的根在单位圆内。即要求

$$\left| \Lambda^p I - \Lambda^{p-1} \boldsymbol{\Phi}_1 - \cdots - \boldsymbol{\Phi}_p \right| = 0$$

$$\left| \Lambda^q I - \Lambda^{q-1} \boldsymbol{\Theta}_1 - \cdots - \boldsymbol{\Theta}_q \right| = 0$$

的根在单位圆内。

5.2 VAR(p)模型

本节我们介绍向量自回归模型的构建方法及应用。VAR模型刻画由多个序列所构成系统的内部动态运行特征。由于VAR模型的参数估计与模型检验均可基于线性时间序列分析理论进行推导与验证,因此,是向量时间序列分析与预测中较容易实现的模型之一。

5.2.1 VAR(p)模型的一般形式

p阶VAR模型的数学表达式是

$$\left(I - \boldsymbol{\Phi}_1 B - \cdots - \boldsymbol{\Phi}_p B^p \right) X_t = \boldsymbol{\varepsilon}_t \tag{5.4}$$

或

$$X_t = \boldsymbol{\Phi}_1 X_{t-1} + \boldsymbol{\Phi}_2 X_{t-2} + \cdots + \boldsymbol{\Phi}_p X_{t-p} + \boldsymbol{\varepsilon}_t \tag{5.5}$$

其中,X_t为m维向量,p为自回归滞后阶数,$m \times m$维矩阵$\boldsymbol{\Phi}_1, \boldsymbol{\Phi}_2, \cdots, \boldsymbol{\Phi}_p$为系数矩阵,$\boldsymbol{\varepsilon}_t$是$m$维白噪声随机扰动序列。

VAR模型是描述存在相互关联性的动态系统运行特征的有效模型,体现了变量之间的前导与反馈机制。VAR模型的扰动向量间可以相关但不与自己的滞后项相关,扰动向量亦不与等式右边的其他变量相关。

5.2.2 VAR(1)模型

一阶向量自回归VAR(1)模型是实际中比较常见的刻画向量时间序列属性的模型。

1.模型基本形式

VAR(1)模型的基本形式如下:

$$\left(I - \boldsymbol{\Phi}_1 B \right) X_t = \boldsymbol{\varepsilon}_t$$

或

$$X_t = \boldsymbol{\Phi}_1 X_{t-1} + \boldsymbol{\varepsilon}_t \tag{5.6}$$

例如,对$m=2$,有

$$\begin{bmatrix} X_{1,t} \\ X_{2,t} \end{bmatrix} - \begin{bmatrix} \phi_{11} & \phi_{12} \\ \phi_{21} & \phi_{22} \end{bmatrix} \begin{bmatrix} X_{1,t-1} \\ X_{2,t-1} \end{bmatrix} = \begin{bmatrix} \varepsilon_{1,t} \\ \varepsilon_{2,t} \end{bmatrix}$$

即

$$\begin{cases} X_{1,t} = \phi_{11} X_{1,t-1} + \phi_{12} X_{2,t-1} + \varepsilon_{1,t} \\ X_{2,t} = \phi_{21} X_{1,t-1} + \phi_{22} X_{2,t-1} + \varepsilon_{2,t} \end{cases} \tag{5.7}$$

上式表明,除了受当期扰动的影响外,每个$X_{i,t}$不仅受$X_{i,t}$自身的滞后影响,也受其他变量$X_{j,t}$滞后变量的影响。例如,$X_{1,t}$和$X_{2,t}$分别表示一个公司在t时刻的销售量和广告支出,式(5.7)表示当期销售量不仅取决于前一期的销售量,也取决于前一期的广告支出;同样,当期广告支出不仅受前一期广告支出的影响,也受前一期销售量的影响。也就是说,在两个序列之间存在着反馈关系。

2.平稳可逆性

VAR(1)模型显然可逆,考察其平稳性,就是要求式$|I-\mathbf{\Phi}_1B|=0$的根在单位圆外。令$\lambda=B^{-1}$,我们有

$$|I-\mathbf{\Phi}_1B|=0\Leftrightarrow|\lambda I-\mathbf{\Phi}_1|=0$$

这样$|I-\mathbf{\Phi}_1B|=0$对应$\mathbf{\Phi}_1$特征值。令$\lambda_1,\lambda_2,\cdots,\lambda_m$为特征值,$h_1,h_2,\cdots,h_m$为对应的特征向量,从而$\mathbf{\Phi}_1h_i=\lambda_ih_i,i=1,2,\cdots,m$。

为简单起见,假定特征向量是线性独立的,再令

$$\mathbf{\Lambda}=\mathrm{diag}[\lambda_1,\lambda_2,\cdots,\lambda_m]$$

和

$$H=[h_1,h_2,\cdots,h_m]$$

则

$$\mathbf{\Phi}_1H=H\mathbf{\Lambda}$$

即

$$\mathbf{\Phi}_1=H\mathbf{\Lambda}H^{-1}$$

又

$$
\begin{aligned}
|I-\mathbf{\Phi}_1B|&=|I-H\mathbf{\Lambda}H^{-1}B|\\
&=|I-H\mathbf{\Lambda}BH^{-1}|=|I-\mathbf{\Lambda}B|\\
&=\prod_{i=1}^m(1-\lambda_iB)
\end{aligned}
$$

其中,$|I-\mathbf{\Phi}_1B|=0$的根是在单位圆外,即当且仅当所有特征值λ_i在单位圆以内,该模型平稳。亦即$\mathbf{\Phi}_1$的所有特征值均在单位圆以内,是VAR(1)模型平稳的等价条件。

5.2.3　VAR(p)模型的平稳性

类似于VAR(1)模型的平稳可逆性分析,对于VAR(p)模型,由于自回归阶数的有限性,使得VAR(p)模型无条件可逆,而平稳性要求

$$|I-\mathbf{\Phi}_1B-\cdots-\mathbf{\Phi}_pB^p|=0$$

的根在单位圆外,或者等价于

$$|\lambda^pI-\lambda^{p-1}\mathbf{\Phi}_1-\cdots-\mathbf{\Phi}_p|=0$$

的根在单位圆内。

例5.1　判断下述模型是否满足平稳条件。

$$\begin{bmatrix}X_{1,t}\\X_{2,t}\end{bmatrix}-\begin{bmatrix}0.05&0\\0.2&0.3\end{bmatrix}\begin{bmatrix}X_{1,t-1}\\X_{2,t-1}\end{bmatrix}=\begin{bmatrix}\varepsilon_{1,t}\\\varepsilon_{2,t}\end{bmatrix}$$

解:形式上看,这是一个VAR(1)模型,为保证模型的平稳性,要求$|I-\mathbf{\Phi}_1B|=0$的根在单位圆外。求解方程

$$\left|\begin{bmatrix}1&0\\0&1\end{bmatrix}-\begin{bmatrix}0.05&0\\0.6&0.3\end{bmatrix}B\right|=0$$

得方程的根

$$B_1 = \frac{1}{0.05} > 1, \quad B_2 = \frac{1}{0.3} > 1$$

所以,该VAR(1)模型程满足平稳条件,为平稳模型。

5.2.4 VAR模型的建立与预测

建立VAR模型的步骤与建立AR模型的基本步骤相同,包括模型定阶、参数估计及模型检验等部分。

1.模型定阶

(1)准则函数

VAR模型的定阶相对比较灵活,有多种方法可选用,比较简便且常用的是信息准则法,其原理与ARMA模型信息准则的基本原理一致。常用的准则函数如下:

赤池(Akaike)信息准则

$$AIC(p) = \ln det\left(\hat{\textstyle\sum}_p\right) + \frac{2m^2 p}{T} \tag{5.8}$$

施瓦茨(Schwartz)准则

$$BIC(p) = \ln det\left(\hat{\textstyle\sum}_p\right) + \frac{m^2 p \ln T}{T} \tag{5.9}$$

FPE准则

$$FPE(p) = \left(\frac{T+p}{T-p}\right)^m det\left(\hat{\textstyle\sum}_p\right) \tag{5.10}$$

Hannan-Quinn信息准则

$$HQ(p) = \ln det\left(\hat{\textstyle\sum}_p\right) + \frac{2m^2 p \ln(\ln T)}{T} \tag{5.11}$$

其中,m为向量维数,T为样本长度,p为滞后阶数,det表示矩阵的行列式,$\hat{\textstyle\sum}_p$是当滞后阶数为p时,残差向量白噪声方差协方差阵的估计,$\hat{\textstyle\sum}_p$中的元素由式$\hat{\sigma}_{ij} = \frac{1}{T}\sum_{t=1}^{T}\hat{\varepsilon}_{it}\hat{\varepsilon}_{jt}$给出。准则函数是滞后阶数$p$的函数,可就不同的滞后阶数$p$计算相应准则函数的值,使准则函数达到最小的阶数$p$即为最优阶数。

(2)定阶步骤

第一步,初步确定滞后阶数的上限P;

第二步,令$p=1,2,\cdots,P$,分别估计模型VAR(p),估计出$\hat{\textstyle\sum}_p$;

第三步,带入上述准则函数公式,计算各模型准则函数的值;

第四步,综合权衡,确定VAR模型的最优阶数。

使用准则函数定阶时需注意,由于侧重不同、惩罚力度不同,不同准则会得到不同的最优滞后阶数,判断过程较一元AR模型复杂,这时建模者需要结合实际,根据研究目的与数据特征综合权衡,以最终决定滞后阶数。从经验角度来说,滞后阶数不宜过高,读者也可以初步选定多个阶数并进行试错方式的模型选择。

2.模型估计与检验

向量自回归模型中的未知参数,可采用极大似然估计或最小二乘估计进行,这里省略相关参数估计过程的数学推导,参数估计的软件实现可参照本章案例进行。

估计出 VAR(p)模型后,需对其适用性进行诊断检验。由于 VAR 模型要求随机扰动为白噪声序列,因此,我们的检验重点是随机扰动是否为白噪声序列。当模型参数估计已完成时,残差序列也可同时获得。残差序列作为随机扰动的一致估计,可用来检验扰动项的白噪声条件是否满足。由一元时间序列模型残差序列的 Q 检验可拓展得到多元时间序列模型残差序列的 Q 检验,是当前 VAR(p)模型诊断检验的常用方法之一。其检验步骤如下:

第一步,提出原假设 H_0:残差为向量白噪声序列;

第二步,构建检验统计量:

$$Q = T \sum_{l=1}^{K-1} tr(\boldsymbol{C}_l^T \boldsymbol{C}_0^{-1} \boldsymbol{C}_l \boldsymbol{C}_0^{-1}) \tag{5.12}$$

其中,T 为样本长度,K 为事先选定的滞后阶数($K < T$),C_l 表示 l 阶自协方差矩阵,其估计式为

$$\hat{C}_l = \frac{1}{T} \sum_{t=l+1}^{T} \hat{\boldsymbol{\varepsilon}}_t \hat{\boldsymbol{\varepsilon}}_{t-l}^T。$$

当 H_0 为真时,$Q \sim \chi^2(m^2(K-p))$,其中,m 为维数,p 为滞后阶数。

第三步,计算检验统计量的值,并计算相应 p 值;

第四步,判断残差序列是否为向量白噪声序列。

若残差序列通过白噪声检验,可借鉴 ARMA 模型的其他检验环节,对模型成立的假定条件进行进一步的检验,不再赘述。

3.模型预测

对未来时间序列向量走势的预测,仍基于最小均方误差原则进行,基本途径仍然是通过求条件期望获得上述意义下的最优预测。

设当前时刻为 t,已知向量时间序列 $\{X_t\}$ 在时刻 t 及以前时刻的观测值 $X_t, X_{t-1}, \cdots, X_{t-N}$,欲对 t 时刻以后的观测值 $X_{t+l}(l > 0)$ 进行预测,可对模型表达式

$$X_t = \boldsymbol{\Phi}_1 X_{t-1} + \boldsymbol{\Phi}_2 X_{t-2} + \cdots + \boldsymbol{\Phi}_p X_{t-p} + \boldsymbol{\varepsilon}_t$$

两边直接求条件期望:

$$\hat{X}_t(l) = E(X_{t+l} | X_t, X_{t-1}, \cdots) = \boldsymbol{\Phi}_1 \hat{X}_t(l-1) + \cdots + \boldsymbol{\Phi}_p \hat{X}_t(l-p) \tag{5.13}$$

5.2.5　脉冲响应函数与方差分解

1.脉冲响应函数

脉冲响应函数(impulse response function,IRF)是检验系统内部变量间动态关系的有力工具之一,是 VAR 方法的重要特征之一。相对于度量某一变量的变化对其余变量的影响,VAR 模型更关注外来冲击对系统的动态影响,而系统对冲击的动态反应正是由脉冲响应函数来描述。

对于随机时间序列向量,既存在由历史值的线性组合构成的记忆模式——VAR 形式或逆转形式,也存在由历史扰动的线性组合构成的记忆模式——VMA 形式或传递形式,脉冲响应函数就是在 VMA 形式下研究扰动或冲击对变量的当前值和未来值所带来的影响,在相互关联的动态系统中,对某个变量的冲击不仅直接影响该变量,并且通过 VAR 模型的动态结构将其传导给所有的其他变量。设 VAR(p)模型的 VMA(∞)表达式为

$$X_t = (\boldsymbol{\psi}_0 + \boldsymbol{\psi}_1 B + \boldsymbol{\psi}_2 B^2 + \cdots) \boldsymbol{\varepsilon}_t \qquad (5.14)$$

若 $\boldsymbol{\psi}$ 收敛，则 X 的第 i 个变量 $X_{i,t}$ 可以写成

$$X_{i,t} = \sum_{j=1}^{k} (\theta_{0,ij} \varepsilon_{j,t} + \theta_{1,ij} \varepsilon_{j,t-1} + \theta_{2,ij} \varepsilon_{j,t-2} + \theta_{3,ij} \varepsilon_{j,t-3} + \cdots) \qquad (5.15)$$

其中，k 为变量个数。以 $k=2$ 为例：

$$\begin{pmatrix} X_{1,t} \\ X_{2,t} \end{pmatrix} = \begin{pmatrix} \theta_{0,11} & \theta_{0,12} \\ \theta_{0,21} & \theta_{0,22} \end{pmatrix} \begin{pmatrix} \varepsilon_{1,t} \\ \varepsilon_{2,t} \end{pmatrix} + \begin{pmatrix} \theta_{1,11} & \theta_{1,12} \\ \theta_{1,21} & \theta_{1,22} \end{pmatrix} \begin{pmatrix} \varepsilon_{1,t-1} \\ \varepsilon_{2,t-1} \end{pmatrix} + \begin{pmatrix} \theta_{2,11} & \theta_{2,12} \\ \theta_{2,21} & \theta_{2,22} \end{pmatrix} \begin{pmatrix} \varepsilon_{1,t-2} \\ \varepsilon_{2,t-2} \end{pmatrix} + \cdots$$

若基期给 X_t 一个单位的冲击(脉冲)，即

$$\varepsilon_{1,t} = \begin{cases} 1, & t=0 \\ 0, & t \neq 0 \end{cases}, \quad \varepsilon_{2,t} = 0, \quad t = 0, 1, 2, \cdots$$

则由 X_1 的脉冲引起的 X_2 的响应函数为：$\theta_{0,21}, \theta_{1,21}, \theta_{2,21}, \cdots$。

一般地，对 X_j 的脉冲引起的 X_i 的响应函数为

$$\theta_{0,ij}, \theta_{1,ij}, \theta_{2,ij}, \theta_{3,ij}, \theta_{4,ij}, \cdots$$

具体来说，基期 $t=0$ 时，X_j 受到的扰动 $\varepsilon_{j,t}$ 增加一个单位，由于系统内在的传导机制存在，X_i 亦受到影响。在其他扰动不变，且其他时期的扰动均为常数的条件下，X_i 对这一个单位冲击 $\varepsilon_{j,t}$ 的滞后 q 期的相应值为 $\theta_{q,ij}$，而对脉冲的累积响应函数为 $\sum_{q=0}^{\infty} \theta_{q,ij}$。

2.方差分解

方差分解(variance decomposition)也是定量刻画系统内部变量间动态影响力的一个有效方式，通过分析不同结构冲击对变量变化的贡献度，评价各结构冲击的重要性，方差分解能给出影响 VAR 模型中变量的各随机冲击的相对重要性信息。

对于式(5.15)求方差，由于

$$E(\theta_{0,ij} \varepsilon_{j,t} + \theta_{1,ij} \varepsilon_{j,t-1} + \theta_{2,ij} \varepsilon_{j,t-2} + \cdots)^2 = \sum_{q=0}^{\infty} \theta_{q,ij}^2 \sigma_{ij}, \quad j = 1, 2, \cdots, k$$

有

$$Var X_{i,t} = r_{ii}(0) = \sum_{j=1}^{k} \left(\sum_{q=0}^{\infty} \theta_{q,ij}^2 \sigma_{jj} \right) \qquad (5.16)$$

$X_{i,t}$ 的方差可以分解成 k 个独立冲击的和，为测定各个冲击对于 $X_{i,t}$ 的方差有多大的贡献度，定义相对方差贡献率 RVC(Relative Variance Contribution)，根据第 j 个变量基于冲击的波动对 $X_{i,t}$ 波动的相对贡献度来作为度量第 j 个变量对第 i 个变量影响尺度的指标，有

$$RVC_{j \to i}(s) = \frac{\sum_{q=0}^{s-1} \theta_{q,ij}^2 \sigma_{jj}}{\sum_{j=1}^{k} \left(\sum_{q=0}^{s-1} \theta_{q,ij}^2 \sigma_{jj} \right)}, \quad i,j = 1, 2, \cdots, k \qquad (5.17)$$

若 $RVC_{j \to i}(s)$ 较大，则表示第 j 个变量对第 i 个变量的影响较大；反之，若 $RVC_{j \to i}(s)$ 较小，则意味第 j 个变量对第 i 个变量的影响相对较小。

需要注意的是，VAR 模型是一种非理论性的模型，模型构建基于系统运动的惯性特征，而脉冲响应分析与方差分析作为 VAR 模型的一个有效应用，一般是基于变量所来自的实际背景，在一定理论指导下就变量间的交互作用展开分析的。严格意义上说，应对 VAR 模型进行一定变形与结构整合后(结构 VAR 模型)，再进行相关作用分析。因此，建议读者在深入探讨变量间实际关系的基础上进行脉冲响应分析与方差分析。

5.2.6　Granger 因果检验

格兰杰因果检验是 VAR 模型的另一个有效应用。在 VAR 模型中,我们假定各变量间存在前导与反馈机制,变量间的作用是相互的。而现实中,许多变量间是单向制约关系主导,辨别变量间时间前后上的影响方式,是现实中需要解决的一个问题。换句话说,当两个变量在时间上存在前导与反馈关系时,如何考察这种关系是单向还是双向的? 主要是一个变量的过去行为在影响另一变量的当前行为,还是双方的过去行为在相互影响着对方的当前行为? Granger 于 1969 年给出了序列因果关系的定义,用来刻画上述变量在时间前后上的交互关系。T.J.Sargent 在 1976 年根据 Granger 对因果性的定义,给出了因果关系检验方法。这使得判断多个序列间时间前后上的因果关系有了明确的定义和统计检验方法。

1.Granger 因果关系定义

Granger 因果关系考察变量在时间上的前后因果关系,一个变量如果受到其他变量的滞后影响,则称它们具有 Granger 因果关系。

定义 5.4　设有二维时间序列 $[X_{1,t}, X_{2,t}]^T$,在对 $X_{1,t+l}$ 进行预测($\forall l > 0$)时,如果基于信息集 $\{X_{1,t}, X_{1,t-1}, \cdots\}$ 预测的 MSE 比基于信息集 $\{X_{1,t}, X_{1,t-1}, \cdots, X_{2,t}, X_{2,t-1}, \cdots\}$ 预测的 MSE 大,则 $X_{2,t}$ 是 $X_{1,t}$ 的格兰杰原因。

即如果

$$MSE[E(X_{t+l}|X_{1,t}, X_{1,t-1}, \cdots, X_{2,t}, X_{2,t-1}, \cdots)] < MSE[E(X_{t+l}|X_{1,t}, X_{1,t-1}, \cdots)], \quad \forall l > 0$$

(5.18)

则 $X_{2,t}$ 是 $X_{1,t}$ 的格兰杰原因。

由定义可知,Granger 因果关系并不是两变量的实质性因果关系,而是指变量 $X_{2,t}$ 对变量 $X_{1,t}$ 的预测是否起作用。根据 Granger 因果关系定义,两个序列之间存在 4 种不同的因果关系,分别为:$X_{1,t}$ 和 $X_{2,t}$ 相互独立;$X_{1,t}$ 是 $X_{2,t}$ 的 Granger 原因;$X_{2,t}$ 是 $X_{1,t}$ 的 Granger 原因;$X_{1,t}$ 和 $X_{2,t}$ 互为因果。

2.Granger 因果检验

Granger 因果检验主要检验一个变量的滞后变量是否可以引入到其他变量方程中,是一种基于检验式的检验方法。而检验式就是二维向量时间序列的 $VAR(p)$ 模型。设二维时间序列 $(X_{1,t}, X_{2,t})^T$ 可由平稳 $VAR(p)$ 模型

$$\begin{pmatrix} X_{1,t} \\ X_{2,t} \end{pmatrix} = \begin{pmatrix} \alpha_1 & \beta_1 \\ \gamma_1 & \lambda_1 \end{pmatrix} \begin{pmatrix} X_{1,t-1} \\ X_{2,t-1} \end{pmatrix} + \cdots + \begin{pmatrix} \alpha_p & \beta_p \\ \gamma_p & \lambda_p \end{pmatrix} \begin{pmatrix} X_{1,t-p} \\ X_{2,t-p} \end{pmatrix} + \begin{pmatrix} \varepsilon_{1,t} \\ \varepsilon_{2,t} \end{pmatrix}$$

描述,即

$$\begin{cases} X_{1,t} = \alpha_1 X_{1,t-1} + \alpha_2 X_{1,t-2} + \cdots + \alpha_p X_{1,t-p} + \beta_1 X_{2,t-1} + \beta_2 X_{2,t-2} + \cdots + \beta_p X_{2,t-p} + \varepsilon_{1,t} \\ X_{2,t} = \gamma_1 X_{1,t-1} + \gamma_2 X_{1,t-2} + \cdots + \gamma_p X_{1,t-p} + \lambda_1 X_{2,t-1} + \lambda_2 X_{2,t-2} + \cdots + \lambda_p X_{2,t-p} + \varepsilon_{2,t} \end{cases}$$

其中,扰动向量 $[\varepsilon_{1,t}, \varepsilon_{2,t}]^T$ 为正态白噪声序列。

提出如下基本检验问题:

$$H_0:序列 X_{2,t} 不是序列 X_{1,t} 的 Granger 原因$$

$$H_1:序列 X_{2,t} 是序列 X_{1,t} 的 Granger 原因$$

则 Granger 因果检验的具体检验步骤如下:

（1）估计检验式 1

$$X_{1,t} = \alpha_1 X_{1,t-1} + \alpha_2 X_{1,t-2} + \cdots + \alpha_p X_{1,t-p} + \beta_1 X_{2,t-1} + \beta_2 X_{2,t-2} + \cdots + \beta_p X_{2,t-p} + \varepsilon_{1,t}$$

(5.19)

（2）明确假设

$$H_0: \beta_1 = \beta_2 = \cdots = \beta_p = 0$$

其含义为 $X_{2,t}$ 的过去对于预测 $X_{1,t}$ 没有价值，等价于 $X_{2,t}$ 不是 $X_{1,t}$ 的 Granger 原因。

（3）估计检验式 2

$$X_{1,t} = \alpha_1 X_{1,t-1} + \alpha_2 X_{1,t-2} + \cdots + \alpha_p X_{1,t-p} + \varepsilon_{1,t}'$$

(5.20)

检验式 2 是带约束的方程，即将 $X_{2,t}$ 的参数约束为 0。

（4）构建检验统计量

检验统计量 F 通过对比两个检验式中残差平方和的关系而获得，其表达式为

$$F = \frac{(RSS_2 - RSS_1)/p}{RSS_1/(T - 2p - 1)}$$

(5.21)

其中，$RSS_1 = \sum_{t=1}^{T} e_{1,t}^2$ 为所估计检验式 1（无约束方程）的残差平方和，$RSS_2 = \sum_{t=1}^{T} e_{2,t}^2$ 为所估计检验式 2（有约束方程）的残差平方和。T 为样本长度，p 为滞后阶数。

当 H_0 为真时，有

$$F \sim F(p, T - 2p - 1)$$

（5）判断与决策

当 F 统计量的样本值大于给定显著性水平下的临界值，或检验的 p 值过小时，则拒绝原假设，即认为 $X_{2,t}$ 是 $X_{1,t}$ 的 Granger 原因。

需要注意的是，Granger 因果检验的结果对检验式的滞后阶数 p 非常敏感，即不同滞后阶数下的检验可能会得到不同的检验结果。也就是说，检验式的设定会严重影响检验结果。实际中通常会借助自相关图和互相关图考察显著非 0 的滞后阶数，或者多拟合几个不同滞后阶数的有约束模型和无约束模型，借助信息准则函数，进行检验式筛选。

5.3　传递函数模型

在 VAR 模型中，我们把多元时间序列视为一个整体，亦即视为一个有交互作用的动态系统，系统内部的交互作用是双向的，既存在前导作用也存在反馈效应。现实中也有一类动态系统，系统内存在明确的单向传导机制，如何定量描述这种单向传导机制呢？如果将待研究时间序列所处状态视为系统的输出，而其他关联时间序列状态的变化视为系统的输入，假定输入与输出之间是线性关联模式，就可以形成一个单（多）输入—单输出的单向传导线性系统。传递函数模型就是描述这类线性系统输入到输出间动态响应机制的统计模型。

5.3.1　传递函数模型的基本形式

1.模型基本结构

考虑单输入—单输出线性稳定系统的传递函数模型，该模型由 Box 和 Jenkins 于 1976 年提

出。设响应序列 $\{Y_t\}$ 与输入序列 $\{X_t\}$ 均为平稳时间序列,二者之间具有线性相关关系,且假定二者之间是输入到输出的单向影响关系,则模型基本结构为

$$Y_t = V(B)X_t + N_t \qquad (5.22)$$

其中, $V(B) = \sum_{i=0}^{\infty} v_i B^i$ 为传递函数, B 为滞后算子,有 $\sum_{i=0}^{\infty}|v_i| < \infty$,系数 $v_i(i=0,1,2,\cdots)$ 称为脉冲响应函数; $\{N_t\}$ 为与 $\{X_t\}$ 不相关的噪声序列。当假定 $\{X_t\}$ 与 $\{N_t\}$ 均服从 ARMA 模型时,式(5.22)也可称为 ARMAX 模型。

传递函数建模就是基于输入输出信息识别与估计传递函数 $V(B)$ 及噪声序列 $\{N_t\}$。由于现实中输入与输出的数据有限,而传递函数 $V(B)$ 是无限项的和,因此 Box 和 Jenkins 提出由有理函数近似表示 $V(B)$,即假定 $V(B) = \dfrac{\Omega(B)B^b}{\delta(B)}$;进一步,若噪声序列 $\{N_t\}$ 可识别为 $N_t = \dfrac{\Theta(B)}{\Phi(B)}a_t$,则式(5.22)可转化为式(5.23),为实际中可实现的传递函数模型。

$$Y_t = \frac{\Omega(B)B^b}{\delta(B)}X_t + \frac{\Theta(B)}{\Phi(B)}a_t \qquad (5.23)$$

其中, $\{a_t\}$ 为白噪声序列, b 表示 $\{X_t\}$ 对 $\{Y_t\}$ 的滞后影响阶数,即指 $\{X_t\}$ 在滞后 b 期后对 $\{Y_t\}$ 产生影响; $\Omega(B),\delta(B),\Theta(B),\Phi(B)$ 均为 B 的多项式,其阶数分别为 s,r,q,p,即

$$\Omega(B) = \omega_0 - \omega_1 B - \omega_2 B^2 - \cdots - \omega_s B^s, \quad \delta(B) = 1 - \delta_1 B - \delta_2 B^2 - \cdots - \delta_r B^r$$
$$\Theta(B) = 1 - \theta_1 B - \theta_2 B^2 - \cdots - \theta_q B^q, \quad \Phi(B) = 1 - \phi_1 B - \phi_2 B^2 - \cdots - \phi_p B^p$$

2. 模型传递机制

式(5.23)所表示的系统动态传导机制可由图 5.1 描述。系统输入 $\{X_t\}$ 对输出 $\{Y_t\}$ 的作用由传递函数 $V(B)$ 表示,反映系统对单位输入的叠加响应。 $V(B)$ 中的权重系数 v_i 表示时刻 i 对时刻 0 的单位脉冲的响应,就是指当 0 时刻的输入为 1 而其他时刻的输入为 $0(x_0=1$ 且 $x_t=0,t\neq 0)$ 时,系统在 $i=0,i=1,i=2,\cdots$ 时刻对该输入的响应分别为 $v_0,v_1,v_2,\cdots$。 $\{X_t\}$ 与平稳噪声 $\{N_t\}$ 共同作用所形成的整体输出即为 $\{Y_t\}$。

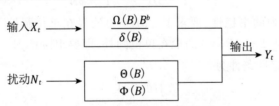

图 5.1 传递函数模型的传导机制

3. 模型基本性质

(1)脉冲响应函数的构成

在 $V(B) = \dfrac{\Omega(B)B^b}{\delta(B)}$ 的设定下,我们可以进一步探讨脉冲响应序列的构成与特征。

将 $\Omega(B),\delta(B),V(B)$ 所对应的多项式序列代入上式,可得恒等式

$$(1 - \delta_1 B - \delta_2 B^2 - \cdots - \delta_r B^r)(v_0 + v_1 B + v_2 B^2 + \cdots) = (\omega_0 - \omega_1 B - \cdots - \omega_s B^s)B^b \qquad (5.24)$$

比较等式两边多项式的次数,由待定系数法,得

$$\nu_j = \begin{cases} 0, & j < b \\ \delta_1 \upsilon_{j-1} + \delta_2 \upsilon_{j-2} + \cdots + \delta_r \upsilon_{j-r} - \omega_{j-b}, & j = b, b+1, b+2, \cdots, b+s \\ \delta_1 \upsilon_{j-1} + \delta_2 \upsilon_{j-2} + \cdots + \delta_r \upsilon_{j-r}, & j > b+s \end{cases} \quad (5.25)$$

由上式可知脉冲响应函数的构成特征:

特征 1 前 b 个脉冲响应值为 0,当 $j < b$ 时,$\nu_j = 0$;当 $j \geqslant b$ 时,$\nu_j \neq 0$;

特征 2 当 $j > b+s$ 时,$\{\nu_j\}$ 满足线性差分方程

$$\nu_j = \delta_1 \upsilon_{j-1} + \delta_2 \upsilon_{j-2} + \cdots + \delta_r \upsilon_{j-r}$$

差分方程的阶数 r 就为 $\delta(B)$ 的阶数。

特征 3 当 $b < j \leqslant b+s$ 时,ν_j 没有固定模式。若从 $b+s$ 以后,v_j 出现差分模式,则 $\Omega(B)$ 的阶数就为 $[(b+s) - j]$。

上述特征是判定传递函数的重要依据。

(2)传递函数模型的稳定性

类似于平稳时间序列建模,传递函数模型的构建需满足一定的平稳性要求。如前所述,我们要求动态系统是稳定的,即要求 $\sum_{i=0}^{\infty} |v_i| < \infty$,意味着输入的有限变化将导致输出的有限变化,从序列角度,即指输入与噪声均为平稳序列,此时输出也是平稳序列。

与时间序列的平稳性表述相同,系统稳定性条件既可用方程的根表示,也可用参数的取值范围表示。用方程表示,即指特征方程

$$\lambda^r - \delta_1 \lambda^{r-1} - \cdots - \delta_{r-1} \lambda - \delta_r = 0$$
$$\lambda^p - \phi_1 \lambda^{p-1} - \cdots - \phi_{p-1} \lambda - \phi_p = 0$$

的根在单位圆内,即 $|\lambda| < 1$。或者,辅助方程 $\delta(B) = 0$ 及 $\Phi(B) = 0$ 的根在单位圆外,即 $|B| > 1$。

例 5.2 讨论如下传递函数模型所描述动态系统的稳定性条件。

$$Y_t = \frac{1}{1 - \delta B} X_t + \frac{1}{1 - \phi B} a_t$$

解:为保证输入序列的平稳性,要求 $1 - \delta B = 0$ 的根在单位圆外,即要求 $|\delta| < 1$;为保证噪声序列的平稳性,要求 $1 - \phi B = 0$ 的根在单位圆外,即要求 $|\phi| < 1$。

所以,该系统的稳定性条件为

$$\begin{cases} |\delta| < 1 \\ |\phi| < 1 \end{cases}$$

5.3.2 互相关函数

第 5.1 节中我们给出了向量时间序列 $\{X_t\}$ 的协方差矩阵函数与相关矩阵函数,矩阵中的非对角线元素即为两个序列的互协方差函数或互相关函数,用来描述两个随机序列之间的线性依赖关系,特别是互相关函数,能明确反映两个序列各状态间线性相关的强度与方向。本小节我们进一步熟悉两个序列的互协方差函数与互相关函数。

1.互协方差函数与互相关函数

定义 5.5 设序列 $\{X_t\}$,$\{Y_t\}$ 均为二阶矩序列,定义 $\{X_t\}$ 与 $\{Y_t\}$ 之间相差 k 期的互协方差

函数为

$$\gamma_{XY}(k) = E\big[(X_t - \mu_X)(Y_{t+k} - \mu_Y)\big], \quad k = 0, 1, 2, \cdots \tag{5.26}$$

定义 $\{Y_t\}$ 与 $\{X_t\}$ 之间相差 k 期的互协方差函数为

$$\gamma_{YX}(k) = E\big[(Y_t - \mu_Y)(X_{t+k} - \mu_X)\big], \quad k = 0, 1, 2, \cdots \tag{5.27}$$

有

$$\gamma_{XY}(k) = E\big[(X_{t-k} - \mu_X)(Y_t - \mu_Y)\big] = E\big[(Y_t - \mu_Y)(X_{t-k} - \mu_X)\big] = \gamma_{YX}(-k)$$

定义 5.6　设序列 $\{X_t\}$, $\{Y_t\}$ 均为二阶矩序列,定义 $\{X_t\}$ 与 $\{Y_t\}$ 之间相差 k 期的互相关函数(CCF)为

$$\rho_{XY}(k) = \frac{\gamma_{XY}(k)}{\sigma_X \sigma_Y}, \quad k = 0, \pm 1, \pm 2, \cdots \tag{5.28}$$

其中, σ_X 和 σ_Y 分别是 X_t 和 Y_t 的标准差,即

$$\sigma_X = \Big[E(X_t - \mu_X)^2 \Big]^{\frac{1}{2}}, \quad \sigma_Y = \Big[E(Y_t - \mu_Y)^2 \Big]^{\frac{1}{2}}$$

由于

$$\gamma_{XX}(k) = E\big[(X_t - \mu_X)(X_{t+k} - \mu_X)\big] = \gamma_X(k) = \gamma_k$$

$$\rho_{XX}(k) = \frac{\gamma_{XX}(k)}{\sigma_X \sigma_X} = \rho_X(k) = \rho_k$$

所以,互协方差函数与互相关函数可视为自协方差函数与自相关函数的广义化。

定义 5.7　对于时间序列 $\{X_t\}$, $\{Y_t\}$, $t = 0, \pm 1, \pm 2, \cdots$, 若 $\{X_t\}$, $\{Y_t\}$ 均为一元平稳时间序列,且 $\{X_t\}$ 与 $\{Y_t\}$ 之间的协方差 $Cov(X_t, Y_s)$ 仅是时间间隔 $t - s$ 的函数,即

$$Cov(X_{t+h}, Y_{s+h}) = Cov(X_t, Y_s) \tag{5.29}$$

则称 $\{X_t\}$ 和 $\{Y_t\}$ 是联合平稳的。

对于稳定的输入输出系统,其输入和输出是联合平稳的。第 5.1 节中我们指出,与单个平稳时间序列的自相关函数不同,联合平稳时间序列的互相关函数不关于原点对称。这里再做强调:

$$\rho(X_t, Y_{t-k}) = \frac{E\big[(X_t - \mu_X)(Y_{t-k} - \mu_Y)\big]}{\sigma_X \sigma_Y} = \rho_{XY}(-k)$$

$$\rho(X_t, Y_{t+k}) = \frac{E\big[(X_t - \mu_X)(Y_{t+k} - \mu_Y)\big]}{\sigma_X \sigma_Y} = \rho_{XY}(k)$$

单个平稳序列的自相关函数关于原点对称,所以只和时间间隔有关,与相关的方向无关。而联合平稳序列间的相关性,除了和时间间隔有关,还和相关的方向有关,如图 5.2 所示。

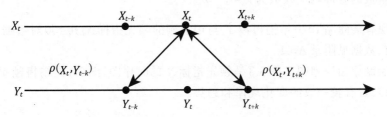

图 5.2　互相关函数示意图

为更好地理解互相关关系的非对称性,我们来看一个例子。假设 $\{X_t\}$ 是某种商品的广告费序列,对于该种商品的销售额序列 $\{Y_t\}$ 来说,广告费就是领先变量,因为 $X_{t+k}(k>0)$ 对于 Y_t 来说是未来的广告费,未来的广告费不会对过去的销售额有影响;但是 $X_{t-k}(k\geq 0)$ 对于 $Y_{t+k}(k>0)$ 是有影响的,即过去与现在的广告费对未来的销售额是有影响的,这种影响就表现为互相关函数的非对称性。

2.样本互协方差函数与样本互相关函数

对于时间序列数据,样本互协方差函数 $c_{XY}(k)$ 与样本互相关函数 $r_{XY}(k)$ 的计算公式如下:

$$c_{XY}(k)=\begin{cases} \dfrac{1}{n}\sum_{t=1}^{n-k}(X_t-\bar{X})(Y_{t-k}-\bar{Y}), & k=0,1,2,\cdots \\ \dfrac{1}{n}\sum_{t=1}^{n+k}(Y_t-\bar{Y})(X_{t-k}-\bar{X}), & k=0,-1,-2,\cdots \end{cases} \tag{5.30}$$

$$r_{XY}(k)=\frac{c_{XY}(k)}{s_X s_Y}, \quad k=0,\pm 1,\pm 2,\cdots \tag{5.31}$$

样本互相关函数具有如下性质:

(1) $r_{XY}(k)$ 作为 $\rho_{XY}(k)$ 的估计,是渐进无偏的、一致的;

(2)假定 $\{X_t\}$,$\{Y_t\}$ 不相关,且 $\{X_t\}$ 序列为白噪声,则

$$Cov(r_{XY}(k),r_{XY}(k+j))\approx(n-k)^{-1}\rho_{YY}(j), \quad Var[r_{XY}(k)]\approx(n-k)^{-1}$$

即当 $\{X_t\}$ 为白噪声时,可通过比较 $r_{XY}(k)$ 与近似标准差 $\dfrac{1}{\sqrt{n-k}}$ 来检验序列不相关的假定。

在实际中,为了获得互相关函数有统计意义的估计,样本长度要求至少为 50 对观测值。

3.互相关函数与传递函数的关系

当输入是白噪声时,互相关函数可用来推导脉冲响应函数。

(1)对于 $Y_t=V(B)X_t+N_t$,设 $\{X_t\}$ 服从 ARMA 过程,即 $\Phi(B)X_t=\Theta(B)\alpha_t$,其中 α_t 为白噪声,则 $\alpha_t=\dfrac{\Phi(B)}{\Theta(B)}X_t\triangleq T(B)X_t$,称上式对 $\{X_t\}$ 的变换为预白化输入序列;

(2)用相同的预白化变换 $T(B)$ 作用于 Y_t,则有 $\beta_t=T(B)Y_t=\dfrac{\Phi(B)}{\Theta(B)}Y_t$;

(3) $Y_t=V(B)X_t+N_t$ 变换为 $\beta_t=V(B)\alpha_t+e_t$,其中 $e_t=\dfrac{\Phi(B)}{\Theta(B)}N_t$;

(4)传递函数的脉冲响应权数为 $\nu_k=\dfrac{\sigma_\beta}{\sigma_\alpha}\rho_{\alpha\beta}(k)$。

例5.3 现有某商品 1970 年销售额 Y_t 与销售额的领先指标 X_t 共 150 对数据。计算两序列的互相关函数,数据见附录 A5.1。

解:首先绘制原始序列图。图 5.3 是领先指标 X_t 的时序图,图 5.4 是销售额 Y_t 的时序图,从图中可以看出二者有较一致的变化规律和趋势。

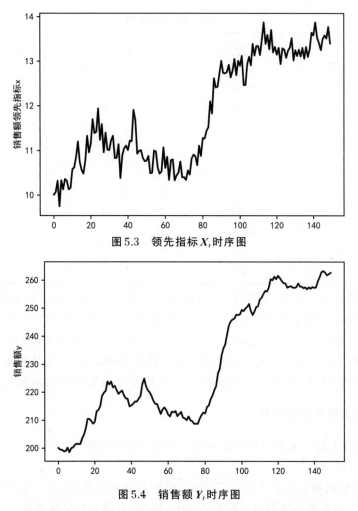

图 5.3　领先指标 X_t 时序图

图 5.4　销售额 Y_t 时序图

　　其次,计算互相关函数。由于领先指标 X_t 和销售额 Y_t 均为非平稳序列,对其进行一阶差分,利用差分后的序列计算互相关函数,结果见图 5.5,同时计算最大间隔为 10 的互相关函数值,见表 5.1。

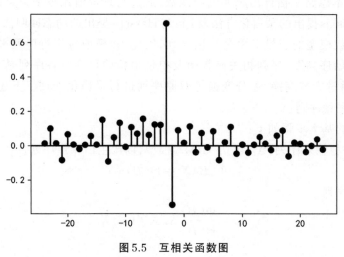

图 5.5　互相关函数图

表 5.1　序列 CCF 值

k	超前	k	滞后
0	0.017	0	0.017
-1	0.091	1	0.113
-2	-0.343	2	-0.038
-3	0.712	3	0.075
-4	0.122	4	-0.009
-5	0.124	5	0.085
-6	0.063	6	-0.083
-7	0.157	7	0.020
-8	0.071	8	0.110
-9	0.108	9	-0.046
-10	-0.007	10	0.007

结合图 5.5 及表 5.1 可知,当期数 k 为负时为超前期,当期数 k 为正时为滞后期,可以看出 ∇X_t 与 ∇Y_t 之间的互相关函数值均在 2 倍标准差之内,说明销售量 ∇Y_t 与领先指标滞后变量 ∇X_{t-k} 显著无关。∇X_{t+k} 与 ∇Y_t 之间的互相关函数值在超前期数为 2 和 3 时($k=-2,k=-3$)分别为 -0.343 和 0.712,两个互相关函数值均在 2 倍标准差之外,从统计的角度看显著不为 0,这说明 ∇X_t 是领先于 ∇Y_t 的变量,领先指标 X_t 对销售额 Y_t 存在单向影响关系。

5.3.3　传递函数模型的建立

传递函数模型的建立主要包括模型识别与拟合、模型检验两个环节。

1. 模型识别与拟合

传递函数模型识别与拟合可分成三部分:识别传递函数模式,包括估计脉冲响应函数和判定阶数 r,s 和 b;识别噪声序列所适应的 ARMA 模型;对模型作整体估计。

(1)传递函数模式识别

传递函数的结构如式(5.25)所示,模式识别就是判定式(5.25)中多项式的阶数 r,s 及延迟阶数 b;识别的基本思路是估计出脉冲响应函数,通过与理论值比较来确定 r,s 和 b;识别方法主要有 Box 和 Jenkins 提出的预白化方法及 Liu 与 Hassens 提出的动态回归法。

由于传递函数模型的建模对象是平稳序列,因此,建模前应进行序列平稳性的探测。通过对各序列做原始序列图、序列相关函数图及单位根检验可判断各序列是否平稳,如果序列非平稳,则需要通过方差变换、差分变换等对原序列进行平稳化处理。下述方法假定输入输出均为零均值的平稳序列。

预白化方法的基本步骤如下:

第一步,对平稳输入序列 $\{X_t\}$ 建立 ARMA 模型,以产生白噪声序列 $\{\alpha_t\}$。

$$\Phi(B)X_t = \Theta(B)\alpha_t$$

据此生成白噪声序列

$$\alpha_t = \frac{\Phi(B)}{\Theta(B)}X_t \triangleq T(B)X_t$$

· 172 ·

将 $T(B)$ 视作一个滤波变换,其将 $\{X_t\}$ 序列变换成了白噪声序列 $\{\alpha_t\}$。

第二步,对序列 $\{Y_t\}$ 实施同样的滤波变换 $T(B)$,以产生新序列 β_t。

$$\beta_t = T(B)Y_t = \frac{\Phi(B)}{\Theta(B)}Y_t$$

则传递函数模型 $Y_t = V(B)X_t + N_t$ 可改写为

$$\beta_t = V(B)\alpha_t + e_t$$

其中,

$$e_t = \frac{\Phi(B)}{\Theta(B)}N_t$$

第三步,估计脉冲响应函数。

假定序列 $\{e_t\}$ 与 $\{\alpha_t\}$ 不相关,计算序列 $\{\alpha_t\}$ 与序列 $\{\beta_t\}$ 的互协方差函数。

$$\begin{aligned}\gamma_{\alpha\beta}(k) &= Cov(\alpha_t, \beta_{t+k})\\ &= Cov(\alpha_t, V(B)\alpha_{t+k} + e_{t+k})\\ &= Cov(\alpha_t, v_0\alpha_{t+k} + v_1\alpha_{t+k-1} + \cdots + v_k\alpha_t + \cdots) + Cov(\alpha_t, e_{t+k})\\ &= v_k Cov(\alpha_t, \alpha_t) = v_k\sigma_\alpha^2\end{aligned}$$

从而

$$v_k = \frac{\gamma_{\alpha\beta}(k)}{\sigma_\alpha^2} = \frac{\sigma_\beta}{\sigma_\alpha}\rho_{\alpha\beta}(k)$$

实际中,v_k 可按下式估计

$$\hat{v}_k = \frac{S_\beta}{S_\alpha}r_{\alpha\beta}(k), \quad k = 0, 1, 2, \cdots \tag{5.32}$$

由此获得的初步估计为识别传递函数模式提供了基础。

第四步,依据脉冲响应函数的估计值判定 r, s 和 b。

由式(5.25)可知,b 等于前几个显著为 0 的 $\hat{v}_k$ 的个数(特征 1);r 为 $\hat{v}_k$ 所满足差分方程的阶数(特征 3),如果 $\hat{v}_k$ 不呈现任何模式,则 $r = 0$;若 $\hat{v}_k(k \geqslant k_0)$ 的形式取决于 r 阶差分方程,则 $b + s - r + 1 = k_0$,从而 $s = k_0 - b + r - 1$;如果 $\hat{v}_k$ 不呈现任何模式(即 $r = 0$),则式(5.24)变为

$$\nu_0 + \nu_1 B + \nu_2 B^2 + \cdots = (\omega_0 - \omega_1 B - \cdots - \omega_s B^s)B^b \tag{5.33}$$

在式(5.33)中,令两边系数相等,可知 b 为显著为 0 的 $\hat{v}_k$ 的个数,s 为显著非 0 的 $\hat{v}_k$ 的个数减去 1。

由式(5.32)可知,脉冲响应函数 $\hat{v}_k$ 与 $r_{\alpha\beta}(k)$ 成正比,因此与 $r_{\alpha\beta}(k)$ 具有相同的性质。实际中可直接从 $r_{\alpha\beta}(k)$ 的特征判定传递函数的阶数 r, s 及 b。

Liu 与 Hassens 在脉冲响应函数阶数识别上提出了角落判定法。表 5.2 为判定阶数的角落表。表中 (f, g) 位置的值代表 v_{f-g+1} 到 v_{f+g+1} 脉冲响应函数矩阵的行列式值,记"×"表示不为 0;记"0"代表与 0 无显著差异,这样,表中前 b 行与右下方矩形角落内的值皆为 0。

当脉冲响应函数 $\{v_i\}$ 的形态为截尾型时,表示除前几项外其他都是 0,可判定 $\delta(B) = 1$,即 $r = 0$,而 s 及 b 可从表 5.2 的非 0 项来判定。

表 5.2　阶数为 r, s, b 的传递函数角落表

g	f						
	1	2	$\cdots$	r	$r+1$	$r+2$	$\cdots$
0	0	0	$\cdots$	0	0	0	$\cdots$
1	0	0	$\cdots$	0	0	0	$\cdots$
$\vdots$	$\vdots$	$\vdots$		$\vdots$	$\vdots$	$\vdots$	$\vdots$
$b-1$	0	0	$\cdots$	0	0	0	$\cdots$
b	$\times$	$\times$	$\cdots$	$\times$	$\times$	$\times$	$\cdots$
$\vdots$	$\vdots$	$\vdots$		$\vdots$	$\vdots$	$\vdots$	$\vdots$
$s+b-1$	$\times$	$\times$	$\cdots$	$\times$	$\times$	$\times$	$\cdots$
$s+b$	$\times$	$\times$	$\cdots$	$\times$	0	0	$\cdots$
$s+b+1$	$\times$	$\times$	$\cdots$	$\times$	0	0	$\cdots$
$\vdots$	$\vdots$	$\vdots$		$\vdots$	$\vdots$	$\vdots$	$\vdots$

当脉冲响应函数 $\{v_i\}$ 的形态为衰减型时,表示有高次项的 v_i 不为 0,仍用角落法判定有理传递函数的阶数 r, s, b。

由于样本的随机波动关系,角落表有时可能无法清楚地进行划分。然而,用角落法依然能够判定出几组 r, s, b,为识别传递函数模型提供了一些有用信息。

（2）噪声序列模式识别

在估计出脉冲响应函数并识别出传递函数模式后,我们可以由方程（5.25）得到传递函数部分参数的初估计,进而得到噪声序列

$$\hat{N}_t = Y_t - \frac{\Omega(B) B^b}{\delta(B)} X_t$$

依据 $\hat{N}_t$ 的 ACF 和 PACF 可以对噪声序列判定一个合适的 ARMA 模型。估计出的 ARMA 模型参数可以与传递函数部分参数的初估计一起作为最终模型参数整体估计的初始值。

实际中,也可以根据识别出的 $\Omega(B)$ 和 $\delta(B)$ 的阶数 r, s 及 b,直接利用最小二乘等方法估计如下模型:

$$Y_t = \frac{\Omega(B) B^b}{\delta(B)} X_t + N_t$$

再对该模型残差序列的 ACF 和 PACF 进行考察,进而判定噪声序列的模式,即 $\Phi(B)$ 和 $\Theta(B)$ 的阶数。

此外,动态回归法作为回归分析方法的推广,识别模型步骤较简单,易于解释,也是传递函数建模的常用方法。该方法的基本思路是选择较大的 k 与较小的 p（常取 1）,建立初步模型

$$Y_t = \sum_{i=0}^{k} v_i B^i X_t + \frac{1}{1 - \phi_1 B - \phi_2 B^2 - \cdots - \phi_p B^p} \varepsilon_t$$

基于此,进一步估计脉冲响应函数。

（3）模型估计

所识别传递函数模型的参数估计涉及非线性最小二乘估计,为提升估计的精度,可由式(5.24)获得其参数的估计值,将该估计值视为最终模型参数整体估计的初始值。由于方法较为繁琐,具体估计过程不再详细列出,参数估计的软件实现可参照本章案例进行。

例 5.4　在例 5.3 基础上,进一步识别差分序列 ∇X_t,可知 ∇X_t 服从一阶自回归模型,模型输出结果如下:

```
                     ARMA Model Results
==============================================================================
Dep. Variable:                    x   No. Observations:             149
Model:                     ARMA(1, 0)   Log Likelihood              -23.752
Method:                       css-mle   S.D. of innovations           0.284
Date:                Mon, 23 May 2022   AIC                          51.503
Time:                        14:57:41   BIC                          57.511
Sample:                             0   HQIC                         53.944

==============================================================================
                 coef    std err          z      P>|z|      [0.025      0.975]
------------------------------------------------------------------------------
ar.L1.x       -0.4402      0.074     -5.989      0.000      -0.584      -0.296
                                Roots
==============================================================================
                  Real          Imaginary           Modulus         Frequency
------------------------------------------------------------------------------
AR.1           -2.2716           +0.0000j            2.2716            0.5000
------------------------------------------------------------------------------
```

图 5.6　AR(1)模型估计结果

从图 5.6 中可以看出自回归参数的检验统计量为 -5.989,检验的 p 值小于 0.01。进一步绘制模型残差的自相关图,如图 5.7,可知残差表现出白噪声序列的特征。

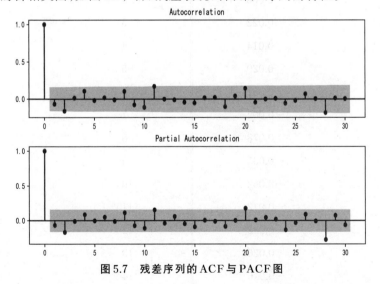

图 5.7　残差序列的 ACF 与 PACF 图

说明所建 AR(1)模型通过检验,可用来模拟序列 $\{\nabla X_t\}$,模型表达式为

$$(1-0.44B)\nabla X_t = \alpha_t$$

令 $T(B)=1-0.44B$，作为滤波器，对序列 ∇Y_t 进行 $T(B)$ 滤波变换，生成 β_t，即

$$\beta_t = (1-0.44B)\nabla Y_t$$

从而得到 ∇Y_t 的预白化序列 β_t（注意这里 β_t 很可能不是白噪声）。

计算两个预白化序列 $\{\alpha_t\}$ 和 $\{\beta_t\}$ 的互相关函数，结果见图 5.8。

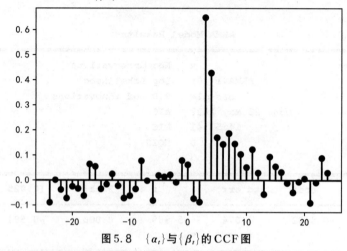

图 5.8 $\{\alpha_t\}$ 与 $\{\beta_t\}$ 的 CCF 图

可进一步列出 CCF 的值，以估计脉冲响应函数，结果见表 5.3。

表 5.3 $\{\alpha_t\}$ 与 $\{\beta_t\}$ 的 CCF 值

k	超前	k	滞后
0	0.062	0	0.062
−1	0.079	1	−0.073
−2	−0.008	2	−0.087
−3	0.022	3	0.649
−4	0.014	4	0.428
−5	0.020	5	0.170
−6	−0.081	6	0.143
−7	−0.002	7	0.186
−8	0.078	8	0.145
−9	−0.035	9	0.104
−10	−0.062	10	0.052
−11	−0.072	11	0.123
−12	−0.022	12	0.030
−13	0.026	13	−0.057
−14	−0.016	14	0.093
−15	−0.035	15	0.055

根据 $\hat{v}_k = \dfrac{S_\beta}{S_a} r_{a\beta}(k)$，估算出脉冲响应函数值，见表 5.4。

表 5.4　脉冲响应函数估计值表

滞后期 ($k>0$)	互相关函数 $r_{a\beta}(k)$	脉冲响应函数 $\hat{v}_k = \dfrac{1.756}{0.283} r_{a\beta}(k)$
0	0.062	0.386
1	−0.073	−0.454
2	−0.087	−0.542
3	0.649	4.020
4	0.428	2.663
5	0.170	1.056
6	0.143	0.890
7	0.186	1.156
8	0.145	0.901
9	0.104	0.643
10	0.052	0.322

根据表 5.4 所绘制的脉冲响应函数柱状图，如图 5.9 所示。

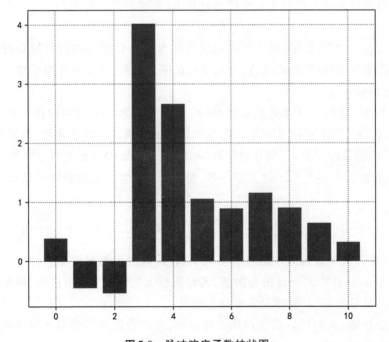

图 5.9　脉冲响应函数柱状图

将图 5.8 与图 5.9 相比较，可以看出脉冲响应函数和互相关函数几乎具有相同的模式，提示我们实际建模时,可依据互相关函数来判定传递函数分子和分母多项式的阶数以及滞后阶数,也可以通过预白化序列之间显著的互相关函数的滞后阶数为多项式定阶。

2.模型检验

参数估计完成后即可得到所拟合的传递函数模型,而模型是否能刻画数据特征,还需进一步对模型的适应性进行检验。检验对象为模型残差,若模型信息提取不合理或不充分,则残差序列可能存在自相关;若残差序列与输入序列及预白化序列不独立,则存在互相关。因此,模型的适应性检验就包括自相关检验与互相关检验两个内容。

(1)自相关检验

对于所估计的传递函数模型,我们可以提取其残差序列 $\{e_t\}$,并计算出 $\{e_t\}$ 的自相关函数 $r_e(k)$。如果 $r_e(k)$ 表现出显著相关,则意味着模型不恰当。导致模型不能通过检验的原因,既可能是传递函数模式不正确,也可能是噪声序列模式不正确,使拟合模型不能满足不相关要求。因此,需要进一步用互相关来进一步检验,若互相关检验表明传递函数模式是合适的,则需要对噪声序列模式进行修改。

可以证明,如果模型是适应的,则残差序列是白噪声,残差的自相关函数相互独立地服从均值为 0,方差为 $1/T$ 的正态分布,其中 T 是残差序列中的有效观测值个数。例如,若样本数据为 150 个,差分阶数为一阶,模型中的待估参数有 8 个,则残差序列中的有效观测值计有 $150-1-8=141$ 个。检验统计量为

$$Q = T(T+2)\sum_{k=1}^{K}(T-k)^{-1}\left[r_e(k)\right]^2 \tag{5.34}$$

其中,K 为滞后阶数,一般取得足够大,使得 $k>K$ 时 $r_{e_t}(k)$ 可以被忽略。

Q 检验的原假设为残差序列不存在序列自相关,当原假设为真时,有

$$Q \sim \chi^2(K)$$

拒绝域位于 χ^2 分布的右尾,对于给定的显著性水平 α,计算检验统计量 Q 的值,若 Q 值落入拒绝域或 p 值过小,则拒绝原假设,认为残差存在序列相关,模型需要修正改进。

(2)互相关检验

根据所估模型,我们可以计算残差序列 $\{e_t\}$ 与输入序列 $\{X_t\}$ 及预白化序列 $\{\alpha_t\}$ 的互相关函数 $r_{X_t e_t}(k)$ 和 $r_{\alpha_t e_t}(k)$,如果它们显著非 0,则意味传递函数模式估计不正确,需要进行修正。可以证明,如果传递函数模式恰当,则残差序列 $\{e_t\}$ 将是一个与 $\{X_t\}$ 无关的白噪声,$r_{\alpha_t e_t}(k)$ 将独立地渐进服从均值为 0,方差为 $1/T$ 的正态分布,而由 $r_{\alpha_t e_t}(k)$ 生成的检验统计量 Q 则近似服从 χ^2 分布,即

$$Q = T(T+2)\sum_{k=0}^{K}(T-k)^{-1}\left[r_{\alpha_t e_t}(k)\right]^2 \sim \chi^2(K+1-(r+s+1)) \tag{5.35}$$

其中,$r+s+1$ 是传递函数模式中的待估参数个数,检验的拒绝域位于 χ^2 分布的右尾,对于给定的显著性水平 α,计算检验统计量 Q 的值,若 Q 值落入拒绝域或 p 值过小,则拒绝原假设,认为残差与输入变量显著互相关,模型需要修正改进。

综合上述各步骤,我们可以以预白化方法为例,总结传递函数模型建模基本流程,读者可参照图 5.10 进行模型构建。

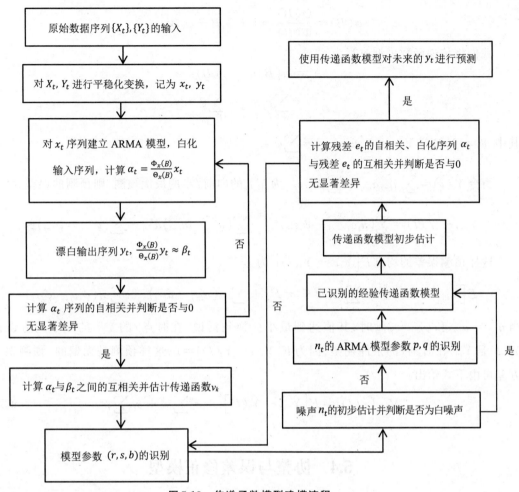

图 5.10　传递函数模型建模流程

5.3.4　传递函数模型的预测

一旦找到拟合充分的模型,则可由输入序列 $\{X_t\}$ 来进行输出序列 $\{Y_t\}$ 的预测。

假定 Y_t 和 X_t 是平稳的,且以如下的传递函数模型形式关联,即

$$Y_t = \frac{\omega(B)}{\delta(B)} B^b X_t + \frac{\Theta(B)}{\Phi(B)} \varepsilon_t$$

且

$$\Phi_x(B) X_t = \Theta_x(B) \alpha_t$$

其中, $\omega(B), \delta(B), \Theta(B), \Phi(B), \Phi_x(B)$ 和 $\Theta_x(B)$ 均是有限阶数的 B 的多项式, $\delta(B) = 0, \Theta(B) = 0, \Phi(B) = 0, \Phi_x(B) = 0$ 和 $\Theta_x(B) = 0$ 的根均在单位圆外,且 ε_t 和 α_t 是零均值、方差分别为 σ_ε^2 和 σ_α^2 的相互独立的白噪声。令

$$u(B) = \frac{\omega(B) B^b \Theta_x(B)}{\delta(B) \Phi_x(B)} = u_0 + u_1 B + u_2 B^2 + \cdots$$

和

$$\psi(B) = \frac{\Theta(B)}{\Phi(B)} = 1 + \psi_1 B + \psi_2 B^2 + \cdots$$

我们将传递函数模型改写为

$$Y_t = u(B)\alpha_t + \psi(B)\varepsilon_t$$
$$= \sum_{j=0}^{\infty} u_j \alpha_{t-j} + \sum_{j=0}^{\infty} \psi_j \varepsilon_{t-j}$$

其中，$\psi_0 = 1$，这样 $Y_{t+l} = \sum_{j=0}^{\infty} u_j \alpha_{t+l-j} + \sum_{j=0}^{\infty} \psi_j \varepsilon_{t+l-j}$。

再令 $\hat{Y}_t(l) = \sum_{j=0}^{\infty} u_{l+j}^* \alpha_{t-j} + \sum_{j=0}^{\infty} \psi_{l+j}^* \varepsilon_{t-j}$ 为 Y_{t+l} 的向前 l 步的最优预测，则预测的误差为

$$Y_{t+l} - \hat{Y}_t(l) = \sum_{j=0}^{l-1}(u_j \alpha_{t+l-j} + \psi_j \varepsilon_{t+l-j}) - \sum_{j=0}^{\infty}(u_{l+j}^* - u_{l+j})\alpha_{t-j}^* - \sum_{j=0}^{\infty}(\psi_{l+j}^* - \psi_{l+j})\varepsilon_{t-j}$$

这样预测误差的均方 $E\left[Y_{t+l} - \hat{Y}_t(l)\right]^2$ 为

$$E\left[Y_{t+l} - \hat{Y}_t(l)\right]^2 = \sum_{j=0}^{l-1}(\sigma_\alpha^2 u_j^2 + \sigma_\varepsilon^2 \psi_j^2) + \sum_{j=0}^{\infty}\sigma_\alpha^2(u_{l+j}^* - u_{l+j})^2 + \sum_{j=0}^{\infty}\sigma_\varepsilon^2(\psi_{l+j}^* - \psi_{l+j})^2$$

当 $u_{l+j}^* = u_{l+j}$ 和 $\psi_{l+j}^* = \psi_{l+j}$ 时，其值达到最小。换句话说，在时点 t 的 Y_{t+l} 的最小均方误预测 $\hat{Y}_t(l)$ 是 Y_{t+l} 在时刻 t 的条件期望，因为 $E\left[Y_{t+l} - \hat{Y}_t(l)\right] = 0$，这样预测是无偏的，预测误差的方差可由下式给出：

$$Var[e_t(l)] = E\left[Y_{t+l} - \hat{Y}_t(l)\right]^2 = \sigma_\alpha^2 \sum_{j=0}^{l-1} u_j^2 + \sigma_\varepsilon^2 \sum_{j=0}^{l-1} \psi_j^2 \tag{5.36}$$

5.4　协整与误差修正模型

在现实生活中我们会发现，有些序列自身的变化虽然是非平稳的，但是序列与序列之间却具有非常密切的长期均衡关系。协整理论与误差修正模型探讨两序列之间可能存在的某种长期均衡关系及二者之间的波动矫正机制。

例 5.5　考察 1978—2013 年中国农村居民家庭人均纯收入对数序列 $\{\ln X_t\}$ 和生活消费支出对数序列 $\{\ln Y_t\}$ 的相对变化关系，数据见附录 A5.2。对中国农村居民家庭人均纯收入对数序列 $\{\ln X_t\}$ 和生活消费支出序列 $\{\ln Y_t\}$ 绘制时序图，如图 5.11 所示。

图 5.11 中，实线代表中国农村居民家庭人均纯收入对数序列 $\{\ln X_t\}$，虚线代表中国农村居民家庭人均生活消费支出对数序列 $\{\ln Y_t\}$，这两个序列都具有显著的线性递增趋势，所以都是非平稳序列。但是它们之间却具有非常稳定的线性相关关系。当收入增多时，生活消费支出也增多，它们的变化速度几乎一致。这种稳定的同变关系，让我们怀疑它们之间具有一种内在的平稳机制，导致它们自身的变化虽是不平稳的，但彼此之间却具有长期均衡发展的关系。为了有效地衡量序列之间是否具有长期均衡关系，Engle 和 Granger 于 1987 年提出了协整的概念。

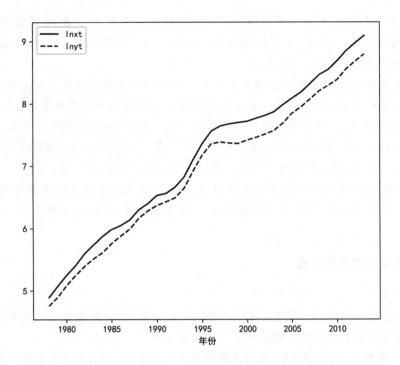

图 5.11　中国农村居民家庭人均纯收入与生活消费支出对数序列时序图

5.4.1　伪回归现象

1. 伪回归的含义

所谓伪回归,是指时间序列变量间本来不存在相关关系,但回归结果却得出存在相关关系的一种错误建模结果。20 世纪 70 年代,Grange、Newbold 研究发现,如果用传统回归分析方法对彼此不相关联的非平稳变量进行回归,t 检验值和 R^2 值往往会倾向于显著,从而得出变量相依的伪回归结果。

考察如下例子:假设 $\{X_t\}$,$\{Y_t\}$ 是相互独立的随机游动过程,即

$$X_t = X_{t-1} + v_t, \quad Y_t = Y_{t-1} + u_t$$

其中,$\{v_t\}$,$\{u_t\}$ 为白噪声序列,且相互独立。

引入回归模型

$$Y_t = \beta_0 + \beta_1 X_t + \varepsilon_t$$

显然,由于 $\{X_t\}$,$\{Y_t\}$ 相互独立,β_1 应为 0。

如果利用传统回归分析方法来进行检验,Grange 等发现在显著性水平 0.05 的情况下,拒绝原假设 $H_0: \beta_1 = 0$ 的频率高达 0.76,而且这种拒绝率随着样本长度 T 的增加而增大。此外他们还发现,Y_t 与 X_t 之间的样本相关系数接近 ±1 的频率很大。也就是说,对于两个本来不相关的非平稳变量,如果用传统回归分析方法进行分析,会倾向于拒绝原假设 $H_0: \beta_1 = 0$,从而形成伪回归。

2. 伪回归的处理

两个变量序列不满足平稳性条件是产生伪回归的主要原因。这意味着,当对动态数据进

行回归分析,回归模型中包含非平稳序列时,即使 t 检验值和 R^2 都显著,也不能据此推断变量间确实存在相关关系。那么,如何处理这种现象呢? 动态数据之间是否可以建立回归模型呢? 逻辑上,有两种处理伪回归的方法。

一种方法是避免回归方程中出现非平稳项。传统的做法是对非平稳变量进行差分,使得差分序列变成平稳序列,然后对差分变量进行回归。这种做法可以消除变量非平稳性可能带来的伪回归问题,但却会损失变量间长期关系的信息。例如,研究消费支出与收入的关系时,如果对变量进行差分后做回归分析,所得模型实际上描述的是消费支出的单位变化与收入的单位变化之间的关系,而不是消费支出与收入这两个变量之间的相关关系。

另一种方法是直接对非平稳变量进行回归,但需要采用新的方法探测变量间是否真的存在相依关系,以建立起能反映水平变量间真实关系的回归方程。这种新的方法就是协整分析。

5.4.2 协整的概念与性质

1. 单整与协整

从单位根过程的定义可以看出,含一个单位根的过程,其一阶差分是一个平稳过程,像这种可通过差分运算达到平稳的时间序列也称为单整序列。

定义 5.8(单整） 若序列 $\{X_t\}$ 通过 d 次差分可达到平稳,而 $d-1$ 次差分不能达到平稳,则称该时间序列 $\{X_t\}$ 为 d 阶单整序列,记为 $X_t \sim I(d)$。特别地,如果序列 $\{X_t\}$ 本身是平稳的,则称其为零阶单整序列,记为 $X_t \sim I(0)$。单位根过程为一阶单整过程,可记为 $X_t \sim I(1)$。

定义 5.9(两变量协整） 若两个同阶单整时间序列的线性组合为平稳序列,则称这两个序列存在协整关系。以一阶单整为例,若 $X_t \sim I(1)$,$Y_t \sim I(1)$,而 $Z_t = aX_t + bY_t \sim I(0)$,则称序列 $\{X_t\}$ 与 $\{Y_t\}$ 存在协整关系。

定义 5.10(多变量协整） 设有 $m(m>2)$ 维时间序列向量 $X_t = [X_{1,t}, X_{2,t}, \cdots, X_{m,t}]^T$,如果满足:

(1)每一个分量时间序列 $\{X_{1,t}\}$,$\{X_{2,t}\}$,$\cdots$,$\{X_{m,t}\}$ 均为 d 阶单整序列,即 $X_{i,t} \sim I(d)$;

(2)存在非零向量 $\alpha = [\alpha_1, \alpha_2, \cdots, \alpha_m]^T$,使得 $\alpha^T X_t = \alpha_1 X_{1,t} + \alpha_2 X_{2,t} + \cdots + \alpha_m X_{m,t}$ 为 $d-b$ 阶单整序列,即 $\alpha^T X_t \sim I(d-b)$,$0 < b \leqslant d$,

则称时间序列向量 $X_t = [X_{1,t}, X_{2,t}, \cdots, X_{m,t}]^T$ 的分量间是 d,b 阶协整的,记为 $X_t \sim CI(d,b)$,向量 $\alpha = [\alpha_1, \alpha_2, \cdots, \alpha_m]^T$ 称为协整向量。

特别地,若 $d=b=1$,则 $X_t \sim CI(1,1)$,说明尽管各个分量序列是非平稳的一阶单整序列,但它们的某种线性组合却是平稳的。

由定义 5.9 和定义 5.10 可知,所谓协整,是指多个非平稳变量的某种线性组合是平稳的。也就是说,尽管各个变量具有各自的长期波动规律,每一序列的数字特征会随着时间而变化,具有时变性,但它们的某种线性组合却存在稳定的相关特征,表现出这些非平稳变量之间的关系具有时不变性,呈现一个长期稳定的均衡特征。例如,收入与消费、工资与价格、出口与进口等,这些时间序列一般是非平稳序列,但它们之间却往往存在长期均衡关系。

协整关系是变量间长期均衡关系的数量表现。若变量间存在协整关系,则意味系统自身运行不会破坏其内在的均衡机制,虽然系统中的变量在某期受到冲击后会可能会偏离其均衡点,但内在的均衡机制将在下一期进行矫正以消除偏差,使其重新回到均衡状态,在反复的偏离与矫正中,系统运行保持着动态的均衡关系。

2.单整与协整的性质

(1)单整的性质

性质 1 若 $X_t \sim I(0)$,对于任意非零实数 a,b,有
$$a + bX_t \sim I(0)$$

性质 2 若 $X_t \sim I(d)$,对于任意非零实数 a,b,有
$$a + bX_t \sim I(d)$$

性质 3 若 $X_t \sim I(0)$,$Y_t \sim I(0)$,对于任意非零实数 a,b,有
$$Z_t = aX_t + bY_t \sim I(0)$$

性质 4 若 $X_t \sim I(d)$,$Y_t \sim I(c)$,对于任意非零实数 a,b,有
$$Z_t = aX_t + bY_t \sim I(k), \quad k \leqslant \max\{d,c\}$$

(2)协整的性质

性质 1 在两变量情形下,协整向量在常数倍意义下是唯一的;而当序列个数 $m > 2$ 时,向量序列 $\boldsymbol{X}_t = [X_{1,t}, X_{2,t}, \cdots, X_{m,t}]^T$ 可能存在多个协整向量。

性质 2 在两变量情形下,两个序列为同阶单整的前提下,协整关系才有可能存在;对于三变量及以上情形,当各变量的单整阶数不相同时,也有可能形成长期均衡关系。

3.协整的意义

协整概念的提出对于用非平稳变量建立动态回归模型,以及检验这些变量之间的长期均衡关系非常重要。

(1)如果多个非平稳变量具有协整性,则这些变量可以合成一个平稳序列。这个平稳序列就可以用来描述原变量之间的均衡关系。

(2)当且仅当多个非平稳变量之间具有协整性时,由这些变量建立的回归模型才有意义。所以协整性检验也是区别真实回归与伪回归的有效方法。

(3)具有协整关系的非平稳变量可以用来建立误差修正模型。由于误差修正模型把长期关系和短期动态特征结合在一个模型中,因此既可以克服伪回归问题,又可以克服建立差分模型忽视水平变量信息的弱点。

5.4.3 协整检验与协整方程

在实际应用中,变量之间是否存在协整关系往往是未知的。因此,需要进行协整检验。检验协整的方法根据检验的对象上可分为两种:一种是基于回归残差的协整检验,这种检验也称为单一方程的协整检验;另一种是基于回归系数的协整检验。我们以二元时间序列为例,给出基于回归残差的协整 EG(Engle-Granger)检验法。

(1)提出假设

H_0:回归残差序列 $\{e_t\}$ 非平稳(序列之间不存在协整关系)

H_1:回归残差序列 $\{e_t\}$ 平稳(非平稳序列之间存在协整关系)

(2)EG 检验两步法

在提出检验假设的基础上,分两步来完成 EG 检验。

第一步,设序列 $\{X_t\}$ 与 $\{Y_t\}$ 同阶单整,建立二者的普通回归模型,即有

$$Y_t = \hat{\beta}_0 + \hat{\beta}_1 X_t$$

用 $\hat{\beta}_0$ 和 $\hat{\beta}_1$ 表示回归系数的估计值,则模型残差估计值为

$$e_t = Y_t - \hat{\beta}_0 - \hat{\beta}_1 X_t$$

第二步,对 $\{e_t\}$ 进行平稳性检验。

若 $e_t \sim I(0)$,则 $\{X_t\}$ 与 $\{Y_t\}$ 具有协整关系,此时,称

$$Y_t = \beta_0 + \beta_1 X_t + \varepsilon_t \tag{5.37}$$

为协整回归方程,也称之为 $\{X_t\}$ 与 $\{Y_t\}$ 之间的长期均衡方程。

$\{e_t\}$ 的平稳性可综合采用图检验法与单位根检验进行考察。在使用单位根检验时需要注意,EG 检验的原理与计算公式和 DF 检验的原理与计算公式相同,但检验的临界值略有不同。EG 检验的临界值不仅与位移项、趋势项等因素有关,而且与回归模型中非平稳变量的个数有关。Mackinnon 提供了 EG 检验的临界值表,并将 EG 检验的临界值表与 ADF 检验的临界值表结合在一起。当非平稳序列的个数为 1 时,即为 ADF 检验;当非平稳序列的个数大于 1 时,即为 EG 检验。

5.4.4 误差修正模型

误差修正模型(error correction model)简称 ECM,最初由 Hendry 和 Anderson 于 1977 年提出,它常常作为协整模型的补充模型出现。协整模型度量序列之间的长期均衡关系,而 ECM 模型则解释序列的短期波动关系。

1.误差修正模型的构造原理

设非平稳时间序列 $\{X_t\}$ 与 $\{Y_t\}$ 之间存在协整关系,即

$$Y_t = \beta_0 + \beta_1 X_t + \varepsilon_t$$

则有误差序列 $\{\varepsilon_t\}$ 为平稳序列,即

$$\varepsilon_t = Y_t - \beta_0 - \beta_1 X_t \sim I(0)$$

式(5.37)两侧同时减去 Y_{t-1},有

$$Y_t - Y_{t-1} = \beta_0 + \beta_1 X_t - Y_{t-1} + \varepsilon_t$$

将 $Y_{t-1} = \beta_0 + \beta_1 X_{t-1} + \varepsilon_{t-1}$ 代入上式,则有

$$Y_t - Y_{t-1} = \beta_1 X_t - \beta_1 X_{t-1} - \varepsilon_{t-1} + \varepsilon_t \tag{5.38}$$

记 $ECM_{t-1} = \varepsilon_{t-1} = Y_{t-1} - \beta_0 - \beta_1 X_{t-1}$,表示上一期的误差,则式(5.38)可整理为

$$\nabla Y_t = \beta_1 \nabla X_t - ECM_{t-1} + \varepsilon_t \tag{5.39}$$

式(5.39)表明序列 $\{Y_t\}$ 的当期波动 ∇Y_t 主要受序列 $\{X_t\}$ 的当期波动 ∇X_t、上一期的误差 ECM_{t-1} 及当期扰动 ε_t 三方面的短期影响,变量在本期的变动,会根据上期偏差的情况作出调整。为定量描述这种调整模式,可构建误差修正模型,模型结构为

$$\nabla Y_t = \gamma_1 \nabla X_t + \gamma_2 ECM_{t-1} + \varepsilon_t \tag{5.40}$$

其中,γ_1 表示 $\{X_t\}$ 的当期波动 ∇X_t 对 $\{Y_t\}$ 的当期波动 ∇Y_t 的影响;γ_2 称为误差修正系数,表示的是上一期的误差 ECM_{t-1} 对当期波动 ∇Y_t 的影响,体现误差修正项对当期波动的修正力

度。由前述推导可知 $\beta_1 < 0$,这意味误差修正机制是一个负向反馈机制。也就是说,当 Y_{t-1} 的值大于与 X_{t-1} 相对应的均衡值时,均衡误差 ECM_{t-1} 为正值,由于修正系数 γ_2 为负数,必然对 Y_t 的本期变化 ∇Y_t 形成反向调节作用,从而导致本期 Y_t 值回落;而当 Y_{t-1} 的值低于与 X_{t-1} 相对应的均衡值时,均衡误差 ECM_{t-1} 为负值,经过修正系数 γ_2 的反向调节,将导致本期 Y_t 的值增大。

2.误差修正模型的特点

(1)如果模型中的变量是平稳的,则 ECM 中包含的所有差分变量和非均衡误差项都具有平稳性,从而可以使用 OLS 方法得到 ECM 参数的一致估计。

(2)与传统建模方法的不同之处在于,ECM 不再单纯地用水平变量或差分变量进行建模,而是将两者有机地结合起来,充分利用两者所提供的信息。

(3)ECM 的参数可分为长期参数和短期参数两类。长期参数反映变量间的长期均衡关系,短期参数刻画了变量间的短期变化关系。

式(5.40)还可写为

$$\nabla Y_t = \gamma_1 \nabla X_t + \gamma_2 (Y_{t-1} - \beta_0 - \beta_1 X_{t-1}) + \varepsilon_t \tag{5.41}$$

从式(5.41)可以看出,非均衡误差项中的 β_0,β_1 是长期参数,模型中的 γ_1,γ_2 是短期参数。从短期看,被解释变量的变动是由长期趋势和短期波动所决定的,但从长期看,变量之间的协同关系将起到引力作用,会将系统的非均衡偏离拉向均衡状态。

3.误差修正模型的估计

估计 ECM,必须先得到非均衡误差序列,而计算非均衡误差又必须已知协整参数。但在实际应用中,事先往往并不知道所研究的非平稳序列是否存在协整关系。因此,估计 ECM 之前,首先应检验两序列的协整性,在存在协整关系的情况下,估计出协整参数;进而利用协整回归所得到的回归残差作为误差修正项加入到 ECM 中,然后对 ECM 用 OLS 方法进行估计。上述 ECM 的构造原理,依据 Engle-Granger(1987)提出的构建思路,一般称为 EG 两步法。下面以二维时间序列为例,给出 EG 两步法的具体步骤。

假设两个非平稳时间序列 $\{X_t\}$ 与 $\{Y_t\}$ 之间存在协整关系

$$Y_t = \beta_0 + \beta_1 X_t + \varepsilon_t$$

根据前面的结论知,序列 $\{X_t\}$ 与 $\{Y_t\}$ 之间必存在误差修正机制,可以建立如下误差修正模型:

$$\nabla Y_t = \gamma_1 \nabla X_t + \gamma_2 ECM_{t-1} + \varepsilon_t$$

第一步,对式(5.37)进行 OLS 协整回归,估计出协整参数 $\hat{\beta}_0,\hat{\beta}_1$,得到变量间的长期均衡关系,然后计算残差项序列:

$$e_t = Y_t - \hat{\beta}_0 - \hat{\beta}_1 X_t$$

第二步,用第一步得到的残差 e_{t-1} 替换式(5.40)中的非均衡误差项 ECM_{t-1},得到如下回归模型:

$$\nabla Y_t = \gamma_1 \nabla X_t + \gamma_2 e_{t-1} + \varepsilon_t \tag{5.42}$$

用 OLS 法进行估计,得到 ECM 的最终估计式。

5.5 案例分析

本节通过 Python 软件实现多元时间序列分析中三个基本模型的应用分析。

5.5.1 向量自回归模型案例分析

针对我国 1978—2018 年的国内生产总值 GDP、城乡居民消费额 COM 数据与全社会固定资产投资总额 INV 数据，考察并量化该动态系统的运行规律，数据见附录 A5.3。

由于 COM（城乡居民消费额）和 INV（全社会固定资产投资总额）对 GDP（国内生产总值）有影响，而且 INV、COM 和 GDP 之间存在滞后效应。因此本例选取 INV、COM 以及 GDP 变量来代入 VAR 模型中，首先对数据进行取对数及差分处理。进行取对数和差分处理的目的是尽可能使序列平稳，并消除异方差问题。

1.数据导入与预处理

首先在软件中导入本案例所需要的数据分析包和我国 1978—2018 年的国内生产总值 GDP、城乡居民消费额 COM 数据与全社会固定资产投资总额 INV 数据，代码如下：

```
import pandas as pd
import numpy as np
import statsmodels.tsa.stattools as ts
from statsmodels.tsa.api import VAR
from statsmodels.stats import diagnostic
ME = pd.read_excel('生产总值、消费额、投资额.xlsx', 'MEdata',index_col="年份",
parse-dates=True)
lnME = np.log(ME[['COM', 'GDP', 'INV']])
dlnME = lnME.diff().dropna()
dlnME.columns = ['dlnCOM', 'dlnGDP', 'dlnINV']
print(dlnME.head())
```

【代码说明】

1）第 1 至 5 行，导入模块并命名。以第 1 行为例，导入 pandas 模块并命名为 pd；

2）第 6 至 10 行，导入数据，并对其做取对数和差分处理，去除掉缺失值；

3）第 11 行，输出处理后的数据前 5 行。

输出数据如下（仅展示部分数据）：

```
        dlnCOM    dlnGDP    dlnINV
Year
1979  0.135377  0.115273  0.067577
1980  0.148745  0.115000  0.061105
1981  0.117355  0.080194  0.053432
1982  0.087043  0.090401  0.222102
1983  0.116426  0.113638  0.175353
 ⋮        ⋮         ⋮         ⋮
```

2.可视化数据

对处理后的数据进行可视化展示,观察其平稳性,代码如下:

```
dlnME['dlnCOM'].plot(marker='o',color='k',grid=True)
dlnME['dlnGDP'].plot(linestyle='--',color='k',grid=True)
dlnME['dlnINV'].plot(color='k',grid=True)
plt.legend()
```

【代码说明】

1)第1至3行,将dlnME里的三列数据可视化,分别用实心圆、虚线、实线表示,颜色设为黑色,显示网格线;

2)第4行,输出图例。

图形如下:

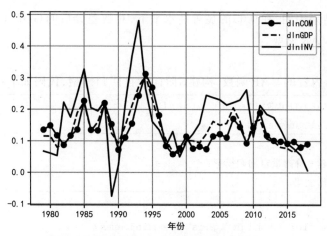

图5.12 处理后INV、COM和GDP时序图

从图5.12中可以看出,对数差分后的COM、GDP以及INV在1985年、1990年以及1993年波动幅度较大,需要进一步进行平稳性检验。

3.平稳性检验

使用Python内置的adfuller函数来对差分后的每一列数据做ADF检验,代码如下:

```
ADF_print(ts.adfuller(dlnME['dlnGDP']))
ADF_print(ts.adfuller(dlnME['dlnCOM']))
ADF_print(ts.adfuller(dlnME['dlnINV']))
```

【代码说明】

第1至3行,调用前面定义的单位根检验函数,检验序列平稳性。

检验结果如下:

```
ADF statists = -3.340,
  p_value = 0.013
  critical value:
     1% level: -3.627
     5% level: -2.946
     10% level: -2.612
ADF statists = -3.696,
```

```
    p_value = 0.004
    critical value:
        1% level: -3.616
        5% level: -2.941
        10% level: -2.609
ADF statists = -3.451,
    p_value = 0.009
    critical value:
        1% level: -3.616
        5% level: -2.941
        10% level: -2.609
```

ADF检验结果表明,在0.05的显著性水平下,对数差分后的GDP、COM以及INV均为平稳序列,可构建VAR模型。

4.模型定阶

调用Python内置的VAR函数,构建5阶向量自回归模型,代码如下:

```
var_model = VAR(dlnME).select_order(5)
print(var_model.summary())
```

【代码说明】

1)第1行,构建5阶向量自回归模型;

2)第2行,输出结果。

输出结果如下:

```
VAR Order Selection (* highlights the minimums)
==================================================
            AIC         BIC         FPE         HQIC
--------------------------------------------------
0       -18.19      -18.06      1.261e-08      -18.14
1       -19.37*     -18.84*     3.879e-09*     -19.19*
2       -19.28      -18.35      4.306e-09      -18.96
3       -19.12      -17.78      5.231e-09      -18.66
4       -19.17      -17.44      5.270e-09      -18.57
5       -19.12      -16.98      6.204e-09      -18.38
--------------------------------------------------
```

结果表明,在AIC准则、BIC准则、FPE准则以及HQIC准则下,统计量最小时均为滞后一阶的情况,分别为-19.37,-18.84,$3.879*10^{-9}$以及-19.19。因此模型拟合时选取滞后阶数为一阶。

5.模型估计

```
VAR1 = VAR(dlnME).fit(1)
print(VAR1.summary())
```

【代码说明】

1)第1行,对数据拟合滞后一阶的模型;

2)第2行,输出结果。

模型估计结果如下：

```
           Summary of Regression Results
=====================================================
Model:                     VAR
Method:                    OLS
Date:           Sat, 28, May, 2022
Time:                      17:05:43
-----------------------------------------------------
No. of Equations:   3.00000   BIC:              -18.9225
Nobs:               39.0000   HQIC:             -19.2507
Log likelihood:     224.955   FPE:          3.63655e-09
AIC:                -19.4344   Det(Omega_mle):   2.71317e-09
-----------------------------------------------------
Results for equation dlnCOM
=====================================================
               coefficient   std. error   t-stat    prob
-----------------------------------------------------
const             0.0281       0.015       1.848     0.065
L1.dlnCOM        -0.2007       0.255      -0.786     0.432
L1.dlnGDP         0.7884       0.299       2.632     0.008
L1.dlnINV         0.1243       0.086       1.446     0.148


Results for equation dlnGDP
=====================================================
               coefficient   std. error   t-stat    prob
-----------------------------------------------------
const             0.0491       0.016       3.161     0.002
L1.dlnCOM        -0.7303       0.260      -2.804     0.005
L1.dlnGDP         1.1715       0.305       3.836     0.000
L1.dlnINV         0.1376       0.088       1.570     0.116
=====================================================

Results for equation dlnINV
=====================================================
               coefficient   std. error   t-stat    prob
-----------------------------------------------------
const             0.1090       0.033       3.301     0.001
L1.dlnCOM        -1.9066       0.554      -3.442     0.001
L1.dlnGDP         1.8574       0.649       2.860     0.004
L1.dlnINV         0.3335       0.186       1.788     0.074
=====================================================


Correlation matrix of residuals
          dlnCOM     dlnGDP     dlnINV
dlnCOM   1.000000   0.792741   0.176416
dlnGDP   0.792741   1.000000   0.441793
dlnINV   0.176416   0.441793   1.000000
```

图 5.13　VAR 模型估计结果

为便于表达，记 $X = \mathrm{d}\ln\mathrm{COM}$，$Y = \mathrm{d}\ln\mathrm{GDP}$，$Z = \mathrm{d}\ln\mathrm{INV}$，则模型表达式为

$$
\begin{cases}
X_t = 0.0281 - 0.2007X_{t-1} + 0.7884Y_{t-1} + 0.1243Z_{t-1} + \varepsilon_{1t} \\
Y_t = 0.0491 - 0.7303X_{t-1} + 1.1715Y_{t-1} + 0.1376Z_{t-1} + \varepsilon_{2t} \\
Z_t = 0.1090 - 1.9066X_{t-1} + 1.8574Y_{t-1} + 0.3335Z_{t-1} + \varepsilon_{3t}
\end{cases}
$$

图 5.13 显示,前一期城乡居民消费额 COM 的变化(X_{t-1}),将对当期自身变化(X_t)产生负向影响,而其他变量前一期的变化将对当期城乡居民消费额 COM 的变化(X_t)产生正向影响;前一期城乡居民消费额 COM 的变化(X_{t-1})将对当期 GDP 的变化(Y_t)产生负向作用,而前一期全社会固定资产投资总额 INV 的变化(Z_{t-1})将对当期 GDP 的变化(Y_t)产生正向作用,前一期 GDP 的变化(Y_{t-1})对当期自身变化(Y_t)也是正向作用;前一期城乡居民消费额 COM 的变化(X_{t-1})将对当期全社会固定资产投资总额 INV 的变化(Z_t)产生负向影响,而前一期 GDP 的变化(Y_{t-1})对当期全社会固定资产投资总额 INV 的变化(Z_t)是正向影响,前一期全社会固定资产投资总额 INV 的变化(Z_{t-1})对当期自身变化(Z_t)也是正向影响。

将估计结果进行可视化,代码如下:

```
VAR1.plot()
```

【代码说明】

调用导入的 VAR 数据包中定义的 plot 函数,将结果可视化。

输出结果如下:

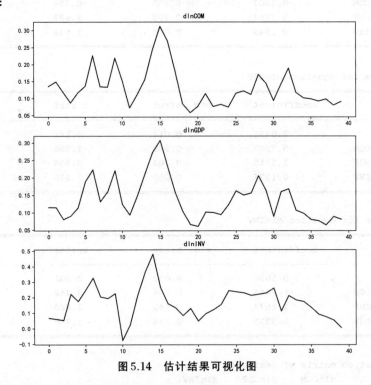

图 5.14　估计结果可视化图

基于模型的系数,检验结果是否平稳,代码如下:

```
VAR1.is_stable()
```

【代码说明】

调用导入的 VAR 数据包中定义的 is_stable 函数,检验是否平稳,输出结果为 True 或 False。

输出结果如下:

True

输出结果为 True。这表明检验结果是平稳的。

6.模型的诊断与检验

(1)自相关检验

接下来对拟合的 VAR 模型进行诊断和检验。首先获取残差序列的自相关矩阵,代码如下:

```
VAR1.resid_acorr()
```

【代码说明】

调用导入的 VAR 数据包中定义的 resid_acorr 函数对模型进行诊断和检验。

输出结果如下:

```
array([[[1.000, 0.793, 0.176],
        [0.793, 1.000, 0.442],
        [0.176, 0.442, 1.000]],
       [[0.158, 0.202, 0.111],
        [0.040, 0.072, 0.050],
        [0.027 , 0.062, 0.089]]])
```

然后绘制残差的自相关函数,代码如下:

```
VAR1.plot_acorr(resid=True)
```

【代码说明】

调用导入的 VAR 数据包中定义的 plot_acorr 函数绘制残差的自相关函数图,图形设置为带有网格线。

输出结果如下:

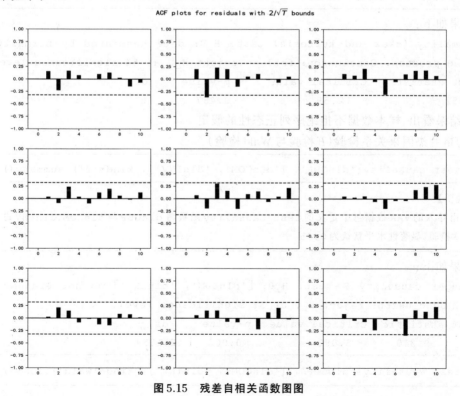

图 5.15 残差自相关函数图图

图 5.15 说明,在范围边界内,滞后 10 期的残差序列均未越过虚线边界,部分图形靠近边界。因此可以认为,不存在序列自相关的情况。

下面进行异方差残差检验,代码如下:

```
VAR1.test_whiteness().summary()
```

【代码说明】

调用导入的 VAR 数据包中定义的 test_whiteness 函数进行异方差残差检验,显著性水平默认为 0.05。

输出结果如下:

```
Portmanteau-test for residual autocorrelation. H_0: residual autocorrela-
tion up to lag 10 is zero. Conclusion: fail to reject H_0 at 5% significance
level.
    Test statistic  Critical value        p-value      df
        79.95          103.0              0.512         81
```

检验结果表明,检验统计量在 0.05 的显著性水平下小于临界统计量,p 值越大,越不能拒绝 H_0。因此,可认为残差序列不存在异方差。

(2)正态性检验

正态性检验代码如下:

```
VAR1.test_normality().summary()
```

【代码说明】

调用导入的 VAR 数据包中定义的 test_normality 函数进行正态性检验,显著性水平默认为 0.05。

输出结果如下:

```
normality (skew and kurtosis) test. H_0: data generated by normally-dis-
tributed process. Conclusion: fail to reject H_0 at 5% significance level.
    Test statistic  Critical value        p-value      df
    5.452              12.59             0.487          6
```

从结果看出,样本数据不拒绝序列正态性的假定。

(3)格兰杰因果关系检验(F 检验与 Wald 检验)

```
VAR1.test_causality('dlnGDP', ['dlnCOM', 'dlnINV'], kind='f').summary()
```

【代码说明】

调用导入的 VAR 数据包中定义的 test_causality 函数将 dlnGDP 与 dlnCOM、dlnINV 进行格兰杰因果 F 检验,显著性水平默认为 0.05。

输出结果如下:

```
Granger causality F-test. H_0: ['dlnCOM', 'dlnINV'] do not Granger-cause
dlnGDP. Conclusion: reject H_0 at 5% significance level.
    Test statistic  Critical value  p-value      df
        9.310          3.083          0.000     (2,105)
```

```
VAR1.test_causality('dlnGDP', ['dlnCOM', 'dlnINV'], kind='wald').summary()
```

【代码说明】

调用导入的 VAR 数据包中定义的 test_causality 函数将 dlnGDP 与 dlnCOM、dlnINV 进行格兰杰因果 Wald 检验,显著性水平默认为 0.05。

输出结果如下:

```
Granger causality Wald-test. H_0: ['dlnCOM', 'dlnINV'] do not Granger-
cause dlnGDP. Conclusion: reject H_0 at 5% significance level.
Test statistic    Critical value    p-value        df
     18.62            5.991          0.000          2
```

由于 Granger 因果关系检验的 F 检验和 Wald 检验的统计量远大于临界值,因此拒绝原假设,故 COM 和 INV 是 GDP 的 Granger 原因。

7. 脉冲响应分析

做脉冲响应分析,绘制渐进标准误差 95% 置信区间,滞后阶数设置为 10,代码如下:

```
irf = VAR1.irf(10)
irf.plot()
```

【代码说明】

调用导入的 VAR 数据包中定义的 irf 函数对所有变量做脉冲响应分析,滞后阶数设置为 10,并输出脉冲响应图。

输出结果如下:

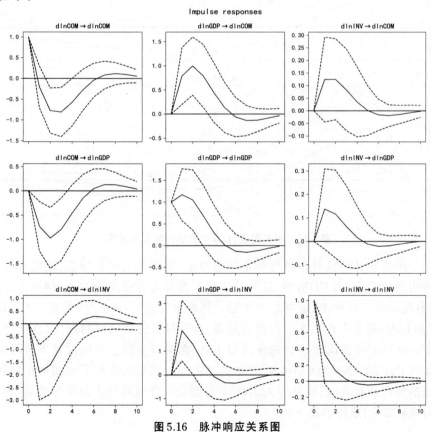

图 5.16　脉冲响应关系图

若需单独绘制冲击变量为 GDP 的脉冲响应关系图,代码如下:

```
irf.plot(impulse = 'dlnGDP')
```

【代码说明】
输出变量 dlnGDP 的脉冲响应图。

输出结果如下:

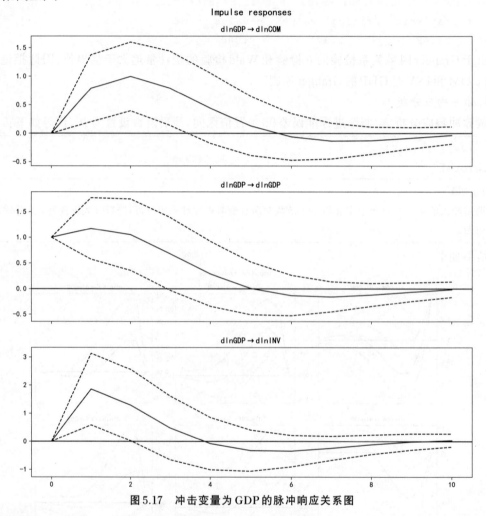

图 5.17　冲击变量为 GDP 的脉冲响应关系图

根据图 5.16 可知,COM 对自身先是正向的冲击,然后是负向的冲击,最终有轻微正向的冲击直至冲击效应消失;而 COM 对 GDP 以及 INV 都是先有负向的冲击,抑制作用先增大后减小,然后有轻微的正向冲击,最终趋于平稳。当冲击变量为 GDP 时,无论是对 GDP 自身还是对 COM 和 INV,都是先产生正向的促进效果,再有轻微的负向抑制作用,直至逐渐趋于 0。GDP 对 COM 和 INV 的正向作用是先递增后递减,而对自身的正向冲击效果是逐渐递减的。当冲击变量为 INV 时,INV 对 COM 和 GDP 的冲击效应都是先递增后递减的正向促进效应,然后是平缓的负向抑制效应,而 INV 对 INV 本身则是一直递减的正向促进效应,进而转变为平缓的负向抑制效应,最终也趋于 0。

进一步绘制累积的长期脉冲响应效果,代码如下:

```
irf.plot_cum_effects()
```

【代码说明】
输出所有变量的累积的长期脉冲响应效果图。

输出结果如下:

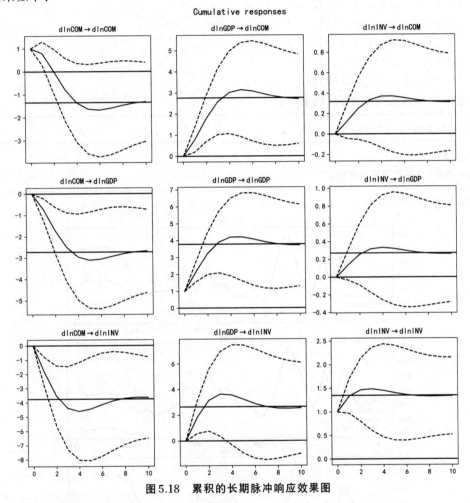

图 5.18 累积的长期脉冲响应效果图

图 5.18 表明,从长期来看,当 COM 为冲击变量时,其冲击效果和短期的类似,均为逐渐递增的冲击效应并趋于平缓;当 INV 为冲击变量时,均为逐渐递增的冲击效应并趋于平缓。因此,GDP 和 INV 的程度是不断加强的,而 COM 的冲击效果是逐渐递减的。

8.预测

最后进行 VAR 模型预测,预测期数选择为 10 期,代码如下:

```
VAR1.forecast(dlnME.values[-2:], 10)
```

【代码说明】
调用导入的 VAR 数据包中定义的 forecast 函数进行预测,预测期数为 10 期。

输出结果如下：

```
array([[0.075, 0.079, 0.089],
       [0.086, 0.099, 0.143],
       [0.107, 0.122, 0.176],
       [0.125, 0.138, 0.190],
       [0.136, 0.146, 0.191],
       [0.140, 0.147, 0.185],
       [0.139, 0.145, 0.178],
       [0.137, 0.142, 0.172],
       [0.134, 0.139, 0.169],
       [0.132, 0.137, 0.168]])
```

并绘制模型预测结果图，代码如下：

```
VAR1.plot_forecast(10)
```

【代码说明】

输出模型10期的预测效果图。

输出结果如下：

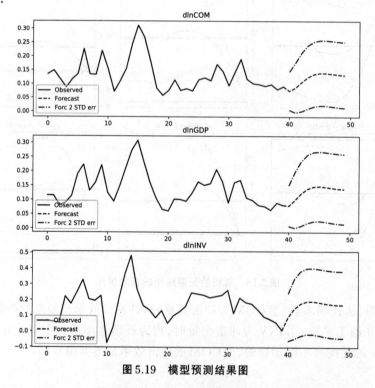

图5.19　模型预测结果图

图5.19中，实线部分表示已有的观测值，虚线为预测值，而预测虚线的上下两条虚线为两个标准误差下的预测值。预测结果显示，COM、GDP和INV，在未来10期的VAR预测均为先上升再平缓的曲线状态。

基于VAR(1)模型，对各内生变量进行预测误差方差分解，预测期数选择为5期，代码如下：

```
fevd = VAR1.fevd(5)
fevd.summary()
```

【代码说明】
　　调用导入的 VAR 数据包中定义的 fevd 函数，将所有变量的预测误差方差分解，预测期数设置为 5 期。

输出结果如下：

```
FEVD for dlnCOM
      dlnCOM dlnGDP dlnINV
0     1.000  0.000  0.000
1     0.737  0.232  0.031
2     0.539  0.415  0.046
3     0.470  0.482  0.048
4     0.461  0.492  0.047


FEVD for dlnGDP
      dlnCOM dlnGDP dlnINV
0     0.628  0.372  0.000
1     0.373  0.593  0.033
2     0.281  0.676  0.042
3     0.268  0.689  0.043
4     0.276  0.682  0.042


FEVD for dlnINV
      dlnCOM dlnGDP dlnINV
0     0.031  0.245  0.724
1     0.030  0.462  0.508
2     0.057  0.500  0.443
3     0.079  0.494  0.427
4     0.088  0.489  0.423
```

　　上述结果表明，对于 COM 而言，GDP 对其的解释力度最大，约为 49.2%；COM 对自身的解释力度次之，约为 46.1%；INV 对 COM 的解释力度最小，约为 4.7%。对于 GDP 而言，其自身对自身的解释力度最大，约为 68.2%；COM 对其的解释力度次之，约为 27.6%；INV 对 GDP 的解释力度最小，约为 4.2%。对于 INV 而言，GDP 对其的解释力度最大，为 48.9%；INV 对自身的解释力度次之，而 COM 对 INV 的解释力度最小，约为 8.8%。

　　绘制上述预测方差误差分解，代码如下：

```
VAR1.fevd(5).plot()
```

【代码说明】
　　输出 5 期的预测方差误差分解图。

输出结果如下：

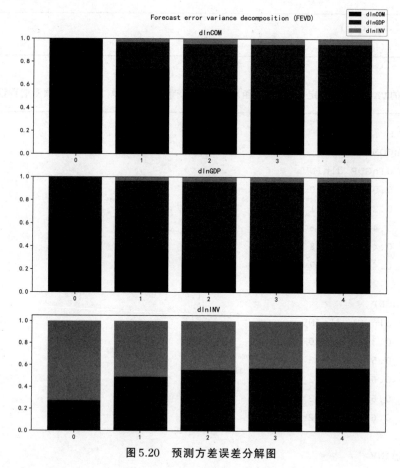

图 5.20　预测方差误差分解图

5.5.2　传递函数模型案例分析

1976 年，Box 和 Jenkins 采用带输入变量的 ARIMAX 模型为平稳多元序列建模，数据见附录 A5.4。

1.导入数据分析包与原始数据

```
import numpy as np
import pandas as pd
import matplotlib.pyplot as plt
from matplotlib.font_manager import FontProperties
import statsmodels.api as sm
import pyflux as pf
from statsmodels.tsa.arima_model import ARMA
from sklearn.metrics import mean_absolute_error,mean_squared_error
datadf = pd.read_excel("天燃气.xlsx", sep="\s+")
datadf.columns = ["GasRate", "C02"]
datadf.head()
```

　　1)第1至8行,导入模块并命名。以第2行为例,导入Numpy模块并命名为np;
　　2)第9至11行,导入数据,并输出数据。

输出结果如下(仅展示部分数据):

```
   GasRate C02
0  -0.109  53.8
1   0.000  53.6
2   0.178  53.5
3   0.339  53.5
4   0.373  53.4
⋮    ⋮      ⋮
```

　　在天然气炉中,输入的是天然气,输出的是CO_2,CO_2的输出浓度与天然气的输入速率有关。现以中心化后的天然气输入速率为输入序列,建立CO_2的输出百分浓度模型。

　　2.划分数据集

　　读取数据之后,将数据按80%与20%的比例划分训练集与测试集,代码如下:

```
trainnum = np.int(datadf.shape[0]*0.80)
train_data = datadf.iloc[0:trainnum, :]
test_data = datadf.iloc[trainnum:datadf.shape[0], :]
print(train_data.shape)
print(test_data.shape)
```

【代码说明】
　　1)第1至3行,将数据集划分为训练集与测试集;
　　2)第4至5行,输出训练集与测试集的数据类型。

输出结果如下:

(236, 2)

(60, 2)

　　从输出结果可以看出,训练集是一个236行2列的数据集,测试集是一个60行2列的数据集。

　　3.做出两序列的时序图与互相关系图

　　时序图直观显示输入序列和输出序列均平稳,代码如下:

```
plt.figure(figsize=(15, 5))
plt.subplot(1, 2, 1)
train_data.GasRate.plot(c="k")
plt.xlabel("观察时刻")
plt.ylabel("天然气速率(单位:ft./min)")
plt.subplot(1, 2, 2)
train_data.CO2.plot(c="k")
plt.show()
```

【代码说明】

    1）第1至2行，调整输出图像大小；

    2）第3至8行，对横纵坐标命名并绘制图像。

两个序列的时序图如下：

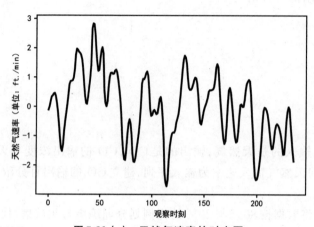

图 5.21（a）　天然气速率的时序图

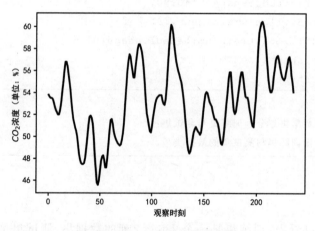

图 5.21（b）　CO_2 浓度的时序图

考虑到输入天然气速率与输出 CO_2 的浓度之间有逻辑上的因果关系，将输入天然气速率作为输入变量 X_t 纳入输出 CO_2 的浓度序列 Y_t 的模型。根据互相关函数的特征，考察模型的结构，代码如下：

```
yt = train_data.C02
xt = train_data.GasRate
dxt = pd.Series(xt).diff().dropna()
dyt = pd.Series(yt).diff().dropna()
ccf = plt.xcorr(dyt, dxt, maxlags=10, usevlines=True, color='k')
ccf = plt.xcorr(dyt, dxt, maxlags=10, usevlines=False, color='k')
```

【代码说明】

　　1)第 1 至 2 行,定义新的序列 xt,yt;

　　2)第 3 至 4 行,将新定义的两个序列进行差分;

　　3)第 5 至 6 行,输出两序列之间的互相关图,滞后阶数设置为 10。

输出结果如下:

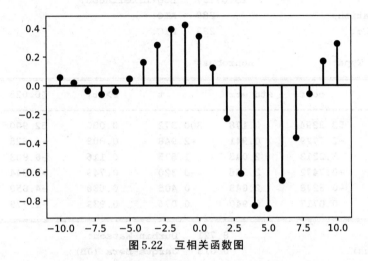

图 5.22　互相关函数图

　　从图 5.22 中可以看出从延迟 3 阶到延迟 7 阶,互相关系数都显著大于 2 倍标准差,这说明输出序列与输入序列之间至少有 3 阶滞后效应。

　　4.拟合模型

　　自回归模型可以表示为

$$Y_t = \beta_0 + \beta_1 X_{t-3} + \beta_2 X_{t-4} + \beta_3 X_{t-5} + \beta_4 X_{t-6} + \beta_5 X_{t-7} + n_t$$

　　估计模型,代码如下:

```
data = pd.read_excel("整理后数据.xlsx")
x = data[['x3', 'x4', 'x5', 'x6', 'x7']]
y = data['y']
x = sm.add_constant(x)
est = sm.OLS(y, x)
model = est.fit()
print(model.summary())
et = model.resid
```

【代码说明】

　　1)第 1 至 4 行,导入数据并添加常数项。其中,“整理后数据”是在原始数据基础上增加了变量 x(天然气速率)延迟 3 阶数据,记为 x3,其余类似;

　　2)第 5 至 6 行,建立最小二乘回归模型;

　　3)第 7 至 8 行,输出模型结果与模型残差。

模型估计结果如下:

```
                            OLS Regression Results
================================================================================
Dep. Variable:                      y   R-squared:                       0.109
Model:                            OLS   Adj. R-squared:                  0.094
Method:                 Least Squares   F-statistic:                     6.954
Date:                Thu, 12 Jan 2023   Prob (F-statistic):           3.82e-06
Time:                        23:07:57   Log-Likelihood:                -725.68
No. Observations:                 289   AIC:                             1463.
Df Residuals:                     283   BIC:                             1485.
Df Model:                           5
Covariance Type:            nonrobust
================================================================================
                 coef    std err          t      P>|t|      [0.025      0.975]
--------------------------------------------------------------------------------
const         53.3394      0.178    300.372      0.000      52.990      53.689
x3            -2.7729      0.941     -2.948      0.003      -4.625      -0.921
x4             3.2213      2.045      1.575      0.116      -0.803       7.246
x5            -0.7472      2.336     -0.320      0.749      -5.344       3.850
x6            -0.8278      2.043     -0.405      0.686      -4.850       3.194
x7             0.0717      0.940      0.076      0.939      -1.779       1.923
================================================================================
Omnibus:                        8.721   Durbin-Watson:                   0.109
Prob(Omnibus):                  0.013   Jarque-Bera (JB):                4.663
Skew:                           0.058   Prob(JB):                       0.0972
Kurtosis:                       2.389   Cond. No.                         42.8
================================================================================
```

图 5.23　模型估计结果

由图 5.23 得到自回归方程为

$$Y_t = 53.34 - 2.77X_{t-3} + 3.22X_{t-4} - 0.75X_{t-5} - 0.83X_{t-6} - 0.07X_{t-7} + n_t$$

当延迟阶数比较多时采用传递函数模型结构，以减少待估参数的个数。不妨采用 ARMA (1,2) 结构代替

$$Y_t = \beta_0 + \frac{\theta_0 - \theta_1 B - \theta_2 B^2}{1 - \Phi_1 B} B^3 X_t + \varepsilon_t$$

估计 ARMA(1,2) 模型，代码如下：

```
model1 = ARMA(xt, (1, 2)).fit()
print(model1.summary())
```

【代码说明】

　　1）第 1 行，拟合 ARMA(1,2) 模型；

　　2）第 2 行，输出拟合结果。

模型估计结果如下：

```
                          ARMA Model Results
==============================================================================
Dep. Variable:                GasRate   No. Observations:              236
Model:                      ARMA(1, 2)  Log Likelihood              24.335
Method:                        css-mle  S.D. of innovations          0.216
Date:                 Tue, 24 May 2022  AIC                        -38.670
Time:                         16:23:07  BIC                        -21.351
Sample:                              0  HQIC                       -31.688

==============================================================================
                 coef    std err          z      P>|z|      [0.025      0.975]
------------------------------------------------------------------------------
const          -0.0976    0.333     -0.293      0.770      -0.751       0.556
ar.L1.GasRate   0.9063    0.028     32.129      0.000       0.851       0.962
ma.L1.GasRate   0.9144    0.063     14.512      0.000       0.791       1.038
ma.L2.GasRate   0.3912    0.050      7.755      0.000       0.292       0.490
                                  Roots
==============================================================================
                  Real          Imaginary           Modulus         Frequency
------------------------------------------------------------------------------
AR.1            1.1033           +0.0000j            1.1033            0.0000
MA.1           -1.1686           -1.0910j            1.5988           -0.3805
MA.2           -1.1686           +1.0910j            1.5988            0.3805
------------------------------------------------------------------------------
```

图 5.24　ARMA(1,2)模型估计结果

由图 5.24 得到

$$Y_t = 53.34 + \frac{-0.10 - 0.91B - 0.39B^2}{1 - 0.91B} B^3 X_t + \varepsilon_t$$

接下来绘制残差序列的自相关图与偏自相关图,代码如下:

```
fig = plt.figure(figsize=(10, 5))
ax1 = fig.add_subplot(211)
fig = sm.graphics.tsa.plot_acf(et, lags=10, ax=ax1)
ax2 = fig.add_subplot(212)
fig = sm.graphics.tsa.plot_pacf(et, lags=10, ax=ax2)
plt.subplots_adjust(hspace=0.3)
plt.show()
```

【代码说明】

　　1)第 1 至 5 行,绘制自相关图与偏自相关图;

　　2)第 6 至 7 行,调整两图之间的垂直距离并输出图片。

输出结果如下:

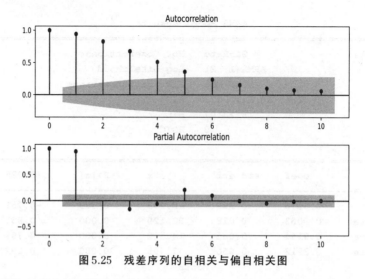

图 5.25 残差序列的自相关与偏自相关图

从图 5.25 中可以看出,自相关函数拖尾,偏自相关函数二阶截尾的特征,所以对残差序列拟合 AR(2) 模型。

估计 AR(2) 模型,代码如下:

```
model2 = ARMA(et, (2,0)).fit()
print(model2.summary())
```

【代码说明】

　　1)第 1 行,拟合 AR(2) 模型;

　　2)第 2 行,输出拟合结果。

模型估计结果如下:

ARMA Model Results

Dep. Variable:			y	No. Observations:		289
Model:		ARMA(2, 0)		Log Likelihood		-342.398
Method:		css-mle		S.D. of innovations		0.787
Date:	Thu, 12 Jan 2023			AIC		692.796
Time:		23:09:20		BIC		707.462
Sample:		0		HQIC		698.673

	coef	std err	z	P>|z|	[0.025	0.975]
const	0.0853	0.529	0.161	0.872	-0.951	1.122
ar.L1.y	1.4990	0.047	31.625	0.000	1.406	1.592
ar.L2.y	-0.5855	0.047	-12.340	0.000	-0.678	-0.492

Roots

	Real	Imaginary	Modulus	Frequency
AR.1	1.2802	-0.2631j	1.3069	-0.0323
AR.2	1.2802	+0.2631j	1.3069	0.0323

图 5.26 AR(2)模型估计结果

从图 5.26 得到的拟合模型为

$$Y_t = 53.34 + \frac{-0.10 - 0.91B - 0.39B^2}{1 - 0.91B}B^3 X_t + \frac{1}{1 - 1.50B + 0.59B^2}a_t$$

综上,我们得到以下模型,并可视化其在训练集上的拟合效果,代码如下:

```
model3 = pf.ARIMAX(data=train_data,formula="CO2~GasRate",
ar=1,ma=2,integ=0)
model3_1 = model3.fit("MLE")
model3.plot_fit(figsize=(10,5))
```

【代码说明】

1)第 1 至 3 行,拟合模型;

2)第 4 行,可视化模型的拟合结果。

输出结果如下:

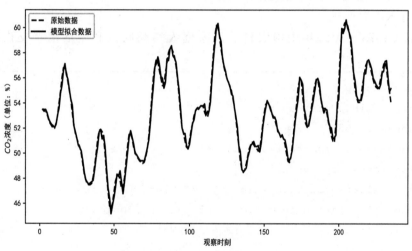

图 5.27 在训练集上的拟合效果图

5. 预测

预测测试集长度的数据,并将预测数据与原始数据相对比,代码如下:

```
model3.plot_predict(h=test_data.shape[0],
                    oos_data=test_data,
                    past_values=train_data.shape[0],
                    figsize=(15,5))
```

【代码说明】

第 1 至 4 行,可视化模型的预测结果。

输出结果如下:

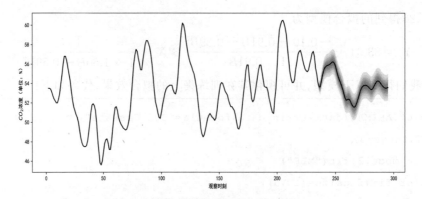

图 5.28　在测试集上的预测效果

5.5.3　协整与误差修正模型案例分析

考察 1978—2013 年中国农村居民家庭人均纯收入对数序列 $\{\ln X_t\}$ 和生活消费支出对数序列 $\{\ln Y_t\}$ 的相对变化关系,数据见附录 A5.2。

1.数据导入与预处理

首先导入 1978—2013 年中国农村居民家庭人均纯收入和生活消费支出数据,代码如下:

```python
import numpy as np
import matplotlib.pyplot as plt
import pandas as pd
import statsmodels.tsa.stattools as ts
import statsmodels.api as sm
from statsmodels.tsa.stattools import adfuller
from statsmodels.stats.diagnostic import acorr_ljungbox
from statsmodels.tsa.arima_model import ARMA
np.random.seed(123)
data = pd.read_excel('农村家庭收入消费.xlsx')
xt = data.lnx
yt = data.lny
row = range(1978, 2014, 1)
plt.xlabel('年份')
plt.plot(row,xt, 'k-')
plt.plot(row,yt, 'k--')
plt.legend(labels=['$lnx_t$', '$lny_t$'])
```

【代码说明】

1)第 1 至 8 行,导入模块并命名。以第 1 行为例,导入 Numpy 模块并命名为 np;

2)第 9 至 13 行,导入数据并做预处理;

3)第 14 至 17 行,绘制时序图。

输出结果如图5.11所示。

图5.11中,实线代表中国农村居民家庭人均纯收入对数序列$\{\ln X_t\}$,虚线代表中国农村居民家庭人均生活消费支出对数序列$\{\ln Y_t\}$。图5.11显示,这两个序列都具有显著的线性增长趋势,所以都是非平稳序列。但是它们之间却具有非常稳定的线性相关关系。当收入增多时,生活消费支出也增多,它们的变化速度几乎一致。这种稳定的同变关系,让我们怀疑它们之间具有一种内在的平稳机制,导致它们自身的变化是不平稳的,但是彼此之间却具有长期均衡发展的关系。

中国农村居民家庭人均纯收入对数序列$\{\ln X_t\}$与中国农村居民家庭人均生活消费支出对数序列$\{\ln Y_t\}$之间是否存在长期均衡的协整关系呢?我们可进行协整检验。为确定协整方程,进一步绘制二者之间的散点图(图5.29)。观察图5.29可知,两个序列呈高度线性相关特征,且散点走势是经过坐标原点,说明该长期均衡发展模型不具有截距项,模型设定可不含常数项。

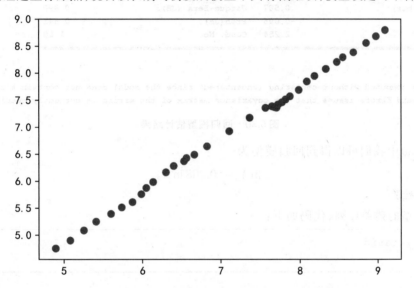

图5.29 中国农村居民家庭人均纯收入对数与生活消费支出散点图

2.构造回归模型

利用最小二乘法构造回归模型,代码如下:

```
x = data['lnx']
y = data['lny']
est = sm.OLS(y, x)
model = est.fit()
print(model.summary())
```

【代码说明】

1)第1至2行,定义自变量与因变量;

2)第3至4行,拟合OLS模型;

3)第5行,输出拟合结果。

模型估计结果如下:

OLS Regression Results

```
==============================================================================
Dep. Variable:                    lny   R-squared (uncentered):          1.000
Model:                            OLS   Adj. R-squared (uncentered):     1.000
Method:                 Least Squares   F-statistic:                 9.014e+05
Date:                Tue, 24 May 2022   Prob (F-statistic):           8.65e-79
Time:                        16:26:53   Log-Likelihood:                 61.686
No. Observations:                  36   AIC:                            -121.4
Df Residuals:                      35   BIC:                            -119.8
Df Model:                           1
Covariance Type:            nonrobust
==============================================================================
                 coef    std err          t      P>|t|      [0.025      0.975]
------------------------------------------------------------------------------
lnx            0.9680      0.001    949.403      0.000       0.966       0.970
==============================================================================
Omnibus:                        1.067   Durbin-Watson:                   0.400
Prob(Omnibus):                  0.587   Jarque-Bera (JB):                0.890
Skew:                          -0.096   Prob(JB):                        0.641
Kurtosis:                       2.254   Cond. No.                         1.00
==============================================================================
```

Notes:
[1] R² is computed without centering (uncentered) since the model does not contain a constant.
[2] Standard Errors assume that the covariance matrix of the errors is correctly specified.

图 5.30　回归模型估计结果

从图 5.30 中我们可以得到回归模型为

$$\ln \hat{Y}_t = 0.968 \ln X_t$$

3.协整检验

获取模型的残差序列,代码如下:

```
et = model.resid
et
```

【代码说明】

定义 et 为模型的残差序列,并输出。

输出结果经整理后,如表 5.5 所示。

表 5.5　残差序列表(行数据)

0.016	−0.015	0.003	0.015	−0.025	−0.038
−0.073	−0.034	0.022	0.047	0.068	0.088
0.049	0.076	0.041	0.038	0.044	0.050
0.039	−0.012	−0.061	−0.094	−0.053	−0.058
−0.050	−0.048	−0.040	0.017	0.024	0.016
0.008	0.018	−0.023	−0.007	−0.006	−0.004

对所获取的残差序列进行 ADF 单位根检验,代码如下:

```
ADF_print(ts.adfuller(et,regression='nc'))
```

检验结果如下:

```
ADF statists = -1.964,  p_value = 0.047
  critical value:
      1% level: -2.633
      5% level: -1.951
      10% level: -1.611
```

检验结果显示残差序列为平稳原则,从而认为两变量间存在长期均衡关系。

4.建立误差修正模型

根据前面的结论,序列$\{X_t\}$与$\{Y_t\}$之间存在误差修正机制,可以建立如下修正模型:

$$\nabla \ln Y_t = \gamma_1 \nabla \ln X_t + \gamma_2 ECM_{t-1} + \varepsilon_t$$

用OLS法进行估计,代码如下:

```
dxt = pd.Series(xt).diff().dropna()
dyt = pd.Series(yt).diff().dropna()
x = data1[['dxt','et']]
y = data1['dyt']
est=sm.OLS(y,x)
model=est.fit()
print(model.summary())
```

【代码说明】

1)第1至2行,对xt,yt进行差分;

2)第3至4行,指定模型的自变量与因变量,其中data1是由数据dxt,dyt及et构成;

3)第5至7行,建立最小二乘回归模型,并输出。

输出结果如下:

```
                          OLS Regression Results
========================================================================
Dep. Variable:                    dyt   R-squared (uncentered):       0.959
Model:                            OLS   Adj. R-squared (uncentered):  0.957
Method:                 Least Squares   F-statistic:                  388.6
Date:              Thu, 07 Jul 2022   Prob (F-statistic):         1.16e-23
Time:                        23:18:50   Log-Likelihood:              77.386
No. Observations:                  35   AIC:                         -150.8
Df Residuals:                      33   BIC:                         -147.7
Df Model:                           2
Covariance Type:            nonrobust
========================================================================
                 coef    std err          t      P>|t|      [0.025      0.975]
------------------------------------------------------------------------
dxt            0.9692      0.035     27.501      0.000       0.898       1.041
e             -0.2028      0.107     -1.891      0.067      -0.421       0.015
========================================================================
Omnibus:                        1.089   Durbin-Watson:                1.566
Prob(Omnibus):                  0.580   Jarque-Bera (JB):             0.919
Skew:                          -0.134   Prob(JB):                     0.632
Kurtosis:                       2.253   Cond. No.                     3.15
========================================================================
```

图5.31 模型估计结果

根据图 5.31 得到误差修正模型表达式为

$$\nabla \ln \hat{Y}_t = 0.9692 \nabla \ln X_t - 0.2028 ECM_{t-1}$$

综上,可以认为,中国农村居民家庭人均纯收入和生活消费支出存在长期均衡关系,人均纯收入每增长 1%,生活消费支出平均增长 0.968%,且二者之间存在误差修正机制,当对长期均称产生偏离时,系统会以 0.2028 的力度进行反向修正。

5.6 习 题

1. 1990—2021 年中国国内生产总值和第一产业增加值数据,数据见附录 A5.5,完成以下问题:

(1)使用单位根检验,分别考察这两个序列的平稳性;

(2)选择适当模型,分别拟合这两个序列的发展;

(3)考察这两个序列之间是否具有协整关系;

(4)如果这两个序列具有协整关系,请建立适当模型拟合它们之间的相关关系;

(5)构造该协整模型的误差修正模型。

2. 1960—2021 年我国进口和出口数据,数据见附录 A5.6,完成以下问题:

(1)使用单位根检验,分别考察这两个序列的平稳性;

(2)选择适当模型,分别拟合这两个序列的发展;

(3)考察这两个序列之间是否具有协整关系;

(4)如果这两个序列具有协整关系,请建立适当模型拟合它们之间的相关关系;

(5)构造该协整模型的误差修正模型。

3. 对输入序列 X_t 预白化后的序列为 $\dfrac{\Theta_x(B)}{\Phi_x(B)} X_t = \alpha_t$,再对 Y_t 进行变换得到 $\dfrac{\Theta_x(B)}{\Phi_x(B)} Y_t = \beta_t$,$\alpha_t$ 和 β_t 的互相关函数如表 5.6 所示。

表 5.6 互相关函数表

k	$r_{\alpha\beta}(k)$	k	$r_{\alpha\beta}(k)$
0	0.05	5	0.24
1	0.31	6	0.07
2	0.52	7	−0.03
3	0.43	8	0.10
4	0.29	9	0.07

且 $s_\alpha = 1.26$,$s_\beta = 2.73$,互相函数标准差为 0.075。

(1)计算脉冲响应函数的粗估计;

(2)给出传递函数的一个模式及参数的粗估计。

4. 某商品 1970 年销售额 Y_t 与销售领先指标 X_t,共 150 对数据,数据见附录 A5.1。试构建传递函数模型。

5. 对 1960—2021 年中国国民总收入和社会消费品零售总额数据,数据见附录 A5.7。考虑先平稳化两个序列,并试用自回归 VAR(p) 模型对之建模,并给出相应的模型分析结论。

第6章　条件异方差模型

前面，我们主要介绍了时间序列关于条件均值的建模，虽然不同模型间的性质差异很大，但都隐含着一个共同假设，即随机扰动项 ε_t 的条件方差在当前时刻 t 之前是恒定不变的，都等于随机扰动项 ε_t 的无条件方差 σ_ε^2。但是人们在研究金融时间序列时发现，随机扰动项的条件方差不再是恒定的，这就使得学者们开始尝试对时间序列的二阶矩进行建模。1982年恩格尔（Engle）提出自回归条件异方差（autoregressive conditional heteroskedastic，ARCH）模型，1986年伯乐斯莱文（Bollerslev）对其进行扩展，提出广义自回归条件异方差（GARCH）模型。这些模型广泛地应用于经济领域，特别是金融时间序列的分析中。

6.1　条件期望与无条件期望

前面章节中主要围绕着模型或序列的无条件期望（方差）展开讨论。而了解条件期望（方差）与无条件期望（方差）之间的差异，对于更深入地理解 ARCH 模型是非常有帮助的。本节将以平稳 AR(1) 模型为例，直观解释二者之间的差异。

考虑一个平稳 AR(1) 模型

$$X_t = \phi_1 X_{t-1} + \varepsilon_t, \ \ \varepsilon_t \sim WN(0, \sigma_\varepsilon^2)$$

则 X_t 的无条件期望与方差由第2章可知，分别为

$$EX_t = E\left(\sum_{j=0}^{\infty} G_j \varepsilon_{t-j}\right) = 0$$

$$VarX_t = Var\left(\sum_{j=0}^{\infty} G_j \varepsilon_{t-j}\right) = \sum_{j=0}^{\infty} \phi_j^2 \sigma_\varepsilon^2 = \frac{\sigma_\varepsilon^2}{1 - \phi_1^2}$$

其中，G_j 为 AR(1) 模型的格林函数。计算无条件期望和方差时，都使用了随机扰动过去的所有值，所以无条件期望有时也被称为长期期望。

下面计算 X_t 的条件期望与方差。从模型形式可知，X_t 取决于其自身历史值和随机扰动项的当前值 ε_t。因此，计算条件期望只需要 X_t 的历史值，记 $E(X_t | X_{t-1}, X_{t-2}, \cdots) = E_{t-1} X_t$ 表示给定 $X_{t-1}, X_{t-2}, \cdots$ 时 X_t 的条件期望则有

$$E_{t-1} X_t = E(\phi_1 X_{t-1} + \varepsilon_t | X_{t-1}) = \phi_1 X_{t-1}$$

$$Var_{t-1} X_t = E\left[(X_t - E_{t-1} X_t)^2 | X_{t-1}\right] = E(\varepsilon_t^2 | X_{t-1}) = \sigma_\varepsilon^2$$

可以看出，无条件方差和条件方差值是完全不同的。X_t 的条件方差等于随机扰动序列 ε_t 的方差。

6.2 ARCH模型

6.2.1 集群效应

例 6.1 考察 2019 年 1 月 10 日—2022 年 1 月 10 日中国联通 A 股日开盘价,数据见附录 A6.1,差分后的时序图见图 6.1。

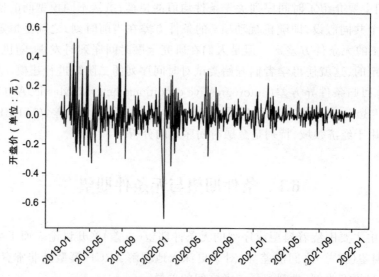

图 6.1 中国联通 A 股日开盘价差分后时序图

从图 6.1 中看出,序列的波动具有如下特征:①差分序列的方差随时间而变化,具体表现在某些时期内序列波动幅度较小,某些时期内波动幅度较为剧烈;②波动出现"集聚"特征,具体表现在小幅波动的后面往往持续跟着小幅的波动,而大幅波动的后面往往持续跟着大幅的波动,并且两种波动交替出现。

经济和金融时间序列中常常会出现波动集聚现象。波动集聚性(volatility clustering)也称为集群效应,是指在一段时间内波动具有持续性,即当期的大幅波动往往伴随下一时段的大幅波动,对于小幅波动也有类似的特征。此时,序列呈现一段时间内出现持续的大幅波动,一段时间内出现持续的小幅波动,并且它们交替出现。

波动集聚现象的出现给从事金融风险分析的人员带来很大问题。例如,考虑资产收益率序列,收益由其均值代表,而相应的风险则是由序列方差度量。对于分析人员来说,他们关心的是如何准确预测真实的风险(即条件方差),而不是平均风险(即无条件方差)。1982 年,恩格尔提出了自回归条件异方差模型,首次提出对扰动序列构建模型,用以解决英国通货膨胀率中存在的异方差问题。

6.2.2 ARCH(1)模型

ARCH(1)模型结构如下:

$$\begin{cases} X_t = f(t, X_{t-1}, \cdots, X_{t-p}) + \varepsilon_t \\ \varepsilon_t = \sqrt{h_t}\, v_t, \ v_t \sim i.i.d.\ N(0,1) \\ h_t = \alpha_0 + \alpha_1 \varepsilon_{t-1}^2 \end{cases} \tag{6.1}$$

其中, v_t 独立于 ε_{t-1}, 参数满足条件 $\alpha_0 \geqslant 0, 0 \leqslant \alpha_1 < 1$。称 $\{\varepsilon_t\}$ 服从一阶 ARCH 过程, 记为 $\varepsilon_t \sim \text{ARCH}(1)$。式 (6.1) 中第一个方程称为均值模型, 既可以是 ARIMA 模型, 也可以是序列 X_t 关于时间的模型 $f(t)$。如果是 ARIMA 模型, 可以将式 (6.1) 简记为 ARIMA(p,d,q)-ARCH(1)。式 (6.1) 中第三个方程称为方差模型, 该模型刻画了扰动序列的条件方差形式。

根据式 (6.1) 可得 ε_t 的无条件期望、协方差及方差, 结果如下 $(i = 1, 2, \cdots)$：

$$E\varepsilon_t = E\left(\sqrt{h_t}\, v_t\right) = 0$$

$$Cov(\varepsilon_{t-i}, \varepsilon_t) = E(\varepsilon_{t-i}\varepsilon_t) = E\left(v_{t-i} v_t \sqrt{\alpha_0 + \alpha_1 \varepsilon_{t-i-1}^2}\ \sqrt{\alpha_0 + \alpha_1 \varepsilon_{t-i-1}^2}\right) = 0$$

$$Var\varepsilon_t = E\varepsilon_t^2 = E\left[(\alpha_0 + \alpha_1 \varepsilon_{t-1}^2) v_t^2\right] = \frac{\alpha_0}{1-\alpha_1}$$

可以看到, ε_t 的无条件期望和协方差均为 0, 无条件方差是一个常数, 不随时间推移而改变。

根据式 (6.1) 还可以算出 ε_t 的条件期望、协方差及方差, 结果如下 $(i = 1, 2, \cdots)$：

$$E_{t-1}\varepsilon_t = E_{t-1}\left(\sqrt{h_t}\, v_t\right) = 0$$

$$Cov_{t-1}(\varepsilon_{t-i}, \varepsilon_t) = E_{t-1}(\varepsilon_{t-i}\varepsilon_t) = E_{t-1}\left(v_{t-i} v_t \sqrt{\alpha_0 + \alpha_1 \varepsilon_{t-i-1}^2}\ \sqrt{\alpha_0 + \alpha_1 \varepsilon_{t-i-1}^2}\right) = 0$$

$$Var_{t-1}\varepsilon_t = E_{t-1}\varepsilon_t^2 - (E_{t-1}\varepsilon_t)^2 = E_{t-1}(h_t v_t^2) = \alpha_0 + \alpha_1 \varepsilon_{t-1}^2 \tag{6.2}$$

其中, E_{t-1}, Cov_{t-1} 和 Var_{t-1} 分别表示条件期望、条件自协方差和条件方差。从计算结果看出, ε_t 的条件期望和协方差仍等于 0, 而在给定时刻 $t-1$ 及之前所有信息的条件下, 其条件方差 h_t 由 ε_{t-1}^2 决定: ε_{t-1}^2 越大, 则条件方差也越大, 即前一期的随机扰动项 ε_{t-1} 对序列未来波动有影响。由此看出 ARCH(1) 模型能够反映经济和金融时间序列的变化特点: 某一时间段上集中出现大幅波动, 而另外的时间段上集中出现小幅波动。式 (6.2) 中的参数约束条件为: 首先, 为保证条件方差非负, 需要 ARCH(1) 模型中参数均非负, 即 $\alpha_0 \geqslant 0, \alpha_1 \geqslant 0$；其次, 为保证类似回归过程的 $h_t = \alpha_0 + \alpha_1 \varepsilon_{t-1}^2$ 满足平稳性, 需要 $|\alpha_1| < 1$。综合可得, 参数限制为 $\alpha_0 \geqslant 0, 0 \leqslant \alpha_1 < 1$。

例 6.2　考虑如下 AR(1)-ARCH(1) 模型 $(|\phi_1| < 1)$

$$\begin{cases} X_t = \phi_1 X_{t-1} + \varepsilon_t \\ \varepsilon_t = \sqrt{h_t}\, v_t, \ v_t \sim i.i.d.\ N(0,1) \\ h_t = \alpha_0 + \alpha_1 \varepsilon_{t-1}^2 \end{cases}$$

中 X_t 的无条件期望、方差及条件期望、方差。

解: 由前知, X_t 无条件期望、方差分别为

$$EX_t = 0, \quad VarX_t = \frac{Var\varepsilon_t}{1-\phi_1^2} = \frac{\alpha_0}{(1-\phi_1^2)(1-\alpha_1)}$$

X_t 条件期望、方差分别为

$$E_{t-1}X_t = \phi_1 X_{t-1}$$
$$Var_{t-1}X_t = E_{t-1}(X_t - \phi_1 X_{t-1}) = E_{t-1}\varepsilon_t^2 = \alpha_0 + \alpha_1 \varepsilon_{t-1}^2$$

由此可见,X_t的条件方差和 ARCH(1)的条件方差相同,而无条件方差则受到 AR(1)中参数 ϕ_1 及 ARCH(1)中参数 α_0,α_1 的共同影响。

6.2.3　ARCH(q)模型

通常,对序列波动产生影响的不仅仅是前一期的随机扰动项(即 ε_{t-1}),更早的扰动项 ε_{t-2},ε_{t-3},$\cdots$,ε_{t-q} 可能都会对波动有影响,而 ARCH(1)模型已经不能反映这种影响机制,此时应该拟合更高阶的 ARCH(1)模型。恩格尔(1982)提出一个来自任何线性回归模型的 ε_t 的 ARCH(q)模型,结构如下:

$$\begin{cases} X_t = f(t, X_{t-1}, \cdots, X_{t-p}) + \varepsilon_t \\ \varepsilon_t = \sqrt{h_t}\, v_t, v_t \sim i.i.d.\, N(0,1) \\ h_t = \alpha_0 + \alpha_1 \varepsilon_{t-1}^2 + \alpha_2 \varepsilon_{t-2}^2 + \cdots + \alpha_q \varepsilon_{t-q}^2 \end{cases} \tag{6.3}$$

其中,参数满足条件 $\alpha_0 \geqslant 0$,对所有的 i,$\alpha_i \geqslant 0$,且 $\sum_{i=1}^{q} \alpha_i < 1$。称 $\{\varepsilon_t\}$ 服从 q 阶 ARCH 过程,记为 $\varepsilon_t \sim \text{ARCH}(q)$。类似 ARCH(1)模型,如果式(6.3)中第一个方程是 ARIMA 模型,可以将式(6.3)简记为 ARIMA(p,d,q)-ARCH(q)。式(6.3)中第三个方程称为方差模型。

类似 ARCH(1)模型,通过式(6.3)可以计算 ε_t 的无条件期望、协方差及方差,结果如下($i = 1, 2, \cdots$):

$$E\varepsilon_t = 0, \quad Cov(\varepsilon_{t-i}, \varepsilon_t) = 0, \quad Var\varepsilon_t = \frac{\alpha_0}{1 - \sum_{i=1}^{q} \alpha_i}$$

以及条件期望、协方差及方差,结果如下($i = 1, 2, \cdots$):

$$E_{t-1}\varepsilon_t = 0, \quad Cov_{t-1}(\varepsilon_{t-i}, \varepsilon_t) = 0, \quad Var_{t-1}\varepsilon_t = h_t = \alpha_0 + \sum_{i=1}^{q} \alpha_i \varepsilon_{t-i}^2 \tag{6.4}$$

可以看出,ε_t 的无条件均值、协方差以及条件均值及协方差都为 0,无条件方差是常数,而其条件方差 h_t 受到 ε_{t-1}^2,ε_{t-2}^2,$\cdots$,ε_{t-q}^2 的共同影响。

6.2.4　ARCH 模型的特征

ARCH 模型的提出,解决了时间序列模型中随机扰动项异方差的问题,是金融时间序列分析中常用的模型,其自身也有很多优点,如:

(1)从式(6.3)中可知,ε_t 服从重尾的无条件分布,这正好能够描述金融市场资产收益的重尾分布;同时,因为协方差都为 0,意味着 ARCH 模型没有相关性,这也与市场的有效性假设一致,即:过去的收益不影响未来的收益;

(2)从式(6.4)中看出,条件方差 h_t 可以表示为过去扰动的回归函数,这种形式正好能够反映出金融市场波动的集群效应。

但是 ARCH 模型也有一些不足,如:

(1)在实际应用中,低阶模型的拟合效果往往不尽如人意,为此常常需要拟合更高阶的

ARCH模型,即q很大,这不仅增加了模型中的参数个数,也会出现维数灾难等问题;

(2)ARCH模型中,假设v_t服从正态分布,但在金融时间序列中,越来越多的研究发现,正态假设并不符合实际情况。

6.3 GARCH模型

6.3.1 GARCH模型形式

正如前述,实际数据分析中,常需要拟合更高阶的ARCH模型,这将导致模型中的参数个数变多,进而带来很多问题。为此,伯乐斯莱文(1986)提出了ARCH模型的扩展模型,即:广义ARCH(generalized ARCH,GARCH)模型。GARCH模型结构如下:

$$\begin{cases} X_t = f(t, X_{t-1}, \cdots, X_{t-p}) + \varepsilon_t \\ \varepsilon_t = \sqrt{h_t}\, v_t, v_t \sim i.i.d.\ N(0,1) \\ h_t = \alpha_0 + \sum_{j=1}^{p} \beta_j h_{t-j} + \sum_{i=1}^{q} \alpha_i \varepsilon_{t-i}^2 \end{cases} \tag{6.5}$$

其中,参数满足的约束条件为

$$\alpha_0 \geqslant 0,\ \ \alpha_i \geqslant 0,\ \ \beta_j \geqslant 0,\ \ i=1,2,\cdots,q;\ j=1,2,\cdots,p$$

$$\sum_{j=1}^{p} \beta_j + \sum_{i=1}^{q} \alpha_i < 1$$

将由式(6.5)定义的过程$\varepsilon_t = \sqrt{h_t}\, v_t$称为GARCH过程,记为$\varepsilon_t \sim \text{GARCH}(p,q)$。同ARCH模型类似,式(6.5)中第一个方程:均值模型,既可以是ARIMA模型,也可以是序列X_t关于时间的模型$f(t)$。如果是ARIMA模型,可以将式(6.5)简记为ARIMA(p,d,q)-GARCH(p,q)。式(6.5)中第三个方程称为方差模型。

通过式(6.5)可以计算ε_t的无条件期望、方差,结果如下($i=1,2,\cdots$):

$$E\varepsilon_t = 0,\ \ Var\varepsilon_t = \frac{\alpha_0}{1 - \sum_{i=1}^{p} \beta_i - \sum_{i=1}^{q} \alpha_i}$$

以及条件期望、方差,结果如下($i=1,2,\cdots$):

$$E_{t-1}\varepsilon_t = 0,\ \ Var_{t-1}\varepsilon_t = h_t = \alpha_0 + \sum_{j=1}^{p} \beta_j h_{t-j} + \sum_{i=1}^{q} \alpha_i \varepsilon_{t-i}^2 \tag{6.6}$$

由式(6.6)可知,此时条件方差h_t不仅受$\varepsilon_{t-i}^2(i=1,2,\cdots,q)$的影响,同时也受到历史条件方差$h_{t-j}(j=1,2,\cdots,p)$的影响。

6.3.2 GARCH模型与ARCH模型之间关系

(1)ARCH(q)模型是$p=0$时特殊的GARCH(p,q)模型。由于ARCH模型可以反映序列波动的集群现象,故GARCH模型也可以反映这一现象;

(2)GARCH(p,q)模型等价于 ARCH(∞)模型。这意味着用 GARCH(p,q)模型可以极大减少待估参数的个数。实证研究表明,GARCH(1,1)和 GARCH(2,1)通常可以满足对条件异方差的描述,是简单而有效的模型。

6.4　GARCH模型的建立

建立条件异方差模型的基本思路如下:

(1)构建均值模型 $X_t = f(t, X_{t-1}, \cdots, X_{t-p}) + \varepsilon_t$,提取序列中的相关性;

(2)对残差序列进行异方差检验;

(3)若存在异方差性,拟合条件异方差模型;

(4)模型检验及优化。

可以看到,建立条件异方差模型,首先要拟合均值模型,也就是提取序列中的相关性,最常用的模型是在第3章中介绍的 ARIMA(p,d,q)模型。建立 ARIMA 模型,首先要对序列的平稳性进行检验。在异方差场合下,第3章中所使用的 ADF 检验不再适用,因为它主要针对同方差场合下的平稳性检验。为此,在这里我们介绍异方差场合下序列平稳性检验的新方法——PP检验。

6.4.1　Phillips-Perron 检验

Phillips-Perron 检验,简称为 PP 检验,是由 Phillips 和 Perron(1988)提出的一种用来检验序列的平稳性的非参数方法。其检验统计量称为 Phillips-Perron 检验统计量,它是对 ADF 检验的 τ 统计量进行了非参数修正后得到的。ADF 检验主要用于方差齐性场合,对具有异方差的序列进行平稳性检验可能会有偏差。所以在异方差场合下的平稳性检验可以使用 PP 检验。在使用 PP 检验时,对序列 $\{\varepsilon_t\}$ 有如下三个限制:

(1)对任意 t 有,$E\varepsilon_t = 0$;

(2)$\sup\limits_t E|\varepsilon_t|^2 < \infty$,且对某个 k 有 $\sup\limits_t E|\varepsilon_t|^k < \infty$。这里并未要求 $E|\varepsilon_t^2|$ 为常数,也就意味着该检验可处理同方差和异方差的情况;

(3)极限分布存在:$\sigma_0^2 = \lim\limits_{n \to \infty} E\left[\dfrac{1}{T}\left(\sum\limits_{t=1}^{T}\varepsilon_t\right)^2\right]$ 存在且为正。

PP 检验基于以下模型:

$$\nabla X_t = \rho X_{t-1} + \varepsilon_t$$
$$\nabla X_t = \rho X_{t-1} + a + \varepsilon_t$$
$$\nabla X_t = \rho X_{t-1} + a + \delta t + \varepsilon_t$$

原假设和备择假设同单位根检验一样,为

$$H_0: \rho = 0, \ H_1: \rho < 0$$

不拒绝原假设则意味着序列存在单位根,拒绝原假设意味着序列中不存在单位根,是平稳序列。PP 检验对应的检验统计量为

$$\tau_{pp} = \tau \left(\frac{\hat{\sigma}^2}{\hat{\sigma}_0^2} \right) - \frac{1}{2} (\hat{\sigma}_0^2 - \hat{\sigma}^2) T \sqrt{\hat{\sigma}_0^2 \sum_{t=2}^{T} (X_{t-1} - \bar{X}_{T-1})^2}$$

其中，$\hat{\sigma}^2$ 为无条件方差的样本估计量，$\hat{\sigma}_0^2$ 为条件方差的样本估计量，$\bar{X}_{T-1}$ 表示前 $T-1$ 期的样本均值，T 表示样本长度。PP检验校正了自相关和异方差，其临界值与ADF检验的临界值一致。判断准则也同ADF检验一致。

6.4.2　ARCH效应检验

构建均值模型后，要对残差序列是否存在ARCH效应进行检验，我们介绍三种常用的检验方法。

1.残差平方相关图检验

残差平方相关图显示了残差平方序列的自相关程度，可用于检验残差序列中是否存在ARCH效应。具体来说：理论上，如果残差平方序列延迟 k 的自相关系数和偏自相关函系数都为 0($k=1,2,\cdots$)，那么序列中无ARCH效应；反之，则存在ARCH效应。由于残差序列是扰动序列的估计值，即便不存在ARCH效应，残差平方序列延迟 k 的自相关系数和偏自相关函系数不会恰好为0，而是在0值附近做小值震荡。故使用残差平方相关图检验ARCH效应时，若残差平方序列的相关系数中有95％之多都落入2倍标准差范围（即与0无显著性差异），则可初步判断序列不存在ARCH效应，反之亦然。图检验法操作简单，但具有一定的主观性，可以作为ARCH效应检验的第一步。

2.Portmantean Q 检验

Mcleod 和 Li(1983)提出 Portmantean Q 方法用于检验残差平方序列的自相关性，目前也是检验ARCH效应的方法之一。Portmantean Q 检验的基本思想是：如果残差序列中存在ARCH效应，那么其平方序列通常具有自相关性。故异方差检验等价于残差平方序列的自相关检验。

Portmantean Q 检验原假设和备择假设为

H_0：残差平方序列为纯随机序列（无ARCH效应）

H_1：残差平方序列自相关（存在ARCH效应）

若记 $\hat{\rho}_k$ 为残差平方序列延迟 k 的自相关系数，上述假设等价表示为

$$H_0: \hat{\rho}_1 = \hat{\rho}_2 = \cdots = \hat{\rho}_l = 0$$
$$H_1: \hat{\rho}_1, \hat{\rho}_2, \cdots, \hat{\rho}_l \text{不全为} 0$$

Portmantean Q 检验统计量与LB检验统计量一致，为

$$Q(l) = T(T+2) \sum_{k=1}^{l} \frac{\hat{\rho}_k^2}{T-k}$$

其中，T 表示时间序列样本长度，$\hat{\rho}_k$ 为 ρ 的估计值。

原假设成立的条件下，$Q(l)$ 近似服从 χ^2 分布，通过检验统计量对应的p值与给定的显著性水平 α 的大小对该假设问题作出判断：当p值 $\leqslant \alpha$ 时拒绝原假设，认为存在ARCH效应；反之，则不存在ARCH效应。

残差平方相关图检验和Portmantean Q 检验常常一起使用，即：如果残差平方序列延迟 k 的自相关函数和偏自相关函数都为0或在0值附近做小值震荡($k=1,2,\cdots$)，同时 Q 统计量不

显著,则说明不存在 ARCH 效应;如果残差平方序列延迟 k 的自相关函数和偏自相关函数都显著非 $0(k=1,2,\cdots)$,同时 Q 统计量也显著,则说明存在 ARCH 效应。

例 6.3(例 6.1 续) 对例 6.1 中序列差分后,利用残差平方序列的相关图(图 6.2)和 Portmantean Q 检验(表 6.1)判断是否存在 ARCH 效应。

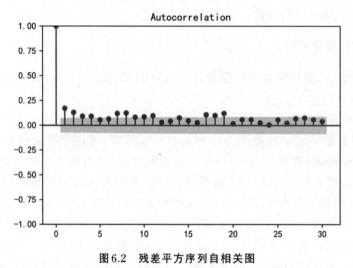

图 6.2 残差平方序列自相关图

表 6.1 LB 检验表

延迟阶数	纯随机性检验	
	LB 检验统计量值	p 值
6	51.036	2.913e−09
12	90.850	3.380e−14
18	114.338	4.871e−16

从图 6.2 中看出,残差平方序列相关系数中大部分都在 2 倍标准差之外,即显著非 0,故认为存在残差平方序列相关性。

表 6.1 中给出了经整理后的 LB 检验结果,结果也显示残差平方序列不是白噪声序列,意味着残差平方序列值之间还有相关性。

3.LM 检验

Engle(1984)提出拉格朗日乘子检验(Lagrange multiplier test,LM)用于检验时间序列是否存在 ARCH 效应。LM 检验的基本思想是:如果残差序列中存在 ARCH 效应,那么其平方序列通常具有自相关性,故可对残差序列构造一个辅助回归方程,如下:

$$\hat{\varepsilon}_t^2 = \alpha_0 + \sum_{i=1}^{q} \alpha_i \hat{\varepsilon}_{t-i}^2 + w_t \tag{6.7}$$

其中,$\hat{\varepsilon}_t$ 表示原时间序列拟合均值模型后得到的残差序列。

如果至少存在一个非 0 的 $\alpha_i(i=1,2,\cdots,q)$ 使得式(6.7)显著成立,则说明残差平方序列具有相关性,且式(6.7)可以用于提取这种相关性,这也就意味着残差序列中存在 ARCH 效应;反之,若 $\alpha_i=0(i=1,2,\cdots,q)$,即式(6.7)不成立,则说明残差平方序列不具有显著相关性,也就意味着残差序列中不存在ARCH效应。由前述分析可知，ARCH效应的LM检验的实质就是关于式(6.7)的显著性检验。

LM检验假设条件为

$$H_0:\text{残差平方序列为纯随机序列（无ARCH效应）}$$
$$H_1:\text{残差平方序列自相关（存在ARCH效应）}$$

结合式(6.7)，亦可等价写作

$$H_0:\alpha_1=\alpha_2=\cdots=\alpha_q=0$$
$$H_1:\alpha_1,\alpha_2,\cdots,\alpha_q\text{不全为}0$$

LM的检验统计量为

$$LM=TR^2\sim\chi^2(q-1)$$

其中，T表示时间序列样本长度，R^2为式(6.7)修正的可决系数。

给定显著性水平α，若$LM>\chi^2_{1-\alpha}(q-1)$，则拒绝原假设，认为存在ARCH效应；否则，不存在ARCH效应。

例6.4(例6.1续)　对例6.1中序列差分后，检验残差序列有无ARCH效应。

检验结果如下：

```
LM=21.2829,p_value=0.0000
```

结果表明，残差序列存在ARCH效应，这与前述检验结果一致。

6.4.3　参数估计

在式(6.5)中，当$v_t\sim i.i.d.\,N(0,1)$时，异方差模型的参数估计通常采用极大似然估计和条件最小二乘估计法。

1.极大似然估计法

首先，根据样本写出模型的似然函数，然后计算出使得似然函数达到最大时参数的取值，将该值作为参数的极大似然估计值。

在正态分布假定下，结合式(6.6)可知，GARCH(p,q)模型的似然函数为

$$
\begin{aligned}
L(\boldsymbol{\theta})&=\log\prod_{t=1}^{T}f(\varepsilon_t|\varepsilon_{t-1},\varepsilon_{t-2},\cdots,\varepsilon_{t-q})\\
&=\sum_{t=1}^{T}\ln\big[f(\varepsilon_t|\varepsilon_{t-1},\varepsilon_{t-2},\cdots,\varepsilon_{t-q})\big]\\
&=\sum_{t=1}^{T}\ln\frac{1}{\sqrt{2\pi Var_{t-1}\varepsilon_t}}\exp\left\{\frac{(\varepsilon_t-E_{t-1}\varepsilon_t)^2}{2Var_{t-1}\varepsilon_t}\right\}\\
&=-\frac{T}{2}\ln(2\pi)-\frac{1}{2}\sum_{t=1}^{n}\left(\ln h_t+\frac{\varepsilon_t^2}{h_t}\right)
\end{aligned}
$$

其中，$\boldsymbol{\theta}=(\beta_1,\beta_2,\cdots,\beta_p,\alpha_1,\alpha_2,\cdots,\alpha_p)$，$h_t=\alpha_0+\sum_{j=1}^{p}\beta_j h_{t-j}+\sum_{i=1}^{q}\alpha_i\varepsilon_{t-i}^2$，$T$是样本长度。

上式中的参数$\beta_j(j=1,2,\cdots,p)$，$\alpha_i(i=1,2,\cdots,q)$需要通过数值计算求出使得对数似然函数达到最大时对应的取值，这个取值就是GARCH(p,q)模型中参数的极大似然估计值。

2.条件最小二乘法

条件最小二乘法估计就是在式(6.5)中,使得 GARCH 模型中的误差平方和达最小时求解参数估计值的方法,具体如下:

$$\sum_{t=p+q+1}^{T-1}(\varepsilon_t^2-h_t)^2=\sum_{t=p+q+1}^{T-1}\left(\varepsilon_t^2-\alpha_0-\sum_{j=1}^{p}\beta_j h_{t-j}-\sum_{i=1}^{q}\alpha_i\varepsilon_{t-i}^2\right)^2$$

使得上式达最小时对应的参数 $\beta_j(j=1,2,\cdots,p)$, $\alpha_i(i=1,2,\cdots,q)$ 的值就是 GARCH(p,q) 模型中参数的条件最小二乘估计值。

由于金融数据往往具有尖峰厚尾的特征,此时关于式(6.5)中 v_t 服从标准正态分布的假设将不再成立。实证研究中常假定 v_t 服从标准化 t 分布,此时模型中参数的估计方法则选用伪极大似然估计方法或矩估计方法。特别地,矩估计可以避免求解似然函数时的困难和复杂性。

6.4.4 模型诊断

在接受估计出的模型并对其进行解释及应用前,我们需要检验模型是否被正确识别,也就是检验数据是否支持模型相关的假设条件。GARCH 模型中的检验包括参数显著性、模型适应性及分布检验。

1.参数显著性检验

拟合出条件异方差模型后要检验模型中的每一参数是否都显著非 0,并且满足约束条件。关于参数显著性检验,首先构造服从 t 分布的检验统计量,然后计算统计量的样本实现值对应的 p 值,最后比较显著性水平 α 与 p 值大小做出判断:若 p 值 $\leqslant\alpha$,则拒绝原假设,认为参数显著不为 0,可保留该参数对应的变量;反之,参数显著为 0,即删除该参数对应的变量。

2.模型适应性检验

模型适应性检验是针对模型中的残差序列而展开:如果条件异方差模型拟合的效果好,那么残差序列中所蕴含的异方差信息就应该被充分提取了。也就是说,首先,均值模型将时间序列水平相关信息提取后,残差序列 $\{\varepsilon_t\}$ 应该是白噪声序列,但其平方序列 $\{\varepsilon_t^2\}$ 还具有相关性;其次,方差模型将残差平方序列的相关性提取后,消除了异方差的残差平方序列就应该是白噪声序列,亦即 v_t 是白噪声序列,由式(6.5)可知 v_t 为

$$v_t=\frac{\varepsilon_t}{\sqrt{\hat{h}_t}}$$

需要特别指出,正如在参数估计中提到的,金融数据往往具有尖峰厚尾的特征,这时通过 GARCH 模型可以提取序列中的异方差性,但是白噪声检验却不一定能通过。其原因是,模型参数估计往往是在正态性假设下进行的,但序列所表现出的特征表明并不服从正态分布。此时如果仍然使用正态假设下的估计方法就会产生上述问题。

3.分布检验

拟合 GARCH 模型时,一般情况下总是默认时序数据服从正态分布,但正如前面提到的,这一假设不总是成立,所以需要检验这个假设是否成立,即正态分布的假定是否成立。关于正态性检验有很多种方法,这里我们主要介绍两大类:图检验法和非参数检验法。

(1)直方图

直方图常用于对数据进行初步描述统计分析。首先,将残差序列从小到大排列,划分成

若干区间,计算各区间内的频率,并绘制成直方图;然后计算残差序列的样本均值和样本方差,根据样本均值和样本方差绘制正态分布的密度曲线;最后,根据直方图和密度曲线做出判断。如果直方图的分布形状和密度曲线比较吻合,意味着正态分布的假定比较合理;反之,如果直方图的分布形状和密度曲线相差甚远,意味着正态分布的假定并不合理。

（2）QQ 图

QQ 图也称为分位数—分位数(quantile-quantile)图,是一种通过比较两个概率分布的分位数,进而比较这两个概率分布的图方法。图中横轴是标准正态分布的分位数,纵轴是标准化后的残差序列的样本分位数。利用 QQ 图判断残差序列是否近似服从标准正态分布,只需要检查图中的点是否近似地分布在一条直线附近。该直线的斜率为标准正态分布的标准差,截距为均值,亦即一、三象限的对角线。如果图中的点几乎都在对角线上,则说明残差序列服从正态部分;如果偏离了对角线,且偏离的点越多,则说明正态性的假设越不可靠。

（3）JB 检验

JB(Jarque-Bera)检验统计量是由 Jarque 和 Bera 于 1982 年提出,可用于检验一组样本是否来自正态总体。该检验统计量的构造思想是:利用正态分布的偏度系数和峰度系数构造出一个统计量,该统计量服从 $\chi^2(2)$。

检验假设为

$$H_0: \frac{\varepsilon_t}{\sqrt{h_t}} \sim N(0,1), \quad H_1: \frac{\varepsilon_t}{\sqrt{h_t}} \text{不服从} N(0,1)$$

检验统计量为

$$JB = \frac{T}{6}\left[S^2 + \frac{(K-3)^2}{4}\right]$$

其中,T, S, K 分别表示样本长度、样本偏度系数和样本峰度系数。

对于正态分布,其偏度系数为 0、峰度系数为 3,因而若样本数据来自正态总体,则意味着检验统计量应该会很小;反之,若样本不是正态分布,则检验统计量就会很大。故给定显著性水平 α,若 $JB > \chi^2_{1-\alpha}(2)$,则拒绝原假设,认为残差序列不服从正态分布;否则,认为残差序列服从正态分布。

除了 JB 检验法外,像是 Kolmogotov-Smirnov、Shapiro-Wilktest 等非参数检验都可用于残差序列的正态性检验。

6.5　GARCH 类模型的扩展

由于 GARCH 模型能够预测条件波动,所以它为金融时间序列提供了有效的分析方法,是最常用的针对异方差序列的拟合模型。但是 GARCH 模型也存在一些缺点。例如,它对模型中参数的约束非常严格:为保证方差非负,从而限制参数的非负性,即

$$\alpha_0 \geq 0, \quad \alpha_i \geq 0, \quad \beta_j \geq 0$$

为保证无条件方差平稳要求,从而对参数做如下限制:

$$\sum_{j=1}^{p}\beta_j + \sum_{i=1}^{q}\alpha_i < 1$$

另外,GARCH 模型对扰动的符号不加区别,也就是对正负扰动的反应是一样的。直观上,负收益率对系统的影响应该比正收益率的影响更大,但 GARCH 模型并不能体现这一点。例如,ARCH(1)模型中,无论 ε_{t-1} 是正还是负,其对下一期的影响程度都是 α_1,这与实际情况并不相符。

为了拓宽 GARCH 模型的适用范围,更好地描述现实情况,学者们提出了很多 GARCH 模型的扩展模型,可以分为对称和非对称的扩展模型。

6.5.1 对称的 GARCH 扩展模型

1. IGARCH 模型

许多实证研究发现 GARCH(1,1)模型中,参数 α_1,β_1 之间有如下近似关系,即

$$\alpha_1 + \beta_1 \approx 1$$

恩格尔和伯乐斯莱文(1986)在 GARCH 模型的基础上提出 IGARCH(Intergrated GARCH)模型,用于描述条件方差波动的持续性。相对于 GARCH 模型,IGARCH 模型将参数约束由原来的

$$\sum_{j=1}^{p} \beta_j + \sum_{i=1}^{q} \alpha_i < 1$$

改为

$$\sum_{j=1}^{p} \beta_j + \sum_{i=1}^{q} \alpha_i = 1 \tag{6.8}$$

满足该条件的模型称为 IGARCH(p,q)模型。

特别要指出,对于 IGARCH(1,1)模型而言,约束条件(6.8)实质是简化了 GARCH(1,1)模型,即将要估计的两个参数合并为估计一个参数即可。另外,在 IGARCH 模型中 ε_t 的无条件方差

$$Var\varepsilon_t = \frac{\alpha_0}{1 - \sum_{i=1}^{p} \beta_i - \sum_{i=1}^{q} \alpha_i}$$

无界。

IGARCH 模型的提出,为研究金融时间序列波动的持续性提供了基础模型,在此基础上,学者们对波动的持续性进行了广泛深入的研究,并取得丰富成果。

2. GARCH-M 模型

人们通常认为金融资产的收益与其风险成正比:风险越大,预期收益也应该越高,即收益的条件均值受到其波动的影响。恩格尔、利林(Lilien)和伯乐斯莱文(1987)提出 GARCH-M 模型就是将波动项引入均值模型,其形式如下:

$$\begin{cases} X_t = f(t, X_{t-1}, \cdots, X_{t-p}) + \gamma h_t^2 + \varepsilon_t \\ \varepsilon_t = \sqrt{h_t}\, v_t, v_t \sim i.i.d.\, N(0,1) \\ h_t = \alpha_0 + \sum_{j=1}^{p} \beta_j h_{t-j} + \sum_{i=1}^{q} \alpha_i \varepsilon_{t-i}^2 \end{cases} \tag{6.9}$$

其中,参数 γ 称为风险溢价参数,表示可观测到的预期风险波动对 X_t 的影响程度的大小,如果

其值为正,则说明X_t与波动呈正相关,反之亦然。

GARCH-M模型可以用于描述条件异方差过程,同时它将波动项引入均值模型,用于描述金融资产的收益除了受到其他因素的影响外,同时还受到收益波动大小的影响。

6.5.2 非对称的GARCH扩展模型

前面提到GARCH模型对正负扰动的反应是相同的,这与金融领域,特别是资本市场的实际情况是相违背的。恩格尔等学者(1993)提出非对称信息曲线,认为在资本市场中,好消息和坏消息对市场的冲击表现出一种非对称效应。这种非对称效应在金融市场是非常有用的。例如,股票市场中利空消息往往带来比利好消息更大的市场波动,这也称为"杠杆效应"。为了能够描述这种非对称的冲击模型,学者们提出了一些非对称的GARCH扩展模型。本小节重点介绍三个非对称的GARCH扩展模型。

1. TGARCH模型

TGARCH模型也称为门限GARCH模型,是用来描述金融市场波动的非对称性的模型,其模型形式如下:

$$\begin{cases} X_t = f(t, X_{t-1}, \cdots, X_{t-p}) + \gamma h_t^2 + \varepsilon_t \\ \varepsilon_t = \sqrt{h_t}\, v_t, v_t \sim i.i.d.\, N(0,1) \\ h_t = \alpha_0 + \sum_{j=1}^{p} \beta_j h_{t-j} + \sum_{i=1}^{q} \alpha_i \varepsilon_{t-i}^2 + \gamma \varepsilon_{t-1}^2 D_{t-1} \end{cases} \tag{6.10}$$

其中,D_{t-1}为虚拟变量,具体形式如下:

$$D_{t-1} = \begin{cases} 1, & \varepsilon_{t-1} < 0 \\ 0, & \varepsilon_{t-1} \geqslant 0 \end{cases}$$

$\gamma \varepsilon_{t-1}^2 D_{t-1}$称为非对称效应项,有时也称为TGARCH项;$\gamma \neq 0$表示正负冲击(或好坏消息)对波动影响的程度和差异。特别地,当$\gamma > 0$时,说明市场存在杠杆效应。

下面以TGARCH(1,1)模型为例说明这种非对称性影响。由式(6.10)知,TGARCH(1,1)模型中条件异方差为

$$h_t = \alpha_0 + \beta_1 h_{t-1} + \alpha_1 \varepsilon_{t-1}^2 + \gamma \varepsilon_{t-1}^2 D_{t-1}$$

一个外部的负冲击或坏消息$(\varepsilon_{t-1} < 0)$对波动的影响大小为$\alpha_1 + \gamma$,一个外部的正冲击或好消息$(\varepsilon_{t-1} \geqslant 0)$对波动的影响大小为$\alpha_1$。当$\gamma > 0$时,意味着相比于正冲击或好消息,负冲击或坏消息往往带来更大的波动,因此TGARCH模型能够反映杠杆效应。$\gamma < 0$,则说明非对称效应的作用是让波动减弱。

2. EGARCH模型

EGARCH模型也称为指数GARCH模型,它也可以用来描述金融市场波动的非对称性,其模型形式如下:

$$\begin{cases} X_t = f(t, X_{t-1}, \cdots, X_{t-p}) + \gamma h_t^2 + \varepsilon_t \\ \varepsilon_t = \sqrt{h_t}\, v_t, v_t \sim i.i.d.\, N(0,1) \\ \ln h_t = \alpha_0 + \sum_{j=1}^{p} \beta_j \ln h_{t-j} + \sum_{i=1}^{q} \eta_i g(v_{t-i}) \\ g(v_t) = \theta v_t + \gamma [|v_t| - E|v_t|] \end{cases} \tag{6.11}$$

其中，$g(v_t)$为加权扰动函数，满足$E_{t-1}[g(v_t)]=0$，$\gamma<0$存在杠杆效应。

相比于GARCH模型，EGARCH中的第三个等式是关于条件方差的对数形式，这就使得对模型中的参数不再需要做任何非负假设。同时，条件方差的对数意味着杠杆影响是指数的。另外$g(v_t)$的引入能够体现出对正负冲击的非对称性处理。

以EGARCH(1,1)模型为例说明这种非对称性影响。由式(6.11)知，EGARCH(1,1)模型中条件异方差为

$$\ln h_t = \alpha_0 + \beta_1 \ln h_{t-1} + \eta_1 g(v_{t-1}) \tag{6.12}$$

将$g(v_{t-1})$整理可得

$$
\begin{aligned}
g(v_{t-1}) &= \theta v_{t-1} + \gamma[|v_{t-1}| - E|v_{t-1}|] \\
&= \begin{cases} (\theta+\gamma)v_{t-1} - \gamma E|v_{t-1}|, & v_{t-1}>0 \\ (\theta-\gamma)v_{t-1} - \gamma E|v_{t-1}|, & v_{t-1}<0 \end{cases}
\end{aligned}
$$

又由$\varepsilon_t = \sqrt{h_t}\, v_t$可知$v_{t-1} = \varepsilon_{t-1}/\sqrt{h_{t-1}}$代入上式，有

$$
g(v_{t-1}) = \begin{cases} (\theta+\gamma)\dfrac{\varepsilon_{t-1}}{\sqrt{h_{t-1}}} - \gamma E\left|\dfrac{\varepsilon_{t-1}}{\sqrt{h_{t-1}}}\right|, & \varepsilon_{t-1}>0 \\[4mm] (\theta-\gamma)\dfrac{\varepsilon_{t-1}}{\sqrt{h_{t-1}}} - \gamma E\left|\dfrac{\varepsilon_{t-1}}{\sqrt{h_{t-1}}}\right|, & \varepsilon_{t-1}<0 \end{cases}
$$

将上式代入式(6.12)有

$$
\ln h_t = \begin{cases} \alpha_0 + \beta_1 \ln h_{t-1} + \eta_1(\theta+\gamma)\dfrac{\varepsilon_{t-1}}{\sqrt{h_{t-1}}} - \eta_1\gamma E\left|\dfrac{\varepsilon_{t-1}}{\sqrt{h_{t-1}}}\right|, & \varepsilon_{t-1}>0 \\[4mm] \alpha_0 + \beta_1 \ln h_{t-1} + \eta_1(\theta-\gamma)\dfrac{\varepsilon_{t-1}}{\sqrt{h_{t-1}}} - \eta_1\gamma E\left|\dfrac{\varepsilon_{t-1}}{\sqrt{h_{t-1}}}\right|, & \varepsilon_{t-1}<0 \end{cases}
$$

可见，一个外部的正冲击或好消息（$\varepsilon_{t-1}>0$）对波动的影响大小为$\eta_1(\theta+\gamma)$，一个外部的负冲击或坏消息（$\varepsilon_{t-1}<0$）对波动的影响大小为$\eta_1(\theta-\gamma)$。特别地，当$\gamma<0$时，意味着相比于正冲击或好消息，负冲击或坏消息往往带来更大的波动，因此EGARCH模型也能反映杠杆效应。

3. PARCH模型

PARCH模型是基于标准差的GARCH模型的思想而提出的，其条件方差模型为

$$\left(\sqrt{h_t}\right)^\delta = \alpha_0 + \sum_{j=1}^{p} \beta_j \left(\sqrt{h_{t-j}}\right)^\delta + \sum_{i=1}^{q} \alpha_i \left(|\varepsilon_{t-1}| - \gamma_i \varepsilon_{t-1}\right)^\delta \tag{6.13}$$

其中，$\delta>0$称为幂参数，$|\gamma_i|\leqslant 1(i=1,2,\cdots,k)$，$\gamma_i=0(i>k)$且$k<p$。可以看出，当$\delta=2$且$\gamma_i=0(i=1,2,\cdots,p)$时，式(6.13)就是GARCH模型中的方差模型。

PARCH模型中，幂参数δ衡量了冲击对条件方差的影响程度；γ则是表示直到k阶的非对称效应的参数。

6.6　案例分析

本节通过 Python 软件分析案例,讲解如何利用条件异方差模型解决实际应用中的建模。案例选取 2020 年 1 月 6 日—2021 年 12 月 30 日上证指数收盘价序列作为研究对象,数据见附录 A6.2。

6.6.1　数据导入与基本分析

1.数据导入

导入原始数据,保存在 data 中,并将对数收益率序列保存至 R_t 中,代码及结果如下:

```
data = pd.read_excel('收盘价.xlsx',index_col="trade_date",parse_dates=True)
ts = data['close']
Rt = np.log(ts/ts.shift()).dropna()*100
Rt
```

【代码说明】

　　1)第 1 行,导入数据;

　　2)第 2 行,读取数据中收盘价序列,保存在 ts 中;

　　3)第 3 至 4 行,计算对数收益率序列,保存在 R_t 中,并输出序列值。

输出结果如下:

```
trade_date
2020-01-07    0.691421
2020-01-08   -1.228495
2020-01-09    0.908491
2020-01-10   -0.083760
2020-01-13    0.749985
                ...
2021-12-24   -0.696442
2021-12-27   -0.057489
2021-12-28    0.390208
2021-12-29   -0.916314
2021-12-30    0.614964
```

2.对数收益率序列 R_t 的统计分析

(1)时序图

绘制时序图,代码如下:

```
plt.rcParams['font.sans-serif'] = ['Arial Unicode MS']
plt.rcParams['axes.unicode_minus'] = False
Rt.plot()
plt.xlabel('时间')
plt.ylabel('上证对数收益率')
```

【代码说明】
　　1)第1至2行,设置中文字体;
　　2)第3行,绘制 R_t 时序图;
　　3)第4至5行,设置纵坐标名称。

输出 R_t 时序图如下:

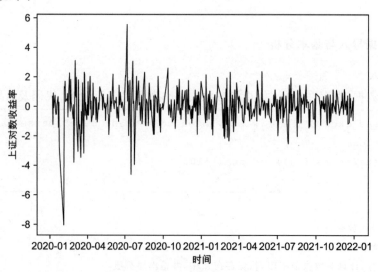

图6.3　上证指数对数收益率时序图

　　从图6.3中可以看出对数收益率序列无明显趋势,也无周期,但序列的波动呈现出集聚性的特征。

（2）平稳性检验

　　代码如下:

```
import statsmodels.tsa.stattols as ts
adf1 = ts.adfuller(Rt,1,regression='nc')
ADF_print(adf1)
```

【代码说明】
　　对 R_t 序列进行单位根检验。

输出结果如下:

```
ADF statists=-21.3166, p_value=0.000
  critical value:
      1%level:-2.570
      5%level:-1.942
     10%level:-1.616
```

　　检验结果显示,R_t 序列为平稳序列。

（3）建立均值模型

　　代码如下:

```
import statsmodels.formula.api as smf
MRt=smf.ols('Rt~1',data=Rt).fit()
Print(MRt.summary())
```

【代码说明】

　　1)第1行,导入线性模型库;

　　2)第2行,对 R_t 序列建立均值模型;

　　3)第3行,输出模型拟合结果。

输出结果如下:

OLS Regression Results

Dep. Variable:		Rt	R-squared:		0.000
Model:		OLS	Adj. R-squared:		0.000
Method:		Least Squares	F-statistic:		nan
Date:		Mon, 14 Nov 2022	Prob (F-statistic):		nan
Time:		22:36:34	Log-Likelihood:		-739.07
No. Observations:		482	AIC:		1480.
Df Residuals:		481	BIC:		1484.
Df Model:		0			
Covariance Type:		nonrobust			

	coef	std err	t	P>|t|	[0.025	0.975]
Intercept	0.0332	0.051	0.650	0.516	-0.067	0.134

Omnibus:	125.476	Durbin-Watson:	1.945
Prob(Omnibus):	0.000	Jarque-Bera (JB):	1091.419
Skew:	-0.859	Prob(JB):	1.00e-237
Kurtosis:	10.169	Cond. No.	1.00

图 6.4　均值模型估计结果

由图 6.4 得到 $R_t = 0.0332 + \varepsilon_t$。

6.6.2　残差序列 $\{\hat{\varepsilon}_t\}$ 的检验

1.残差序列的 ARCH 检验

代码如下:

```
et = MRt.resid
from statsmodels.stats.diagnostic import acorr_ljungbox as LM
box = LM(et,lags=1,boxpierce=True,return_df=False)
print('LM=%.3f,p_value=%.3f'%(box[0],box[1]))
```

【代码说明】

　　1)第1行,获得均值模型的残差;

　　2)第2行,导入 LM 检验;

　　3)第3行,对残差序列做 ARCH 检验;

　　4)第4行,输出检验结果。

输出结果如下:

```
LM=0.345,p_value=0.557
```

　　根据检验结果可知,显著性水平 $\alpha = 0.05$ 时,不拒绝原假设,即残差序列无 ARCH 效应。

2.残差平方序列的 ARCH 检验

代码结果如下:

```
box = LM(et**2,lags=1,boxpierce=True,return_df=False)
print(' LM=%.3f,p_value=%.3f'%(box[0],box[1]))
```

【代码说明】

　1)第1行，对残差平方序列做ARCH检验；

　2)第2行，输出检验结果。

输出结果如下：

```
LM=4.879,p_value=0.027
```

检验结果显示，显著性水平 $\alpha = 0.05$ 时，拒绝原假设，即残差平方序列存在ARCH效应，进一步可以拟合ARCH模型。

6.6.3　ARCH模型的建立

对 R_t 序列分别构建ARCH(1)和GARCH(1,1)模型。

1.建立ARCH(1)模型

代码如下：

```
from arch.univariate import arch_model as ARCH
arch1 = ARCH(Rt,mean='Constant',vol='ARCH',dist='t',p=1).fit(disp='off')
print(arch1.summary())
```

【代码说明】

　1)第1行，导入ARCH模型；

　2)第2行，对 R_t 序列构建ARCH(1)模型；

　3)第3行，输出拟合模型结果。

输出结果如下：

```
                  Constant Mean - ARCH Model Results
====================================================================
Dep. Variable:                  close   R-squared:              0.000
Mean Model:             Constant Mean   Adj. R-squared:         0.000
Vol Model:                       ARCH   Log-Likelihood:      -696.447
Distribution:   Standardized Student's t   AIC:               1400.89
Method:            Maximum Likelihood   BIC:                 1417.61
                                        No. Observations:         482
Date:                 Mon, Nov 14 2022  Df Residuals:             481
Time:                         22:39:04  Df Model:                   1
                          Mean Model
====================================================================
               coef    std err        t      P>|t|    95.0% Conf. Int.
--------------------------------------------------------------------
mu           0.0627  4.164e-02    1.506      0.132  [-1.890e-02,  0.144]
                       Volatility Model
====================================================================
               coef    std err        t      P>|t|  95.0% Conf. Int.
--------------------------------------------------------------------
omega        1.0877      0.164    6.625  3.468e-11  [ 0.766,  1.410]
alpha[1]     0.1281      0.122    1.054      0.292  [-0.110,  0.366]
                         Distribution
====================================================================
               coef    std err        t      P>|t|  95.0% Conf. Int.
--------------------------------------------------------------------
nu           4.2497      0.871    4.877  1.078e-06  [ 2.542,  5.958]
====================================================================
```

图6.5　ARCH(1)模型估计结果

2.建立GARCH(1,1)模型

代码如下:

```
garch11 = ARCH(Rt,mean='Constant',vol='GARCH',dist='t',p=1,q=1).fit(disp=
'off')
print(garch11.summary())
```

【代码说明】

1)第1至2行,对R_t序列构建GARCH(1,1)模型;

2)第3行,输出拟合模型结果。

输出结果如下:

```
                Constant Mean - GARCH Model Results
==========================================================================
Dep. Variable:                     close   R-squared:              0.000
Mean Model:                Constant Mean   Adj. R-squared:         0.000
Vol Model:                         GARCH   Log-Likelihood:       -684.935
Distribution:    Standardized Student's t  AIC:                   1379.87
Method:               Maximum Likelihood   BIC:                   1400.76
                                           No. Observations:          482
Date:                   Mon, Nov 14 2022   Df Residuals:              481
Time:                           22:39:29   Df Model:                    1
                             Mean Model
==========================================================================
                 coef    std err      t      P>|t|     95.0% Conf. Int.
--------------------------------------------------------------------------
mu             0.0579  4.009e-02    1.444     0.149  [-2.070e-02,  0.136]
                          Volatility Model
==========================================================================
                 coef    std err      t      P>|t|     95.0% Conf. Int.
--------------------------------------------------------------------------
omega          0.0502  3.050e-02    1.644     0.100  [-9.626e-03,  0.110]
alpha[1]       0.0653  3.077e-02    2.121  3.389e-02  [4.967e-03,  0.126]
beta[1]        0.8903  4.608e-02   19.322  3.542e-83  [   0.800,  0.981]
                            Distribution
==========================================================================
                 coef    std err      t      P>|t|    95.0% Conf. Int.
--------------------------------------------------------------------------
nu             5.1223      1.327    3.861  1.131e-04  [   2.522,  7.723]
==========================================================================
```

图6.6　GARCH(1,1)模型估计结果

利用准则函数,最终选择GARCH(1,1)模型,由图6.6知模型形式为

$$\begin{cases} R_t = 0.0579 + \varepsilon_t \\ \varepsilon_t = \sqrt{h_t}\, v_t, v_t \sim i.i.d.\, N(0,1) \\ h_t = 0.0502 + 0.0653\varepsilon_{t-i}^2 + 0.8903 h_{t-j} \end{cases}$$

6.7　习　题

1.某股票连续若干天的收盘价,数据见附录A6.3,选择适当模型拟合该序列的发展,并估计下一天的收盘价。

2.2020年1月6日—2021年12月31日B股指数每日收盘价,数据见附录A6.4,完成以下

问题:

(1)检验该序列的平稳性;

(2)选择适当的模型拟合该序列的发展;

(3)考察该序列是否具有条件异方差属性。如果有条件异方差属性,则拟合适当的条件异方差模型;

(4)使用拟合模型预测未来两周的收盘价的 95% 置信区间。

3. 2021 年 4 月 1 日—2021 年 7 月 30 日在 WTI 原油期货收盘价,数据见附录 A6.5,完成以下问题:

(1)分析该序列的走势,并拟合适当的模型;

(2)分析该序列的波动特征。如果存在条件异方差,则拟合适当的条件异方差模型;

(3)使用拟合模型预测该序列未来 3 天的收盘价及收盘价的 95% 置信区间。

4. 2012 年 1 月—2021 年 1 月美元指数每月收盘价,数据见附录 A6.6,完成以下问题:

(1)分析该序列的平稳性和差分平稳性;

(2)对该序列拟合适当的水平(均值)模型;

(3)考察该序列的方差齐性。如果方差非齐,拟合适当的条件异方差模型;

(4)使用拟合模型预测未来 4 个月美元指数的收盘价及收盘价的 95% 置信区间。

第7章 门限自回归模型

到目前为止,我们主要围绕线性模型进行了讨论。但经济理论及实证研究都表明许多重要的经济时间序列都表现出非线性的调整特征。例如,观察股票的历史收盘价就会发现,股票上涨时通常是缓慢上升的,而下跌趋势往往是陡峭的;失业率在经济衰退期急速上升,而在经济繁荣期,它却是缓慢下降。可以看到,失业率的动态调整主要依赖经济所处的发展时期。当经济从一种状态(扩张或紧缩)向另一种状态(紧缩或扩张)变化的同时,似乎自动完成了失业率的状态转换。因此,状态转换模型受到了学者们的关注,他们也提出了许多状态转换模型。这一章将要介绍的门限自回归模型也属于这类模型。

7.1 门限自回归模型

直到20世纪70年代,关于时间序列分析研究的主导模型都是线性模型。当时,关于非线性时间序列的研究尚未受到较大的关注,但由于非线性时间序列模型对解决实际问题有重要的作用,这就促使学者们纷纷投入对其模型的相关研究,包括模型识别和参数估计等。其中,门限自回归模型(threshold autoregressive model,TAR)是一类对非线性系统采用线性逼近,进而"分段"建模的非线性时间序列模型,即分段线性模型。该模型最早由汤家豪(Tong)于1978年提出,也称为自激励门限自回归模型(self-exciting TAR,SETAR,本章中我们将SETAR仍记为TAR),该模型可用于描述经济周期下受循环影响的序列特征。作为非线性时间序列数据建模的一种方法,该模型在社会科学领域与经济计量领域应用越来越广泛。本章我们主要介绍两状态下的门限自回归模型。

7.1.1 一阶门限自回归模型

两状态下的一阶门限自回归模型定义如下。

定义 7.1 一阶门限自回归模型。

具有如下结构的模型称为一阶门限自回归模型:

$$X_t = \begin{cases} m_{10} + m_{11}X_{t-1} + \varepsilon_{1t}, & X_{t-1} > r \\ m_{20} + m_{21}X_{t-1} + \varepsilon_{2t}, & X_{t-1} \leqslant r \end{cases} \tag{7.1}$$

其中,m_{10},m_{20}为常数,m_{11},m_{21}是自回归系数,ε_{1t},ε_{2t}是噪声序列,r是门限参数。

从式(7.1)中看出,如果X_{t-1}大于门限值r,即序列位于上区域,则时间序列$\{X_t\}$受自回归过程$m_{10} + m_{11}X_{t-1} + \varepsilon_{1t}$主导;如果$X_{t-1}$小于或等于门限值$r$,即序列位于下区域,则时间序列$\{X_t\}$受自回归过程$m_{20} + m_{21}X_{t-1} + \varepsilon_{2t}$主导。这说明,随着序列滞后一期$X_{t-1}$取值的变化,该时间序列在两个不同的线性状态下跳转,亦即X_{t-1}未达到门限值时,序列处于下区域;X_{t-1}超过门限值时,序列处于上区域。虽然在每种状态下序列$\{X_t\}$都是线性的,但状态转化的出现就意味着整个序列的变化是非线性的。

当式(7.1)中参数 $m_{10}=m_{20}=0,r=0$ 且 $Var\varepsilon_{1t}=Var\varepsilon_{2t}$ 时,模型平稳的条件为

$$m_{11}<1, \quad m_{21}<1, \quad m_{11}m_{21}<1$$

两状态下的一阶门限自回归模型还可以简写为

$$X_t=(m_{10}+m_{11}X_{t-1}+\varepsilon_{1t})I_{t-1}+(m_{20}+m_{21}X_{t-1}+\varepsilon_{2t})(1-I_{t-1})$$

其中,

$$I_{t-1}=\begin{cases}1, & X_{t-1}>r \\ 0, & X_{t-1}\leqslant r\end{cases}$$

称为示性函数(indicator function)。

例 7.1 考虑如下一阶门限自回归模型:

$$X_t=\begin{cases}-1.5X_{t-1}+\varepsilon_{1t}, & X_{t-1}>-1 \\ 0.8X_{t-1}+\varepsilon_{2t}, & X_{t-1}\leqslant -1\end{cases}$$

模拟其序列值(100个观测值)并观察序列变化特点。

由模型形式可知,当 $X_{t-1}>-1$ 时,序列位于上区域,由系数为 -1.5 的自回归过程主导;当 $X_{t-1}\leqslant-1$ 时,序列位于下区域,由系数为 0.8 的自回归过程主导。我们模拟了该一阶门限自回归模型的100个序列值并绘制时序列,如图7.1。从图中看出,该序列变化的一个明显特征是:序列下降时较为急速,而上升时相对缓慢。另外,根据参数 $m_{11}=-1.5$,$m_{21}=0.8$ 及一阶门限自回归模型的平稳条件可知,该门限自回归模型亦平稳。

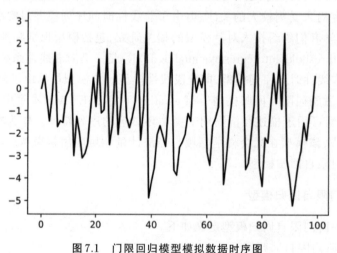

图 7.1 门限回归模型模拟数据时序图

7.1.2 高阶门限自回归模型

我们可以将两状态下的一阶门限自回归模型推广到两状态下的高阶形式。

定义 7.2 两状态高阶门限自回归模型。

具有如下结构的模型称为两状态高阶门限自回归模型:

$$X_t=\begin{cases}m_{10}+m_{11}X_{t-1}+m_{12}X_{t-2}+\cdots+m_{1p_1}X_{t-p_1}+\varepsilon_{1t}, & X_{t-d}>r \\ m_{20}+m_{21}X_{t-1}+m_{22}X_{t-2}+\cdots+m_{2p_2}X_{t-p_2}+\varepsilon_{2t}, & X_{t-d}\leqslant r\end{cases} \tag{7.2}$$

其中, X_{t-d} 为门限变量, d 为滞后参数, m_{10},m_{20} 为常数, $m_{11},m_{12},\cdots,m_{1p_1},m_{21},m_{22},\cdots,m_{2p_2}$ 为自回归系数, $\varepsilon_{1t},\varepsilon_{2t}$ 是噪声序列, r 是门限参数。

由式(7.2)定义的门限自回归模型记作 TAR$(2;p_1,p_2)$,延迟为 d。其中,参数 2 表示门限自回归模型在两种状态间跳转, p_1,p_2 分别表示两种状态各自对应的自回归模型的滞后阶数。需要指出的是, p_1,p_2 可以不相等,延迟阶数 d 也可以大于 p_1 或 p_2。但更一般的情况下,可以通过将零系数全部包括进来,进而使得 $p_1=p_2=p,1\leqslant d\leqslant p$。

类似一阶门限自回归模型,两状态高阶门限自回归模型还可以简写为

$$X_t=(m_{10}+m_{11}X_{t-1}+m_{12}X_{t-2}+\cdots+m_{1p_1}X_{t-p_1}+\varepsilon_{1t})I_{t-d}$$
$$+(m_{20}+m_{21}X_{t-1}+m_{22}X_{t-2}+\cdots+m_{2p_2}X_{t-p_2}+\varepsilon_{2t})(1-I_{t-d})$$

其中,示性函数 I_{t-d} 为

$$I_{t-d}=\begin{cases}1,&X_{t-d}>r\\0,&X_{t-d}\leqslant r\end{cases}$$

两状态门限自回归模型平稳的充分条件为

$$|m_{10}|+|m_{11}|+|m_{12}|+\cdots+|m_{1p_1}|<1$$

及

$$|m_{20}|+|m_{21}|+|m_{22}|+\cdots+|m_{2p_2}|<1$$

注意这并非充分必要条件。

一般地,多状态(k 状态)门限自回归模型可写为

$$X_t=\sum_{i=1}^{k}(m_{i0}+m_{i1}X_{t-1}+m_{i2}X_{t-2}+\cdots+m_{ip_i}X_{t-p_i}+\varepsilon_{it})I(X_{t-d}\in A_i),\quad\bigcup_{i=1}^{k}A_i=A\quad(7.3)$$

其中, k 表示模型中状态的个数, $\{A_i,i=1,2,\cdots,k\}$ 是对总体机制 A 的一个分割,其他参数含义同两状态门限自回归模型。式(7.3)中,示性函数为

$$I(X_{t-d}\in A_i)=\begin{cases}1,&X_{t-d}\in A_i\\0,&X_{t-d}\bar{\in} A_i\end{cases}$$

理论上,对参数 $p_1,p_2,\cdots,p_k,d$ 取值只有非负整数的要求,但通常我们假设 $p_1=p_2=\cdots=p_k=p$,且 $1\leqslant d\leqslant p$。

对一般形式下的门限自回归模型,目前尚未得到其平稳性的充分必要条件。

7.2　门限自回归模型的建立

7.2.1　门限效应检验

关于时间序列的非线性检验,目前使用最广泛的检验有四种:Keenan 检验、Tasy 检验、Hansen 检验和似然比检验。Keenan 检验(1985)基于 Volterra 展开来逼近非线性平稳时间序后检验序列的非线性;Tasy 检验是蔡瑞胸(1989)基于重排自回归原理提出的;Hansen 检验(1996,1999)基于嵌套模型而提出的一种检验方法;似然比是针对两状态下的门限自回归模型提出的检验方法。

1. Keenan 检验

考虑如下模型：

$$X_t = \theta_0 + \sum_{p=1}^m \phi_p Y_{t-p} + \exp\left\{\eta \sum_{j=-\infty}^\infty (\phi_j Y_{t-j})^2\right\} + \varepsilon_t$$

其中，$\varepsilon_t \sim i.i.d. N(0, \sigma^2)$。上式中，当 $\eta = 0$ 时，式中第三项为常数 1，可与常数项 θ_0 合并，此时上述模型就是一个自回归模型；当 $\eta \neq 0$ 时，该模型就是非线性的。故 Keenan 检验的假设为

$$H_0: \eta = 0, \quad H_1: \eta \neq 0$$

检验统计量为

$$F = \frac{\eta^2(T - 2m - 2)}{\sum_{i=m+1}^n e_i^2}$$

其中，e_i 为模型的残差序列，m 是模型阶数，T 是样本长度。原假设成立的条件下，F 近似服从 $F(1, n - m + 1)$。当检验统计量大于临界值时拒绝原假设，即序列是非线性的。

2. Tsay 检验

我们以两状态门限模型为例介绍 Tsay 检验。Tsay 检验基本思想是在确定滞后参数 d 和门限参数 r_0 后，将样本观测值根据门限参数 r_0 分为两部分，然后估计其中一个状态（$X_{t-d} \leqslant r_0$）下的线性部分，即 AR(p)，并计算残差 $\{e_t\}$。若真实门限值 r 大于设定的门限值 r_0，则残差序列渐进服从白噪声；若 r_0 接近真实门限值 r，则残差序列将不再服从白噪声。为此，当 $r_0 < r$ 时，通过调整 r_0 的取值，让该状态每次增加一个样本，然后再次估计回归模型，若回归模型的残差渐进服从白噪声，则重复上述过程，直至残差的渐进白噪声性质不再成立，这样确定门限值的同时也检验到了门限效应。

具体地，对于样本观测长度为 T 的时间序列 $\{X_t\}$，考虑式如下形式的两状态门限回归模型：

$$X_t = \begin{cases} m_{10} + m_{11}X_{t-1} + \cdots + m_{1p}X_{t-p} + \varepsilon_{1t}, & X_{t-d} > r \\ m_{20} + m_{21}X_{t-1} + \cdots + m_{2p}X_{t-p} + \varepsilon_{2t}, & X_{t-d} \leqslant r \end{cases} \tag{7.4}$$

假设滞后参数 d 已知，设定门限参数为 $r_0(r_0 < r)$，假设门限变量 X_{t-d} 为 $\{X_h, \cdots, X_{T-d}\}$，其中 $h = \max\{1, p+1-d\}$。将门限变量按照从低到高的顺序进行排序，令 π_i 表示 $\{X_h, \cdots, X_{T-d}\}$ 中第 i 小的变量对应的角标。此时模型（7.4）可改写为

$$X_{\pi_i+d} = \begin{cases} \beta_{10} + \sum_{k=1}^p \beta_{1k} X_{\pi_i+d-k} + \varepsilon_{1,\pi_i+d}, & i > s \\ \beta_{20} + \sum_{k=1}^p \beta_{2k} X_{\pi_i+d-k} + \varepsilon_{2,\pi_i+d}, & i \leqslant s \end{cases}$$

其中，s 满足 $X_{\pi_s} < r_0 \leqslant X_{\pi_s+1}$，这就意味着状态 $X_{t-d} \leqslant r_0$ 中的样本有 s 个。对于固定的 p, d，每个模型中有效样本长度为 $T - d - h + 1$。若从第 b 个观测值（比如，可取 $b = T/4$）开始做递归自回归，则对应有 $T - d - b - h + 1$ 个残差，对标准化的残差拟合下述模型：

$$\hat{e}_{\pi_i+d} = \omega_0 + \sum_{k=1}^p \omega_k X_{\pi_i+d-k} + \varepsilon_{\pi_i+d} \tag{7.5}$$

Tsay 检验的原假设与备择假设分别为

$$H_0:\text{时间序列}\{X_t\}\text{服从线性模型}$$
$$H_1:\text{时间序列}\{X_t\}\text{存在门限效应}$$

检验统计量为

$$F(p,d)=\frac{\left(\displaystyle\sum_{t=1}^{T-d-b-h+1}\hat{e}_t^2-\sum_{t=1}^{T-d-b-h+1}\hat{e}_t^2\right)/(p+1)}{\displaystyle\sum_{t=1}^{T-d-b-h+1}\hat{e}_t^2/(T-d-b-p-h)}\sim F(p+1,T-d-b-p-h)$$

式中求和符号是对式(7.5)中所有观测值求和,$\hat{\varepsilon}_t$为式(7.5)中残差。原假设成立的条件下,近似有

$$F(p,d)\sim F(p+1,T-d-b-p-h)$$

实际检验中,常用

$$(p+1)F(p,d)\sim\chi^2(p+1)$$

作为检验统计量。给定显著性水平 α,当$(p+1)F(p,d)>\chi_\alpha^2(p+1)$时,拒绝原假设,即认为时间序列$\{X_t\}$存在门限效应。

检验中,若滞后参数 d 未知,可以利用逐步搜索的方法寻找其估计值。具体地,对 $d=1,2,\cdots,p$,分别按照每个不同 d 值下得到的门限值估计 TAR 模型,记录其残差平方和,取其残差平方和最小值对应的那个 d 值作为滞后参数的选择。

3. Hansen 检验

Hansen(1996)考虑了如下回归模型的非线性检验:

$$X_t=x_t(\gamma)\beta+\varepsilon_t \tag{7.6}$$

其中,$x_t(\gamma)=\left[x_{1t}^T,h_t(\gamma)^T\right]$,$\beta=\left[\beta_1^T,\beta_2^T\right]^T$,$h_t(\gamma)^T$表示非线性项。对式(7.6),检验所关心的是$\beta_2^T=0$是否成立。由于门限自回归模型是非线性模型中的一种,故 Hansen 检验也可用于检验是否存在门限效应。Hansen(1999)在模型(7.2)中门限效应检验问题的基础上,考虑了多个门限效应的识别问题。

具体地,模型(7.3)中,当$p_1=p_2=\cdots=p_k=p$时,检验的原假设与备择假设为

$$H_0:\text{建立}i\text{状态的门限自回归模型}$$
$$H_1:\text{建立}j\text{状态的门限自回归模型}$$

Hansen 构建了如下 LR 检验统计量:

$$F_{ji}=T\cdot\frac{S_j-S_i}{S_i},\quad i>j \tag{7.7}$$

其中,T 表示样本观测长度,S_i 表示 i 状态门限自回归模型的残差平方和。式(7.7)中的检验统计量用于检验 i 状态的门限自回归模型是否优于 j 状态的门限自回归模型。当检验统计量 F_{ji} 大于临界值时,拒绝原假设,意味着应该建立 j 状态的门限自回归模型。

4. 似然比检验

在两状态 TAR 模型中,假设模型阶数为 p,噪声方差是常数,即 $Var\varepsilon_{1t}=Var\varepsilon_{2t}=\sigma^2$,此时模型(7.2)可写为

$$X_t=(m_{10}+m_{11}X_{t-1}+m_{12}X_{t-2}+\cdots m_{1p}X_{t-p})I_{t-d}$$
$$+(m_{20}+m_{21}X_{t-1}+m_{22}X_{t-2}+\cdots m_{2p}X_{t-p})(1-I_{t-d})+\varepsilon_t$$

其中,模型中参数及 I_{t-d} 含义同前,即

$$I_{t-d} = \begin{cases} 1, & X_{t-d} > r \\ 0, & X_{t-d} \leqslant r \end{cases}$$

X_{t-d} 为门限变量,d 为滞后参数,m_{10},m_{20} 为常数,m_{11},m_{12},$\cdots$,m_{1p},m_{21},m_{22},$\cdots$,m_{2p} 是自回归系数,ε_t 是噪声序列,r 是门限参数。

似然比检验的原假设和备则假设分别为

H_0:时间序列 $\{X_t\}$ 服从线性模型,即 AR(p)模型

H_1:时间序列 $\{X_t\}$ 存在门限效应,即服从两状态 TAR 模型

可以看出,若原假设 H_0 成立,则意味着 $m_{21} = m_{22} = \cdots = m_{2p} = 0$。

检验统计量为

$$T_n = (n-p) \log \frac{\hat{\sigma}^2(H_0)}{\hat{\sigma}^2(H_1)}$$

其中,$n-p$ 表示有效的样本个数,$\hat{\sigma}^2(H_0)$ 是 AR(p)模型中噪声方差的极大似然估计量,$\hat{\sigma}^2(H_1)$ 则是来自 TAR 模型。在原假设成立的条件下,若门限参数已知,则 $T_n \sim \chi^2(p)$;若门限参数未知,检验依赖搜寻门限参数的区间,此时似然比检验统计量服从某种非标准样本分布。Chan(1991)给出一种计算检验参数 p 的逼近法,当 p 不大时该方法精度较高(这里我们不再展开详细讨论)。

7.2.2　参数估计

前面我们讨论了几种门限效应的检验方法,这些方法都涉及到门限回归模型中参数的估计。本小节将以两状态 TAR 模型为主,介绍参数的估计方法。TAR 模型中的参数包括各状态下的自回归系数 m_{ij}、门限参数 r、滞后参数 d,以及噪声项的方差。

1.门限信息已知

如果门限参数 r 和滞后参数 d 已知,则可根据 $X_{t-d} \leqslant r$,将样本数据分为两部分,然后分别进行回归,得到相应每个状态下的参数估计。我们以前述模型(7.2)为例,讨论参数估计的相关问题。

若参数 r 已知,首先根据 $X_{t-d} \leqslant r$,将样本数据分为两部分。假设在状态 $X_{t-d} > r$ 中有 n_1 个数据,状态 $X_{t-d} \leqslant r$ 中有 n_2 个数据。对于在状态 $X_{t-d} > r$ 中的数据,拟合自回归模型,其中参数 p_1 根据 AR 模型的方法确定,进而得到参数估计 $\hat{m}_{10}$,$\cdots$,$\hat{m}_{1p_1}$ 以及噪声序列方差的极大似然估计 $\hat{\sigma}_1^2$(其值等于残差平方和与 n_1 的比值);同样,对落在状态 $X_{t-d} \leqslant r$ 中的数据,也可得到相应参数估计 $\hat{m}_{20}$,$\hat{m}_{21}$,$\cdots$,$\hat{m}_{2p_2}$ 及 $\hat{\sigma}_2^2$。

2.门限信息未知

如果门限参数 r 和滞后参数 d 未知,则需要将它们与 TAR 模型中其他参数一同进行估计。Chan(1993)给出了一种寻找门限参数 r 一致估计量的方法。为阐述该估计方法的基本思想,我们以模拟的两状态门限回归模型为例。图 7.2 是两状态门限回归模型模拟数据的时序图。按照 Chan 的想法,如果门限值是有意义的,那么序列值应该来回穿梭于门限值上下波动。因此在图 7.2 中,如果门限参数设定为 4 或 -6 是没有意义的,因为从图中可以看到,所有的序列值都未穿过这两个值。因此门限值应该介于该序列最大值和最小值之间,即门限值 r 应该在

观察序列的最大值和最小值之间搜索。

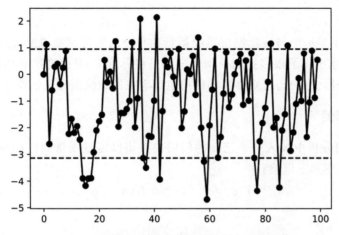

图7.2 两状态门限回归模型模拟数据的时序图

实际估计中,为了确保门限值两边有适当数量的观测值用于估计不同状态下的模型,对门限参数 r 的搜索一般是在排除观察值最大最小值各 $10\%\sim15\%$ 后的范围里进行。例如在图7.2中,考虑在包含中间 80% 的观测值(即图中两条虚线形成的带形区域)中搜索门限参数 r。滞后参数 d 则在1到 p 之间搜索。

具体地,门限参数未知时,可以采用条件最小二乘法(CLS)来估计参数。CLS估计参数是通过最小化式(7.2)中残差平方和 $L(r,d)$ 得到的,即通过最小化

$$L(r,d)=\sum_{t=1}^{T}\Big[\big(X_t-m_{10}-m_{11}X_{t-1}-\cdots-m_{1p}X_{t-p_1}\big)^2 I(X_{t-d}>r)$$
$$+\big(X_t-m_{20}-m_{21}X_{t-1}-\cdots-m_{2p}X_{t-p_2}\big)^2 I(X_{t-d}\leqslant r)\Big]$$

得到参数CLS估计。其中, T 表示样本观测长度。此时,残差平方和最小的回归方程对应着门限的一致估计。Chan(1993)证明了CLS估计量满足一致性,即随着样本量的增加,参数估计量趋于参数真值。

7.2.3 模型诊断

估计出门限自回归模型(7.2)的参数后,我们还需要对其残差做进一步检验。门限自回归模型的残差定义如下:

$$\hat{\varepsilon}_t=X_t-\big(\hat{m}_{10}+\hat{m}_{11}X_{t-1}+\cdots+\hat{m}_{1\hat{p}_1}X_{t-\hat{p}_1}\big)I\big(X_{t-\hat{d}}>r\big)$$
$$-\big(\hat{m}_{20}+\hat{m}_{21}X_{t-1}+\cdots+\hat{m}_{2\hat{p}_2}X_{t-\hat{p}_2}\big)I\big(X_{t-\hat{d}}\leqslant r\big)$$

用适当的标准差规范原始残差,进一步得到标准化残差 $\hat{e}_t$ 为

$$\hat{e}_t=\frac{\hat{\varepsilon}_t}{\hat{\sigma}_1 I(X_{t-d}>r)+I(X_{t-d}\leqslant r)\hat{\sigma}_2}$$

其中, $\hat{\sigma}_1,\hat{\sigma}_2$ 分别是模型中噪声序列标准差的估计量。

如果实际观测值的生成机制是门限自回归模型,亦即门限自回归模型被正确识别,则残差的标准差渐进独立同分布。通过考察残差的标准差 $\hat{e}_t$ 的样本ACF,可以检验 $\hat{e}_t$ 独立性假设。

7.3 门限自回归模型的扩展形式

TAR 模型提供了一个与实际经济系统运行相符合的状态调整机制,这使得 TAR 模型越来越受欢迎,同时也出现了很多扩展模型。早期是将一阶 TAR 模型扩展到高阶情形;将两状态扩展到多状态情形。后来,门限参数的使用也出现在回归模型等其他模型中。

7.3.1 回归模型

在传统的回归分析中加入一个已知的门限信息用以度量变量间的影响关系也是一种流行的分析方法。考察如下模型:

$$Y_t = a_0 + (a_1 + b_1 I_t) X_t + \varepsilon_t \tag{7.8}$$

其中,

$$I_t = \begin{cases} 1, & Y_{t-1} > r \\ 0, & Y_{t-1} \leqslant r \end{cases}$$

可以看出,在式(7.8)中,当 $Y_{t-1} > r$ 时,X_t 对 Y_t 的影响大小由 $a_1 + b_1$ 度量;当 $Y_{t-1} \leqslant r$ 时,X_t 对 Y_t 的影响大小由 a_1 度量。

7.3.2 马尔可夫转换模型

基本的 TAR 模型通常假设状态的转化依赖于某一个观测变量的取值大小。例如,在两状态门限中,当门限变量超过门限值时,系统处于一个状态;当门限变量小于或等于门限值时,系统处于另外一个状态。Hamilton(1989)提出了马尔可夫转换模型。与以往的 TAR 模型不同之处在于,该模型中状态的转换是外生的。看一个简单的例子,假设 X_t 的某个自回归过程依赖于两个状态,如下:

$$X_t = \begin{cases} m_{10} + m_{11} X_{t-1} + \varepsilon_{1t}, & \text{当系统处于状态1} \\ m_{20} + m_{21} X_{t-1} + \varepsilon_{1t}, & \text{当系统处于状态2} \end{cases} \tag{7.9}$$

式(7.9)看起来非常类似式(7.1)的门限自回归模型。但是式(7.1)中,当处于状态1时,X_{t-1} 的系数为 m_{11};处于状态2时,X_{t-1} 的系数为 m_{21}。然而对于式(7.9),模型存在一个固定的转换概率。假设 p_{11} 表示系统处于状态1的概率,那么 $1 - p_{11}$ 表示系统从状态1转换到状态2的概率。类似地,假设 p_{22} 表示系统处于状态2的概率,那么 $1 - p_{22}$ 表示系统从状态2转换到状态1的概率。由此可见,状态的转换过程实际上是一阶马尔可夫过程。马尔可夫转换模型常用于估计序列的均值模型。

7.4 案例分析

本节通过 Python 软件分析案例,讲解如何对非线性时间序列数据构建门限自回归模型。案例基于 1821—1934 年加拿大捕获的猞猁数目的年度时间序列数据,数据见附录 A7.1。数据来源于 R 软件 tyDyn 程序包,建立门限自回归模型并预测。

首先导入猞猁数目数据并进行数据处理(通常取对数),再对处理后的数据进行非线性检验,若处理后的数据通过非线性检验,则进行门限自回归建模与分析;若未通过非线性检验,则采用线性时间序列数据建模分析方法,最后对1935年捕获猞猁数进行预测。

7.4.1　数据导入与处理

首先导入1821—1934年猞猁数数据,代码如下:

```
import numpy as np
import pandas as pd
import matplotlib.pylab as plt
import statsmodels.api as sm
import warnings
warnings.filterwarnings("ignore")
df = pd.read_excel('猞猁数.xlsx', parse_dates=True, index_col="年份")
df
```

【代码说明】

1)第1至4行,导入相应的模块并命名。以第1行为例,导入Numpy模块并命名为np;

2)第5至6行,忽略代码运行中的警告信息;

3)第7至8行,导入数据并命名为df并查看数据。

导入数据后,对原始数据进行处理。进行门限自回归时,为消除异方差,并在不改变时间序列的性质及相关性的前提下,获得平稳数据,故对原数据取对数,然后画出时序图,代码如下:

```
from datetime import datetime
ts = np.log(df["猞猁数"])
plt.rcParams['font.sans-serif'] = ['simhei']
plt.rcParams['axes.unicode_minus'] = False
ts.plot(color="black")
plt.xticks(rotation=10)
plt.xlabel('年份')
plt.ylabel('对数猞猁数')
```

【代码说明】

1)第1行,导入datetime模块;

2)第2行,将取对数后的猞猁数命名为ts;

3)第3行,将时序图中字体确定为黑体;

4)第4至5行,正常显示负号与时序图的绘制;

5)第6行,坐标角度旋转;

6)第7至8行,对横、纵坐标命名。

取对数后的猞猁数时序图如图7.3所示。该序列变化的一个明显特征是：序列下降时较为快速，而上升时相对缓慢，故需要做非线性检验。

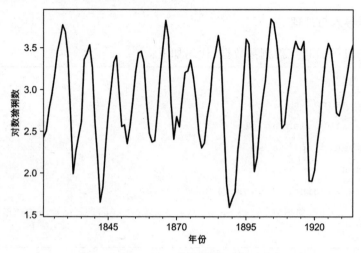

图7.3　1821—1934年猞猁数对数时序图

7.4.2　数据的非线性检验

能否建立门限自回归模型，这需要对序列进行非线性检验。若检验结果显示数据非线性，则可采用非线性模型建模方法。非线性检验方法诸如Keenan检验、Tsay检验及Hansen检验等都已得到广泛应用。案例主要用Keenan检验对序列进行非线性检验。Keenan检验原假设为序列是线性的，备择假设为序列是非线性的。在使用Keenan检验时，需调用R软件TSA程序包，首先需要代码调试实现R与Python同步工作，代码如下：

```
pip install rpy2
from rpy2.robjects.packages import importr
from rpy2.robjects import pandas2ri
pandas2ri.activate()
```

【代码说明】

　　1）第1行，下载Python调用R的rpy2程序包；

　　2）第2至3行，导入相应的模块，其中第2行导入调用R程序包的模块，第3行为导入调用R函数的模块；

　　3）第4行，使得pandas.DataFrame可以直接被R函数使用。

完成R与Python同时工作的前期准备后，接下来调用R软件中的Keenan.test函数对序列进行非线性检验，代码如下：

```
import rpy2.robjects as robjects
TSA = importr('TSA')
result1 = robjects.r['Keenan.test'](ts)
print(result1)
```

【代码说明】

　　1）第 1 行，导入调用 R 函数的模块并命名为 robjiects；

　　2）第 2 行，导入 R 的 TSA 程序包（需提前在 R 软件安装，否则会报错）；

　　3）第 3 行，调用 Keenan.test 函数，进行 Keenan 非线性检验；

　　4）第 4 行，输出检验结果。

输出的结果如下：

```
$test.stat
[1] 11.66997

$p.value
[1] 0.000955

$order
[1] 11
```

　　可以看出，检验统计量值为 11.66997，检验的 p 值为 0.000955，在给定显著性水平 $\alpha = 0.05$ 时，拒绝原假设，认为序列是非线性的。

7.4.3　门限自回归模型的建立

1.确定模型阶数

　　经检验，序列为非线性序列，可对序列建立门限自回归建模。门限自回归模型从本质上来说是分段 AR 模型，用不同的线性 AR 模型来描述，其中两状态（即一个门限参数）的门限自回归模型表达式如式（7.2）所示。

　　对 1821—1934 年加拿大猞猁数进行门限模型的构建时，首先需确定模型阶数及门限滞后阶数。调用 R 软件 thDyn 程序包中的 selectSETAR 函数来确定两状态模型的自回归阶数 p_1, p_2（即运行结果中的 mL 与 mH），相应代码如下：

```
importr("tsDyn")
result2 = robjects.r['selectSETAR'](ts,m=4,thDelay=1)
print(result2)
```

【代码说明】

　　1）第 1 行，调用 R 的 tsDyn 程序包（需提前在 R 软件安装，否则会报错）；

　　2）第 2 行，调用 selectSETAR 函数，设定滞后阶数 d=1 及自回归最大滞后阶数 p=4 时，根据 AIC 值选择最佳参数；

　　3）第 3 行，输出模型不同参数组合及对应的 AIC。

输出结果如下所示：

```
Using maximum autoregressive order for low regime: mL = 4
Using maximum autoregressive order for high regime: mH = 4
Searching on 72 possible threshold values within regimes with sufficient
( 15% ) number of observations
Searching on  1152  combinations of thresholds ( 72 ), thDelay ( 1 ), mL ( 4 )
```

```
and MM ( 4 )
Results of the grid search for 1 threshold
    thDelay mL mH      th       pooled-AIC
1        1  3  2    3.310056    -36.07388
2        1  4  2    3.310056    -35.79316
3        1  3  2    3.326131    -34.27580
4        1  4  2    3.326131    -34.26437
5        1  3  3    3.310056    -34.08247
6        1  3  2    3.263873    -34.04683
7        1  4  2    3.263873    -33.90702
8        1  4  3    3.310056    -33.80176
9        1  4  2    3.214314    -33.35215
10       1  4  2    3.210319    -33.19693
```

运行结果显示当滞后阶数 $d=1$ 时，不同参数组合下，AIC 值最小的前 10 个组合。显然，当 mL=4，mH=2 时，所对应的 AIC 值最小为 -36.074，对应的门限值（即运行结果中的变量 th）为 3.31。

2.估计模型参数

调用 R 软件 thDyn 程序包中的 seTAR 函数来估计门限模型中的参数，这里模型阶数及滞后阶数为 mL=3，mH=2，thDelay=1，对应的代码如下：

```
result4 = robjects.r['seTAR'](ts,m=4,mL=3,mH=2,thDelay=1)
print(result4)
```

【代码说明】

1)第 1 行，对猞猁数进行一个门限参数的门限自回归建模，调用 seTAR 函数并输入相应的参数；

2)第 2 行，输出回归结果。

模型回归结果如下：

```
        Non linear autoregressive model

        SETAR model ( 2 regimes)
        Coefficients:
        Low regime:
            const.L      phiL.1       phiL.2       phiL.3
          0.84327512  1.06657836 -0.08290043 -0.23493230

        High regime:
            const.H      phiH.1      phiH.2
          1.165692    1.599254 -1.011575

        Threshold:
        -Variable: Z(t) = + (0) X(t)+ (1)X(t-1)+ (0)X(t-2)+ (0)X(t-3)
        -Value: 3.31
        Proportion of points in low regime: 69.09%        High regime: 30.91%
```

图 7.4　门限模型估计结果

由图 7.4 知，模型具体表达式如下：

$$X_t = \begin{cases} 1.166 + 1.599X_{t-1} - 1.012X_{t-2} + \varepsilon_{1t}, & X_{t-d} > 3.31 \\ 0.843 + 1.067X_{t-1} - 0.083X_{t-2} - 0.235X_{t-3} + \varepsilon_{2t}, & X_{t-1} \leqslant 3.31 \end{cases}$$

7.4.4　门限自回归模型的预测

最后尝试对 1935 年猞猁数目进行预测，预测模型采用构建的单个门限参数的自回归模型，代码如下：

```
yc=robjects.r['predict'](result4)
import math
math.pow(10, yc)
```

【代码说明】

1）第 1 行，预测 1935 年猞猁数目的对数值；

2）第 2 行，倒入 math 模块；

3）第 3 行，计算 1935 年猞猁数目。

最后根据预测输出结果，1935 年捕获猞猁数的预测值为 2231.392 只。

7.5　习　题

1.简要说明 TAR 模型和 AR 模型的关系。

2.分析 1970 年 1 月—2022 年 3 月的 3 个月期美国国库券二级市场利率的变化特征，并对数据做非线性检验，数据见附录 A7.2。

3.分析 1975 年 2 月—2022 年 3 月的美元—欧元汇率数据的变化特征，对数据进行非线性检验，并尝试拟合 TAR 模型，数据见附录 A7.3。

4.分析 1980 年 1 月—2022 年 3 月的美国劳工统计局中的失业率数据，对数据进行非线性检验，并尝试拟合 TAR 模型，数据见附录 A7.4。

5.分析 1970 年 1 月—2022 年 3 月的逐月的美国有效联邦基金利率数据，对数据进行非线性检验，并尝试拟合 TAR 模型，数据见附录 A7.5。

参考文献

［1］George E. P. Box, Gwilym M. Jenkins, Gregory C.Reinsel. 时间序列分析、预测与控制［M］. 顾岚,等,译. 北京:中国统计出版社, 1997.

［2］Chatfield C. 时间序列分析引论［M］.2 版. 骆振华,译. 厦门:厦门大学出版社, 1987.

［3］Terence C. Mills. 金融时间序列的经济计量学模型［M］.2 版. 俞卓菁,译. 北京:经济科学出版社, 2002.

［4］Walter Enders. 应用计量经济学:时间序列分析［M］.2 版. 杜江,谢志超,译. 北京:高等教育出版社, 2006.

［5］Jonathan D. Cryer, Kung-Sik Chan. 时间序列分析及应用:R 语言［M］.2 版. 潘红宇,等,译. 北京:机械工业出版社, 2011.

［6］James D. Hamilton. 时间序列分析(上下册)［M］. 夏晓华,译. 北京:中国人民大学出版社, 2015.

［7］易丹辉,王燕. 应用时间序列分析［M］.5 版. 北京:中国人民大学出版社, 2019.

［8］王振龙. 应用时间序列分析［M］.2 版. 北京:中国统计出版社, 2010.

［9］史代敏,谢小燕. 应用时间序列分析［M］.2 版. 北京:高等教育出版社, 2019.

［10］王斌会. 计量经济学时间序列模型及 Python 应用［M］. 广州:暨南大学出版社, 2021.

［11］吴喜之,刘苗. 应用时间序列分析:R 语言陪同［M］. 北京:机械工业出版社, 2014.

［12］王燕. 应用时间序列分析［M］.4 版. 北京:中国人民大学出版社, 2016.

［13］魏武雄. 时间序列分析——单变量和多变量方法［M］.2 版. 北京:中国人民大学出版社, 2009.

［14］谢衷洁. 时间序列分析［M］. 北京:北京大学出版社, 1990.

［15］高铁梅,王金明,等. 计量经济分析方法与建模——EViews 应用及实例［M］.2 版. 北京:清华大学出版社, 2009.

附　　录

A1.1　裂纹扩散长度数据

单位:毫米

压力周期	裂纹长度	压力周期	裂纹长度	压力周期	裂纹长度	压力周期	裂纹长度
1	10.9800	24	13.7401	47	16.1202	70	18.4103
2	11.0800	25	13.8301	48	16.0902	71	18.5103
3	11.2400	26	14.0201	49	16.4102	72	18.6103
4	11.3300	27	14.1101	50	16.5102	73	18.7104
5	11.4600	28	14.1801	51	16.6102	74	18.8104
6	11.5100	29	14.2601	52	16.7102	75	18.9104
7	11.5800	30	14.4001	53	16.8103	76	19.0604
8	11.6500	31	14.4501	54	16.9103	77	19.2104
9	11.7700	32	14.5101	55	17.0103	78	19.3104
10	11.8600	33	14.6102	56	17.1103	79	19.4004
11	11.9900	34	14.6602	57	17.1903	80	19.4604
12	12.0900	35	14.7502	58	17.2803	81	19.5804
13	12.1900	36	14.8602	59	17.3703	82	19.7104
14	12.3701	37	14.9902	60	17.4603	83	19.8104
15	12.5401	38	15.1202	61	17.5603	84	19.9104
16	12.6301	39	15.2801	62	17.6603	85	20.0104
17	12.8101	40	15.4802	63	17.6603	86	20.1104
18	12.9801	41	15.5702	64	17.8103	87	20.2604
19	13.1301	42	15.7002	65	17.9103	88	20.3104
20	13.2801	43	15.7502	66	18.0103	89	20.4104
21	13.3901	44	15.8602	67	18.1103	90	20.5104
22	13.5401	45	15.9402	68	18.2103		
23	13.6401	46	15.9702	69	18.3103		

资料来源:王振龙.应用时间序列分析[M].2版.北京:中国统计出版社,2010.

A1.2　1820—1869年太阳黑子数据

单位:个

年份	黑子	年份	黑子	年份	黑子	年份	黑子	年份	黑子
1820	15.6	1830	70.9	1840	63.0	1850	66.6	1860	95.8
1821	6.6	1831	47.8	1841	36.7	1851	64.5	1861	77.2
1822	4.0	1832	27.5	1842	24.2	1852	54.1	1862	59.1
1823	1.8	1833	8.5	1843	10.7	1853	39.0	1863	44.0
1824	8.5	1834	13.2	1844	15.0	1854	20.6	1864	47.0
1825	16.6	1835	56.9	1845	40.1	1855	6.7	1865	30.5
1826	36.3	1836	121.5	1846	61.5	1856	4.3	1866	16.3
1827	49.6	1837	138.3	1847	98.5	1857	22.7	1867	7.3
1828	64.2	1838	103.2	1848	124.7	1858	54.8	1868	37.6
1829	67.0	1839	85.7	1849	96.3	1859	93.8	1869	74.0

资料来源:太阳活动预报中心官网.

A1.3　2012年1月—2020年12月美元对人民币汇率月度数据　　　　单位:元

时间	汇率	时间	汇率	时间	汇率	时间	汇率
2012.01	6.3115	2014.04	6.1580	2016.07	6.6511	2018.10	6.9646
2012.02	6.2919	2014.05	6.1695	2016.08	6.6908	2018.11	6.9357
2012.03	6.2943	2014.06	6.1528	2016.09	6.6778	2018.12	6.8632
2012.04	6.2787	2014.07	6.1675	2016.10	6.7641	2019.01	6.7025
2012.05	6.3355	2014.08	6.1647	2016.11	6.8865	2019.02	6.6901
2012.06	6.3249	2014.09	6.1525	2016.12	6.9370	2019.03	6.7335
2012.07	6.3320	2014.10	6.1461	2017.01	6.8588	2019.04	6.7286
2012.08	6.3449	2014.11	6.1345	2017.02	6.8750	2019.05	6.8992
2012.09	6.3410	2014.12	6.1190	2017.03	6.8993	2019.06	6.8747
2012.10	6.3002	2015.01	6.1370	2017.04	6.8931	2019.07	6.8841
2012.11	6.2892	2015.02	6.1475	2017.05	6.8633	2019.08	7.0879
2012.12	6.2855	2015.03	6.1422	2017.06	6.7744	2019.09	7.0729
2013.01	6.3002	2015.04	6.1137	2017.07	6.7283	2019.10	7.0533
2013.02	6.2779	2015.05	6.1196	2017.08	6.6010	2019.11	7.0298
2013.03	6.2689	2015.06	6.1136	2017.09	6.6369	2019.12	6.9762
2013.04	6.2208	2015.07	6.1172	2017.10	6.6397	2020.01	6.8876
2013.05	6.1796	2015.08	6.3893	2017.11	6.6034	2020.02	7.0066
2013.06	6.1787	2015.09	6.3613	2017.12	6.5342	2020.03	7.0851
2013.07	6.1788	2015.10	6.3495	2018.01	6.3339	2020.04	7.0571
2013.08	6.1709	2015.11	6.3962	2018.02	6.3294	2020.05	7.1316
2013.09	6.1480	2015.12	6.4936	2018.03	6.2881	2020.06	7.0795
2013.10	6.1425	2016.01	6.5516	2018.04	6.3393	2020.07	6.9848
2013.11	6.1325	2016.02	6.5452	2018.05	6.4144	2020.08	6.8605
2013.12	6.0969	2016.03	6.4612	2018.06	6.6166	2020.09	6.8101
2014.01	6.1050	2016.04	6.4589	2018.07	6.8165	2020.10	6.7232
2014.02	6.1214	2016.05	6.5790	2018.08	6.8246	2020.11	6.5782
2014.03	6.1521	2016.06	6.6312	2018.09	6.8792	2020.12	6.5249

资料来源:中国经济信息网.

A1.4　2000—2020年中国居民消费价格指数

年份	消费价格指数	年份	消费价格指数	年份	消费价格指数
2000	100.4	2007	104.8	2014	102.0
2001	100.7	2008	105.9	2015	101.4
2002	99.2	2009	99.3	2016	102.0
2003	101.2	2010	103.3	2017	101.6
2004	103.9	2011	105.4	2018	102.1
2005	101.8	2012	102.6	2019	102.9
2006	101.5	2013	102.6	2020	102.5

资料来源:国家统计局官网.

A1.5　2001年1月—2020年12月中国城镇居民人均可支配收入季度数据　　　单位:元

时间	城镇居民人均可支配收入	时间	城镇居民人均可支配收入
2001年第一季度	1845.79	2011年第一季度	5962.82
2001年第二季度	3423.86	2011年第二季度	11041.49
2001年第三季度	5107.91	2011年第三季度	16300.85
2001年第四季度	6802.27	2011年第四季度	21809.78
2002年第一季度	2125.57	2012年第一季度	6796.31
2002年第二季度	3908.72	2012年第二季度	12508.54
2002年第三季度	5758.81	2012年第三季度	18426.59
2002年第四季度	7628.52	2012年第四季度	24564.72
2003年第一季度	2354.50	2013年第一季度	7203.00
2003年第二季度	4300.90	2013年第二季度	13247.00
2003年第三季度	6346.90	2013年第三季度	19845.00
2003年第四季度	8472.20	2013年第四季度	26467.00
2004年第一季度	2638.80	2014年第一季度	7912.00
2004年第二季度	4814.56	2014年第二季度	14520.00
2004年第三季度	7071.95	2014年第三季度	21697.00
2004年第四季度	9421.61	2014年第四季度	28844.00
2005年第一季度	2937.84	2015年第一季度	8572.00
2005年第二季度	5373.76	2015年第二季度	15699.00
2005年第三季度	7901.74	2015年第三季度	23512.00
2005年第四季度	10493.03	2015年第四季度	31195.00
2006年第一季度	3293.40	2016年第一季度	9255.00
2006年第二季度	5996.74	2016年第二季度	16957.00
2006年第三季度	8798.82	2016年第三季度	25337.00
2006年第四季度	11759.45	2016年第四季度	33616.00
2007年第一季度	3934.94	2017年第一季度	9986.00
2007年第二季度	7051.99	2017年第二季度	18322.00
2007年第三季度	10346.23	2017年第三季度	27430.00
2007年第四季度	13785.79	2017年第四季度	36396.00
2008年第一季度	4385.59	2018年第一季度	10781.00
2008年第二季度	8065.00	2018年第二季度	19770.00
2008年第三季度	11865.00	2018年第三季度	29599.00
2008年第四季度	15780.68	2018年第四季度	39251.00
2009年第一季度	4833.85	2019年第一季度	11633.00
2009年第二季度	8855.86	2019年第二季度	21342.00
2009年第三季度	12973.28	2019年第三季度	31939.00
2009年第四季度	17174.65	2019年第四季度	42359.00
2010年第一季度	5308.01	2020年第一季度	11691.00
2010年第二季度	9757.11	2020年第二季度	21655.00
2010年第三季度	14333.83	2020年第三季度	32821.00
2010年第四季度	19109.44	2020年第四季度	43834.00

资料来源:国家统计局官网.

A1.6　2001年1月—2020年12月中国社会消费品零售总额季度数据　　单位:亿元

时间	社会消费品零售总额	时间	社会消费品零售总额
2001年第一季度	3085.33	2011年第一季度	14202.03
2001年第二季度	2886.40	2011年第二季度	14303.63
2001年第三季度	2959.23	2011年第三季度	14992.70
2001年第四季度	3600.77	2011年第四季度	16805.00
2002年第一季度	3345.10	2012年第一季度	16439.60
2002年第二季度	3137.70	2012年第二季度	16300.93
2002年第三季度	3220.90	2012年第三季度	17066.80
2002年第四季度	3933.13	2012年第四季度	19248.23
2003年第一季度	3702.87	2013年第一季度	18483.67
2003年第二季度	3482.37	2013年第二季度	18437.77
2003年第三季度	3714.50	2013年第三季度	19350.90
2003年第四季度	4380.93	2013年第四季度	21854.30
2004年第一季度	4276.87	2014年第一季度	20693.77
2004年第二季度	4139.53	2014年第二季度	20705.80
2004年第三季度	4396.53	2014年第三季度	21650.70
2004年第四季度	5170.43	2014年第四季度	24414.40
2005年第一季度	5037.40	2015年第一季度	23571.77
2005年第二季度	4832.50	2015年第二季度	23620.60
2005年第三季度	5156.97	2015年第三季度	24834.27
2005年第四季度	6202.00	2015年第四季度	28283.60
2006年第一季度	6146.73	2016年第一季度	26008.13
2006年第二季度	6002.67	2016年第二季度	26037.97
2006年第三季度	6214.40	2016年第三季度	27447.80
2006年第四季度	7106.20	2016年第四季度	31278.23
2007年第一季度	7062.60	2017年第一季度	28607.80
2007年第二季度	6952.00	2017年第二季度	28848.43
2007年第三季度	7261.07	2017年第三季度	30269.94
2007年第四季度	8461.00	2017年第四季度	34361.07
2008年第一季度	8518.40	2018年第一季度	30091.80
2008年第二季度	8495.83	2018年第二季度	29914.20
2008年第三季度	8947.67	2018年第三季度	31427.13
2008年第四季度	10200.67	2018年第四季度	35562.53
2009年第一季度	9799.33	2019年第一季度	32596.57
2009年第二季度	9771.07	2019年第二季度	32473.30
2009年第三季度	10321.63	2019年第三季度	33821.50
2009年第四季度	11888.87	2019年第四季度	38324.93
2010年第一季度	12124.67	2020年第一季度	29193.23
2010年第二季度	12098.47	2020年第二季度	31225.50
2010年第三季度	12786.37	2020年第三季度	33689.27
2010年第四季度	14508.40	2020年第四季度	39552.23

资料来源:中国经济信息网.

A1.7　连续观测70个某化学反应数据

观察时刻	数值	观察时刻	数值	观察时刻	数值	观察时刻	数值	观察时刻	数值	观察时刻	数值
1	47	15	58	29	25	43	45	57	34		
2	64	16	44	30	59	44	57	58	35		
3	23	17	80	31	50	45	50	59	54		
4	71	18	55	32	71	46	62	60	45		
5	38	19	37	33	56	47	44	61	68		
6	64	20	74	34	74	48	64	62	38		
7	55	21	51	35	50	49	43	63	50		
8	41	22	57	36	58	50	52	64	60		
9	59	23	50	37	45	51	38	65	39		
10	48	24	60	38	54	52	59	66	59		
11	71	25	45	39	36	53	55	67	40		
12	35	26	57	40	54	54	41	68	57		
13	57	27	50	41	48	55	53	69	54		
14	40	28	45	42	55	56	49	70	23		

资料来源：易丹辉，王燕.应用时间序列分析[M].5版.北京：中国人民大学出版社，2019.

A1.8　某地商店2022年1月1日—1月29日销售额数据

单位：元

日期	销售额	日期	销售额	日期	销售额
2022/1/1	4702	2022/1/11	6637	2022/1/21	5276
2022/1/2	5034	2022/1/12	6292	2022/1/22	5403
2022/1/3	5636	2022/1/13	5485	2022/1/23	5611
2022/1/4	6337	2022/1/14	5274	2022/1/24	6037
2022/1/5	6138	2022/1/15	5171	2022/1/25	6754
2022/1/6	5335	2022/1/16	5269	2022/1/26	6333
2022/1/7	5055	2022/1/17	5359	2022/1/27	5570
2022/1/8	5159	2022/1/18	6353	2022/1/28	5327
2022/1/9	5393	2022/1/19	6334	2022/1/29	5425
2022/1/10	5920	2022/1/20	5577		

A1.9　卡车故障的日平均数（行数据）

1.20	1.50	1.54	2.70	1.95	2.40	3.44	2.83	1.76	2.00	2.09	1.89	1.80
1.25	1.58	2.25	2.50	2.05	1.46	1.54	1.42	1.57	1.40	1.51	1.08	1.27
1.18	1.39	1.42	2.08	1.85	1.82	2.07	2.32	1.23	2.91	1.77	1.61	1.25
1.15	1.37	1.79	1.68	1.78	1.84							

资料来源：魏武雄.时间序列分析——单变量和多变量方法[M].2版.北京：中国人民大学出版社，2009.

A1.10 2021001—2021089期彩票双色球蓝球数字

期数	数字	期数	数字	期数	数字	期数	数字
2021001	11	2021024	2	2021047	1	2021070	15
2021002	11	2021025	11	2021048	3	2021071	8
2021003	11	2021026	3	2021049	1	2021072	15
2021004	15	2021027	8	2021050	8	2021073	8
2021005	4	2021028	5	2021051	15	2021074	7
2021006	1	2021029	12	2021052	14	2021075	1
2021007	16	2021030	5	2021053	16	2021076	6
2021008	7	2021031	7	2021054	2	2021077	10
2021009	13	2021032	3	2021055	10	2021078	12
2021010	5	2021033	6	2021056	1	2021079	13
2021011	14	2021034	1	2021057	16	2021080	9
2021012	1	2021035	11	2021058	14	2021081	1
2021013	6	2021036	11	2021059	14	2021082	5
2021014	6	2021037	12	2021060	15	2021083	4
2021015	7	2021038	6	2021061	1	2021084	1
2021016	10	2021039	13	2021062	10	2021085	2
2021017	2	2021040	16	2021063	9	2021086	1
2021018	6	2021041	14	2021064	16	2021087	4
2021019	8	2021042	8	2021065	16	2021088	6
2021020	2	2021043	1	2021066	15	2021089	12
2021021	13	2021044	13	2021067	9		
2021022	6	2021045	2	2021068	15		
2021023	11	2021046	6	2021069	5		

资料来源：彩经网(www.cjcp.com.cn).

A1.11 1975—1982年美国啤酒季度产量　　　　　　　　　单位：百万千升

年份	季度			
	第一季度	第二季度	第三季度	第四季度
1975	36.14	44.60	44.15	35.72
1976	36.19	44.63	46.95	36.90
1977	39.66	49.72	44.49	36.54
1978	41.44	49.07	48.98	39.59
1979	44.29	50.09	48.42	41.39
1980	46.11	53.44	53.00	42.52
1981	44.61	55.18	52.24	41.66
1982	47.84	54.27	52.31	42.03

资料来源：魏武雄.时间序列分析——单变量和多变量方法[M].2版.北京:中国人民大学出版社,2009.

A2.1　1971—2021 年国内生产总值指数

年份	GDP	年份	GDP	年份	GDP	年份	GDP
1971	107.1	1984	115.2	1997	109.3	2010	110.4
1972	103.8	1985	113.5	1998	107.8	2011	109.3
1973	107.8	1986	108.8	1999	107.6	2012	107.9
1974	102.3	1987	111.6	2000	108.4	2013	107.8
1975	108.7	1988	111.3	2001	108.3	2014	107.4
1976	98.4	1989	104.1	2002	109.1	2015	107.0
1977	107.6	1990	103.8	2003	110.0	2016	106.8
1978	111.7	1991	109.2	2004	110.1	2017	106.9
1979	107.6	1992	114.2	2005	111.3	2018	106.7
1980	107.8	1993	114.0	2006	112.7	2019	106.0
1981	105.2	1994	113.1	2007	114.2	2020	102.2
1982	109.1	1995	110.9	2008	109.6	2021	108.1
1983	110.1	1996	110.0	2009	109.2		

资料来源:国家统计局官网.

A2.2　兰州市 2021 年 7 月 1 日—2021 年 10 月 31 日空气质量指数(AQI)

时间	AQI	时间	AQI	时间	AQI	时间	AQI
2021/7/1	45	2021/8/1	71	2021/9/1	49	2021/10/1	64
2021/7/2	38	2021/8/2	70	2021/9/2	41	2021/10/2	58
2021/7/3	56	2021/8/3	45	2021/9/3	32	2021/10/3	59
2021/7/4	58	2021/8/4	44	2021/9/4	57	2021/10/4	44
2021/7/5	61	2021/8/5	62	2021/9/5	47	2021/10/5	46
2021/7/6	40	2021/8/6	56	2021/9/6	39	2021/10/6	48
2021/7/7	61	2021/8/7	57	2021/9/7	55	2021/10/7	60
2021/7/8	59	2021/8/8	72	2021/9/8	57	2021/10/8	44
2021/7/9	56	2021/8/9	50	2021/9/9	53	2021/10/9	72
2021/7/10	47	2021/8/10	46	2021/9/10	58	2021/10/10	45
2021/7/11	53	2021/8/11	46	2021/9/11	50	2021/10/11	36
2021/7/12	43	2021/8/12	51	2021/9/12	40	2021/10/12	36
2021/7/13	70	2021/8/13	75	2021/9/13	39	2021/10/13	82
2021/7/14	46	2021/8/14	57	2021/9/14	25	2021/10/14	65
2021/7/15	33	2021/8/15	41	2021/9/15	22	2021/10/15	52
2021/7/16	43	2021/8/16	35	2021/9/16	30	2021/10/16	54
2021/7/17	53	2021/8/17	34	2021/9/17	43	2021/10/17	56
2021/7/18	56	2021/8/18	63	2021/9/18	30	2021/10/18	59
2021/7/19	55	2021/8/19	33	2021/9/19	34	2021/10/19	60
2021/7/20	42	2021/8/20	57	2021/9/20	52	2021/10/20	52
2021/7/21	39	2021/8/21	39	2021/9/21	62	2021/10/21	56
2021/7/22	44	2021/8/22	44	2021/9/22	46	2021/10/22	58
2021/7/23	40	2021/8/23	54	2021/9/23	50	2021/10/23	55
2021/7/24	42	2021/8/24	49	2021/9/24	42	2021/10/24	55
2021/7/25	37	2021/8/25	53	2021/9/25	42	2021/10/25	47
2021/7/26	36	2021/8/26	52	2021/9/26	54	2021/10/26	57
2021/7/27	56	2021/8/27	52	2021/9/27	62	2021/10/27	60
2021/7/28	54	2021/8/28	47	2021/9/28	66	2021/10/28	62
2021/7/29	55	2021/8/29	48	2021/9/29	65	2021/10/29	62
2021/7/30	69	2021/8/30	31	2021/9/30	65	2021/10/30	59
2021/7/31	77	2021/8/31	44			2021/10/31	54

资料来源:天气后报网站.

A2.3 1950—1998年北京城乡居民定期储蓄所占比例数据 单位:%

年份	比例	年份	比例	年份	比例	年份	比例
1950	83.5	1963	84.1	1976	84.5	1989	88.2
1951	63.1	1964	83.3	1977	84.8	1990	89.6
1952	71.0	1965	83.1	1978	83.9	1991	90.1
1953	76.3	1966	81.6	1979	83.9	1992	88.2
1954	70.5	1967	81.4	1980	81.0	1993	87.0
1955	80.5	1968	84.0	1981	82.2	1994	87.0
1956	73.6	1969	82.9	1982	82.7	1995	88.3
1957	75.2	1970	83.5	1983	82.3	1996	87.8
1958	69.1	1971	83.2	1984	80.9	1997	84.7
1959	71.4	1972	82.2	1985	80.3	1998	80.2
1960	73.6	1973	83.2	1986	81.3		
1961	78.8	1974	83.5	1987	81.6		
1962	84.4	1975	83.8	1988	83.4		

资料来源:北京市统计局.北京五十年[M].中国统计出版社,1999.

A2.4 某加油站连续57天的OVERSHORT(列数据)

78	−16	−14	26	124	39	−24	1	10	−131
−58	−14	32	59	−106	−30	23	14	−28	65
53	3	56	−47	113	6	−38	−4	−17	−17
−63	−74	−86	−83	−76	−73	91	77	23	
13	89	−66	2	−47	18	−56	−127	−2	
−6	−48	50	−1	−32	2	−58	97	48	

资料来源:易丹辉,王燕.应用时间序列分析[M].5版.北京:中国人民大学出版社,2019.

A2.5　1880—1985年全球气表平均温度改变值　　　　　　单位:摄氏度

年份	改变值	年份	改变值	年份	改变值	年份	改变值
1880	−0.40	1907	−0.45	1934	0.05	1961	0.08
1881	−0.37	1908	−0.32	1935	−0.02	1962	0.02
1882	−0.43	1909	−0.33	1936	0.04	1963	0.02
1883	−0.47	1910	−0.32	1937	0.17	1964	−0.27
1884	−0.72	1911	−0.29	1938	0.19	1965	−0.18
1885	−0.54	1912	−0.32	1939	0.05	1966	−0.09
1886	−0.47	1913	−0.25	1940	0.15	1967	−0.02
1887	−0.54	1914	−0.05	1941	0.13	1968	−0.13
1888	−0.39	1915	−0.01	1942	0.09	1969	0.02
1889	−0.19	1916	−0.26	1943	0.04	1970	0.03
1890	−0.40	1917	−0.48	1944	0.11	1971	−0.12
1891	−0.44	1918	−0.37	1945	−0.03	1972	−0.08
1892	−0.44	1919	−0.20	1946	0.03	1973	0.17
1893	−0.49	1920	−0.15	1947	0.15	1974	−0.09
1894	−0.38	1921	−0.08	1948	0.04	1975	−0.04
1895	−0.41	1922	−0.14	1949	−0.02	1976	−0.24
1896	−0.27	1923	−0.13	1950	−0.13	1977	−0.16
1897	−0.18	1924	−0.12	1951	0.02	1978	−0.09
1898	−0.38	1925	−0.10	1952	0.07	1979	0.12
1899	−0.22	1926	0.13	1953	0.20	1980	0.27
1900	−0.03	1927	−0.01	1954	−0.03	1981	0.42
1901	−0.09	1928	0.06	1955	−0.07	1982	0.02
1902	−0.28	1929	−0.17	1956	−0.19	1983	0.30
1903	−0.36	1930	−0.01	1957	0.09	1984	0.09
1904	−0.49	1931	0.09	1958	0.11	1985	0.05
1905	−0.25	1932	0.05	1959	0.06		
1906	−0.17	1933	−0.16	1960	0.01		

资料来源:易丹辉,王燕.应用时间序列分析[M].5版.北京:中国人民大学出版社,2019.

A2.6　2017—2020年中国茶叶出口量　　　　　　单位:万吨

月份	年份			
	2017	2018	2019	2020
1	3.09	3.08	3.24	3.08
2	2.11	2.83	1.97	3.84
3	3.40	2.57	2.77	3.37
4	2.88	2.99	3.06	3.63
5	3.20	3.03	4.17	3.57
6	2.97	3.67	2.67	3.17
7	2.91	2.71	3.10	2.97
8	2.90	2.53	3.57	2.84
9	2.79	2.91	2.92	2.91
10	2.78	2.96	2.97	3.11
11	3.27	3.59	3.03	3.01
12	3.22	3.61	3.27	2.46

资料来源:国家统计局官网.

A2.7　1978—2020年中国农产品生产价格指数

年份	价格指数	年份	价格指数	年份	价格指数	年份	价格指数
1978	103.9	1989	115.0	2000	96.4	2011	116.5
1979	122.1	1990	97.4	2001	103.1	2012	102.7
1980	107.1	1991	98.0	2002	99.7	2013	103.2
1981	105.9	1992	103.4	2003	104.4	2014	99.8
1982	102.2	1993	113.4	2004	113.1	2015	101.7
1983	104.4	1994	139.9	2005	101.4	2016	103.4
1984	104.0	1995	119.9	2006	101.2	2017	96.5
1985	108.6	1996	104.2	2007	118.5	2018	99.1
1986	106.4	1997	95.5	2008	114.1	2019	114.5
1987	112.0	1998	92.0	2009	97.6	2020	115.0
1988	123.0	1999	87.8	2010	110.91		

资料来源:国家统计局官网.

A3.1　2021年4月12日—2022年4月11日某股票收盘价(部分数据)　　单位:美元

日期	收盘价	日期	收盘价	日期	收盘价	日期	收盘价
2021/4/12	244.01	2021/5/14	209.51	2021/6/18	212.30	2021/7/23	206.53
2021/4/13	241.89	2021/5/17	211.05	2021/6/21	211.06	2021/7/26	191.76
2021/4/14	239.23	2021/5/18	213.72	2021/6/22	211.32	2021/7/27	186.07
2021/4/15	239.09	2021/5/19	212.54	2021/6/23	214.86	2021/7/28	196.01
2021/4/16	238.69	2021/5/20	216.99	2021/6/24	218.38	2021/7/29	197.54
2021/4/19	234.78	2021/5/21	211.06	2021/6/25	228.50	2021/7/30	195.19
2021/4/20	229.88	2021/5/24	210.44	2021/6/28	228.59	2021/8/2	200.09
2021/4/21	229.44	2021/5/25	211.13	2021/6/29	229.44	2021/8/3	197.38
2021/4/22	229.35	2021/5/26	211.78	2021/6/30	226.78	2021/8/4	200.71
2021/4/23	232.08	2021/5/27	212.74	2021/7/1	221.87	2021/8/5	199.28
2021/4/26	232.70	2021/5/28	213.96	2021/7/2	217.75	2021/8/6	196.39
2021/4/27	235.92	2021/6/1	219.48	2021/7/6	211.60	2021/8/9	195.25
2021/4/28	236.72	2021/6/2	219.59	2021/7/7	208.00	2021/8/10	195.73
2021/4/29	234.18	2021/6/3	217.04	2021/7/8	199.85	2021/8/11	194.86
2021/4/30	230.95	2021/6/4	219.02	2021/7/9	205.94	2021/8/12	191.66
2021/5/3	230.71	2021/6/7	216.90	2021/7/12	205.48	2021/8/13	188.62
2021/5/4	227.90	2021/6/8	215.82	2021/7/13	209.51	2021/7/23	206.53
2021/5/5	226.78	2021/6/9	213.32	2021/7/14	211.50	2021/7/26	191.76
2021/5/6	226.42	2021/6/10	213.07	2021/7/15	214.76	2021/7/27	186.07
2021/5/7	225.31	2021/6/11	211.64	2021/7/16	212.10	2021/7/28	196.01
2021/5/10	219.53	2021/6/14	213.94	2021/7/19	208.91	2021/7/29	197.54
2021/5/11	221.38	2021/6/15	210.06	2021/7/20	210.59	2021/7/30	195.19
2021/5/12	219.90	2021/6/16	209.32	2021/7/21	211.08	2021/8/2	200.09
2021/5/13	206.08	2021/6/17	211.60	2021/7/22	214.04	⋮	⋮

资料来源:英为财情官网.

A3.2　1889—1970年美国GNP平减指数

年份	GNP 平减指数	年份	GNP 平减指数	年份	GNP 平减指数	年份	GNP 平减指数
1889	25.9	1910	29.9	1931	44.8	1952	87.5
1890	25.4	1911	29.7	1932	40.2	1953	88.3
1891	24.9	1912	30.9	1933	39.3	1954	89.6
1892	24.0	1913	31.1	1934	42.2	1955	90.9
1893	24.5	1914	31.4	1935	42.6	1956	94.0
1894	23.0	1915	32.5	1936	42.7	1957	97.5
1895	22.7	1916	36.5	1937	44.5	1958	100.0
1896	22.1	1917	45.0	1938	43.9	1959	101.6
1897	22.2	1918	52.6	1939	43.2	1960	103.3
1898	22.9	1919	53.8	1940	43.9	1961	104.6
1899	23.6	1920	61.3	1941	47.2	1962	105.8
1900	24.7	1921	52.2	1942	53.0	1963	107.2
1901	24.5	1922	49.5	1943	56.8	1964	108.8
1902	25.4	1923	50.7	1944	58.2	1965	110.9
1903	25.7	1924	50.1	1945	59.7	1966	113.9
1904	26.0	1925	51.0	1946	66.7	1967	117.6
1905	26.5	1926	51.2	1947	74.6	1968	122.3
1906	27.2	1927	50.0	1948	79.6	1969	128.2
1907	28.3	1928	50.4	1949	79.1	1970	135.3
1908	28.1	1929	50.6	1950	80.2		
1909	29.1	1930	49.3	1951	85.6		

资料来源:易丹辉,王燕.应用时间序列分析[M].5版.北京:中国人民大学出版社,2019.

A3.3　1982年1月—2002年11月美国16~19岁男性就业人数(部分数据)　　单位:千人

时间	就业人数	时间	就业人数	时间	就业人数	时间	就业人数
1982年1月	1052	1983年2月	1055	1984年3月	830	1985年4月	678
1982年2月	1076	1983年3月	1059	1984年4月	728	1985年5月	729
1982年3月	1039	1983年4月	943	1984年5月	719	1985年6月	1001
1982年4月	999	1983年5月	925	1984年6月	1025	1985年7月	1033
1982年5月	1010	1983年6月	1310	1984年7月	995	1985年8月	754
1982年6月	1306	1983年7月	1175	1984年8月	713	1985年9月	721
1982年7月	1232	1983年8月	1025	1984年9月	748	1985年10月	845
1982年8月	1064	1983年9月	898	1984年10月	745	1985年11月	763
1982年9月	1024	1983年10月	869	1984年11月	763	1985年12月	762
1982年10月	1035	1983年11月	862	1984年12月	792	1986年1月	721
1982年11月	1137	1983年12月	847	1985年1月	814	1986年2月	800
1982年12月	1112	1984年1月	856	1985年2月	816	1986年3月	750
1983年1月	1071	1984年2月	831	1985年3月	756	⋮	⋮

资料来源:魏武雄.时间序列分析——单变量和多变量方法[M].2版.北京:中国人民大学出版社,2009.

A3.4 1978—2019年中国社会销售品零售总额 单位:亿元

年份	零售总额	年份	零售总额	年份	零售总额	年份	零售总额
1978	1558.6	1989	8101.4	2000	38447.1	2011	179803.8
1979	1800.0	1990	8300.1	2001	42240.4	2012	205517.3
1980	2140.0	1991	9415.6	2002	47124.6	2013	232252.6
1981	2350.0	1992	10993.7	2003	51303.9	2014	259487.3
1982	2570.0	1993	14240.1	2004	58004.1	2015	286587.8
1983	2849.4	1994	18544.0	2005	66491.7	2016	315806.2
1984	3376.4	1995	23463.9	2006	76827.2	2017	347326.7
1985	4305.0	1996	28120.4	2007	90638.4	2018	377783.1
1986	4950.0	1997	30922.9	2008	110994.6	2019	408017.2
1987	5820.0	1998	32955.6	2009	128331.3		
1988	7440.0	1999	35122.0	2010	152083.1		

资料来源:国家统计局官网.

A3.5 1961—2021年中国年末人口总数 单位:万人

年份	人口总数	年份	人口总数	年份	人口总数	年份	人口总数
1961	65859	1977	94974	1993	118517	2009	133450
1962	67296	1978	96259	1994	119850	2010	134091
1963	69172	1979	97542	1995	121121	2011	134916
1964	70499	1980	98705	1996	122389	2012	135922
1965	72538	1981	100072	1997	123626	2013	136726
1966	74542	1982	101654	1998	124761	2014	137646
1967	76368	1983	103008	1999	125786	2015	138326
1968	78534	1984	104357	2000	126743	2016	139232
1969	80671	1985	105851	2001	127627	2017	140011
1970	82992	1986	107507	2002	128453	2018	140541
1971	85229	1987	109300	2003	129227	2019	141008
1972	87177	1988	111026	2004	129988	2020	141212
1973	89211	1989	112704	2005	130756	2021	141260
1974	90859	1990	114333	2006	131448		
1975	92420	1991	115823	2007	132129		
1976	93717	1992	117171	2008	132802		

资料来源:国家统计局官网.

A3.6 1995年1月—2002年3月的美国月航空乘客人数 单位:千人

月份	年份							
	1995	1996	1997	1998	1999	2000	2001	2002
1	40878	41689	44850	44705	45972	46242	49390	42947
2	38746	43390	43133	43742	45101	48160	47951	42727
3	47103	51410	53305	53050	55402	58459	58824	53553
4	45282	48335	49461	52255	53256	55800	56357	
5	45961	50856	50856	52692	53334	57976	56677	
6	48561	51317	52925	54702	56457	60787	59515	
7	49883	52778	55366	55841	59881	62404	61969	
8	51443	54377	55868	56546	58424	61098	62654	
9	43480	45403	46826	47356	49816	51954	34365	
10	46651	49473	50216	52024	54684	56322	43895	

数据来源:魏武雄.时间序列分析——单变量和多变量方法[M].2版.北京:中国人民大学出版社,2009.

A4.1　1962 年 1 月—1975 年 12 月平均每头奶牛月产奶量　　　　　　　　单位：磅

时间	产奶量	时间	产奶量	时间	产奶量	时间	产奶量
1962 年 1 月	589	1965 年 7 月	702	1969 年 1 月	734	1972 年 7 月	894
1962 年 2 月	561	1965 年 8 月	653	1969 年 2 月	690	1972 年 8 月	855
1962 年 3 月	640	1965 年 9 月	615	1969 年 3 月	785	1972 年 9 月	809
1962 年 4 月	656	1965 年 10 月	621	1969 年 4 月	805	1972 年 10 月	810
1962 年 5 月	727	1965 年 11 月	602	1969 年 5 月	871	1972 年 11 月	766
1962 年 6 月	697	1965 年 12 月	635	1969 年 6 月	845	1972 年 12 月	805
1962 年 7 月	640	1966 年 1 月	677	1969 年 7 月	801	1973 年 1 月	821
1962 年 8 月	599	1966 年 2 月	635	1969 年 8 月	764	1973 年 2 月	773
1962 年 9 月	568	1966 年 3 月	736	1969 年 9 月	725	1973 年 3 月	883
1962 年 10 月	577	1966 年 4 月	755	1969 年 10 月	723	1973 年 4 月	898
1962 年 11 月	553	1966 年 5 月	811	1969 年 11 月	690	1973 年 5 月	957
1962 年 12 月	582	1966 年 6 月	798	1969 年 12 月	734	1973 年 6 月	924
1963 年 1 月	600	1966 年 7 月	735	1970 年 1 月	750	1973 年 7 月	881
1963 年 2 月	566	1966 年 8 月	697	1970 年 2 月	707	1973 年 8 月	837
1963 年 3 月	653	1966 年 9 月	661	1970 年 3 月	807	1973 年 9 月	784
1963 年 4 月	673	1966 年 10 月	667	1970 年 4 月	824	1973 年 10 月	791
1963 年 5 月	742	1966 年 11 月	645	1970 年 5 月	886	1973 年 11 月	760
1963 年 6 月	716	1966 年 12 月	688	1970 年 6 月	859	1973 年 12 月	802
1963 年 7 月	660	1967 年 1 月	713	1970 年 7 月	819	1974 年 1 月	828
1963 年 8 月	617	1967 年 2 月	667	1970 年 8 月	783	1974 年 2 月	778
1963 年 9 月	583	1967 年 3 月	762	1970 年 9 月	740	1974 年 3 月	889
1963 年 10 月	587	1967 年 4 月	784	1970 年 10 月	747	1974 年 4 月	902
1963 年 11 月	565	1967 年 5 月	837	1970 年 11 月	711	1974 年 5 月	969
1963 年 12 月	598	1967 年 6 月	817	1970 年 12 月	751	1974 年 6 月	947
1964 年 1 月	628	1967 年 7 月	767	1971 年 1 月	804	1974 年 7 月	908
1964 年 2 月	618	1967 年 8 月	722	1971 年 2 月	756	1974 年 8 月	867
1964 年 3 月	688	1967 年 9 月	681	1971 年 3 月	860	1974 年 9 月	815
1964 年 4 月	705	1967 年 10 月	687	1971 年 4 月	878	1974 年 10 月	812
1964 年 5 月	770	1967 年 11 月	660	1971 年 5 月	942	1974 年 11 月	773
1964 年 6 月	736	1967 年 12 月	698	1971 年 6 月	913	1974 年 12 月	813
1964 年 7 月	678	1968 年 1 月	717	1971 年 7 月	869	1975 年 1 月	834
1964 年 8 月	639	1968 年 2 月	696	1971 年 8 月	834	1975 年 2 月	782
1964 年 9 月	604	1968 年 3 月	775	1971 年 9 月	790	1975 年 3 月	892
1964 年 10 月	611	1968 年 4 月	796	1971 年 10 月	800	1975 年 4 月	903
1964 年 11 月	594	1968 年 5 月	858	1971 年 11 月	763	1975 年 5 月	966
1964 年 12 月	634	1968 年 6 月	826	1971 年 12 月	800	1975 年 6 月	937
1965 年 1 月	658	1968 年 7 月	783	1972 年 1 月	826	1975 年 7 月	896
1965 年 2 月	622	1968 年 8 月	740	1972 年 2 月	799	1975 年 8 月	858
1965 年 3 月	709	1968 年 9 月	701	1972 年 3 月	890	1975 年 9 月	817
1965 年 4 月	722	1968 年 10 月	706	1972 年 4 月	900	1975 年 10 月	827
1965 年 5 月	782	1968 年 11 月	677	1972 年 5 月	961	1975 年 11 月	797
1965 年 6 月	756	1968 年 12 月	711	1972 年 6 月	935	1975 年 12 月	843

资料来源：易丹辉，王燕．应用时间序列分析[M]．5 版．北京：中国人民大学出版社，2019．

A4.2　1963—2019 年中国第一产业就业人数　　　　单位:万人

年份	人数	年份	人数	年份	人数	年份	人数
1963	21966	1978	28318	1993	37680	2008	29923
1964	22801	1979	28634	1994	36628	2009	28891
1965	23396	1980	29122	1995	35530	2010	27931
1966	24297	1981	29777	1996	34820	2011	26472
1967	25165	1982	30859	1997	34840	2012	25535
1968	26063	1983	31151	1998	35177	2013	23838
1969	27117	1984	30868	1999	35786	2014	22372
1970	27811	1985	31130	2000	36023	2015	21418
1971	28397	1986	31254	2001	36399	2016	20908
1972	28283	1987	31663	2002	36640	2017	20295
1973	28857	1988	32249	2003	36204	2018	19515
1974	29218	1989	33225	2004	34830	2019	18652
1975	29456	1990	38914	2005	33442		
1976	29443	1991	39098	2006	31941		
1977	29340	1992	38699	2007	30731		

资料来源:国家统计局官网.

A4.3　2009—2019 年我国各季度牧业总产值　　　　单位:亿元

年份	季度			
	第一季度	第二季度	第三季度	第四季度
2009	4696.6	8529.8	13377.8	19468.4
2010	4699.3	8645.7	13669.7	20825.7
2011	5541.9	10662.7	17117.1	25770.7
2012	6485.2	11620.9	18149.0	27189.4
2013	6838.4	11694.3	18860.1	27572.4
2014	6709.4	11766.8	19395.6	27963.4
2015	6715.9	11934.1	20130.5	28649.3
2016	7668.9	13685.9	21985.3	30461.2
2017	7522.3	12962.1	20514.1	29361.2
2018	7231.4	12471.3	19298.8	28697.4
2019	6961.2	12854.8	20512.8	33064.3

资料来源:国家统计局官网.

A5.1 某商品1970年销售额(Y)与销售额领先指标(X)

销售额	销售额领先指标	销售额	销售额领先指标	销售额	销售额领先指标	销售额	销售额领先指标
200.1	10.01	217.7	11.05	208.8	10.87	256.0	13.39
199.5	10.07	215.0	11.11	210.6	10.67	257.4	13.59
199.4	10.32	215.3	11.01	211.9	11.11	260.4	13.27
198.9	9.75	215.9	11.22	212.8	10.88	260.0	13.70
199.0	10.33	216.7	11.21	212.5	11.28	261.3	13.20
200.2	10.13	216.7	11.91	214.8	11.27	260.4	13.32
198.6	10.36	217.7	11.69	215.3	11.44	261.6	13.15
200.0	10.32	218.7	10.93	217.5	11.52	260.8	13.30
200.3	10.13	222.9	10.99	218.8	12.10	259.8	12.94
201.2	10.16	224.9	11.01	220.7	11.83	259.0	13.29
201.6	10.58	222.2	10.84	222.2	12.62	258.9	13.26
201.5	10.62	220.7	10.76	226.7	12.41	257.4	13.08
201.5	10.86	220.0	10.77	228.4	12.43	257.7	13.24
203.5	11.20	218.7	10.88	233.2	12.73	257.9	13.31
204.9	10.74	217.0	10.49	235.7	13.01	257.4	13.52
207.1	10.56	215.9	10.50	237.1	12.74	257.3	13.02
210.5	10.48	215.8	11.00	240.6	12.73	257.6	13.25
210.5	10.77	214.1	10.98	243.8	12.76	258.9	13.12
209.8	11.33	212.3	10.61	245.3	12.92	257.8	13.26
208.8	10.96	213.9	10.48	246.0	12.64	257.7	13.11
209.5	11.16	214.6	10.53	246.3	12.79	257.2	13.30
213.2	11.70	213.6	11.07	247.7	13.05	257.5	13.06
213.7	11.39	212.1	10.61	247.6	12.69	256.8	13.32
215.1	11.42	211.4	10.86	247.8	13.01	257.5	13.10
218.7	11.94	213.1	10.34	249.4	12.90	257.0	13.27
219.8	11.24	212.9	10.78	249.0	13.12	257.6	13.64
220.5	11.59	213.3	10.80	249.9	12.47	257.3	13.58
223.8	10.96	211.5	10.33	250.5	12.47	257.5	13.87
222.8	11.40	212.3	10.44	251.5	12.94	259.6	13.53
223.8	11.02	213.0	10.50	249.0	13.10	261.1	13.41
221.7	11.01	211.0	10.75	247.6	12.91	262.9	13.25
222.3	11.23	210.7	10.40	248.8	13.39	263.3	13.50
220.8	11.33	210.1	10.40	250.4	13.13	262.8	13.58
219.4	10.83	211.4	10.34	250.7	13.34	261.8	13.51
220.1	10.84	210.0	10.55	253.0	13.34	262.2	13.77
220.6	11.14	209.7	10.46	253.7	13.14	262.7	13.40
218.9	10.38	208.8	10.82	255.0	13.49		
217.8	10.90	208.8	10.91	256.2	13.87		

资料来源:史代敏,谢小燕.应用时间序列分析[M].2版.北京:高等教育出版社,2019.

A5.2　1978—2013年中国农村居民家庭人均纯收入与生活消费支出及其对数序列

年份	纯收入		生活消费支出	
	x(元)	lnx	y(元)	lny
1978	133.6	4.89485	116.1	4.754451889
1979	160.7	5.07954	134.5	4.901564199
1980	191.3	5.25384	162.2	5.088830142
1981	223.4	5.40896	190.8	5.251225759
1982	270.1	5.59879	220.2	5.394536224
1983	309.8	5.73593	248.3	5.514637693
1984	355.3	5.87296	273.8	5.612397913
1985	397.6	5.98545	317.4	5.760162808
1986	423.8	6.04926	357.0	5.877735782
1987	462.6	6.13686	398.3	5.987205490
1988	544.9	6.30060	476.7	6.166887362
1989	601.5	6.39943	535.4	6.283014131
1990	686.3	6.53131	584.6	6.370927853
1991	708.6	6.56329	619.8	6.429396845
1992	784.0	6.66441	659.8	6.491936759
1993	921.6	6.82611	769.7	6.646000829
1994	1221.0	7.10743	1016.8	6.924415720
1995	1577.7	7.36372	1310.4	7.178087713
1996	1926.1	7.56325	1572.1	7.360167584
1997	2090.1	7.64497	1617.2	7.388451538
1998	2162.0	7.67879	1590.3	7.371677957
1999	2210.3	7.70088	1577.4	7.363533201
2000	2253.4	7.72020	1670.1	7.420638784
2001	2366.4	7.76913	1741.0	7.462214940
2002	2476.0	7.81440	1834.0	7.514254653
2003	2622.0	7.87169	1943.0	7.571988449
2004	2936.0	7.98480	2185.0	7.689371108
2005	3255.0	8.08795	2555.0	7.845807503
2006	3587.0	8.18507	2829.0	7.947678571
2007	4140.0	8.32845	3224.0	8.078378104
2008	4761.0	8.46821	3661.0	8.205491613
2009	5153.0	8.54733	3993.0	8.292298107
2010	5919.0	8.68592	4382.0	8.385260520
2011	6977.0	8.85037	5221.0	8.560444233
2012	7917.0	8.97677	5908.0	8.684062644
2013	8896.0	9.09336	6626.0	8.798756583

资料来源:国家统计局官网.

A5.3　1978—2018年国内生产总值、城乡居民消费额、全社会固定资产投资总额　　单位:亿元

年份	GDP	COM	INV	年份	GDP	COM	INV
1978	36.34	17.59	8.01	1999	908.24	419.15	298.55
1979	40.78	20.14	8.57	2000	1005.77	469.88	329.18
1980	45.75	23.37	9.11	2001	1112.50	507.09	372.13
1981	49.57	26.28	9.61	2002	1222.92	550.76	435.00
1982	54.26	28.67	12.00	2003	1383.15	593.44	555.67
1983	60.79	32.21	14.30	2004	1627.42	665.87	704.77
1984	73.46	36.90	18.33	2005	1891.90	752.32	887.74
1985	91.80	46.27	25.43	2006	2212.07	841.19	1099.98
1986	104.74	52.94	31.21	2007	2716.99	997.93	1373.24
1987	122.94	60.48	37.92	2008	3199.36	1153.38	1728.28
1988	153.32	75.32	47.54	2009	3498.83	1266.61	2245.99
1989	173.60	87.78	44.10	2010	4107.08	1460.58	2516.84
1990	190.67	94.35	45.17	2011	4860.38	1765.32	3114.85
1991	221.24	105.44	55.95	2012	5409.89	1985.37	3746.95
1992	273.34	123.12	80.80	2013	5969.63	2197.63	4462.94
1993	359.00	156.96	130.72	2014	6471.82	2425.40	5120.21
1994	488.23	214.46	170.42	2015	6991.09	2659.80	5620.00
1995	615.39	280.73	200.19	2016	7456.32	2934.43	6064.66
1996	721.02	336.60	229.14	2017	8152.60	3179.64	6412.38
1997	800.25	366.26	249.41	2018	8844.26	3482.10	6456.75
1998	854.86	388.22	284.06				

资料来源:国家统计局官网.

A5.4　天然气炉输入—输出数据

天然气速率 (ft./min)	CO_2浓度 (%)	天然气速率 (ft./min)	CO_2浓度 (%)	天然气速率 (ft./min)	CO_2浓度 (%)	天然气速率 (ft./min)	CO_2浓度 (%)
−0.109	53.8	−1.825	52.8	−0.424	51.2	−0.848	56.4
0.000	53.6	−1.456	54.4	−0.194	52.3	−1.039	55.9
0.178	53.5	−0.944	56.0	−0.049	53.2	−1.346	55.5
0.339	53.5	−0.570	56.9	0.060	53.9	−1.628	55.3
0.373	53.4	−0.431	57.5	0.161	54.1	−1.619	55.2
0.441	53.1	−0.577	57.3	0.301	54.0	−1.149	55.4
0.461	52.7	−0.960	56.6	0.517	53.6	−0.488	56.0
0.348	52.4	−1.616	56.0	0.566	53.2	−0.160	56.5
0.127	52.2	−1.875	55.4	0.560	53.0	−0.007	57.1
−0.180	52.0	−1.891	55.4	0.573	52.8	−0.092	57.3
−0.588	52.0	−1.746	56.4	0.592	52.3	−0.620	56.8

续表

天然气速率 (ft./min)	CO_2浓度 (%)	天然气速率 (ft./min)	CO_2浓度 (%)	天然气速率 (ft./min)	CO_2浓度 (%)	天然气速率 (ft./min)	CO_2浓度 (%)
−1.055	52.4	−1.474	57.2	0.671	51.9	−1.086	55.6
−1.421	53.0	−1.201	58.0	0.933	51.6	−1.525	55.0
−1.520	54.0	−0.927	58.4	1.337	51.6	−1.858	54.1
−1.302	54.9	−0.524	58.4	1.460	51.4	−2.029	54.3
−0.814	56.0	0.040	58.1	1.353	51.2	−2.024	55.3
−0.475	56.8	0.788	57.7	0.772	50.7	−1.961	56.4
−0.193	56.8	0.943	57.0	0.218	50.0	−1.952	57.2
0.088	56.4	0.930	56.0	−0.237	49.4	−1.794	57.8
0.435	55.7	1.006	54.7	−0.714	49.3	−1.302	58.3
0.771	55.0	1.137	53.2	−1.099	49.7	−1.030	58.6
0.866	54.3	1.198	52.1	−1.269	50.6	−0.918	58.8
0.875	53.2	1.054	51.6	−1.175	51.8	−0.798	58.8
0.891	52.3	0.595	51.0	−0.676	53.0	−0.867	58.6
0.987	51.6	−0.080	50.5	0.033	54.0	−1.047	58.0
1.263	51.2	−0.314	50.4	0.556	55.3	−1.123	57.4
1.775	50.8	−0.288	51.0	0.643	55.9	−0.876	57.0
1.976	50.5	−0.153	51.8	0.484	55.9	−0.395	56.4
1.934	50.0	−0.109	52.4	0.109	54.6	0.185	56.3
1.866	49.2	−0.187	53.0	−0.310	53.5	0.662	56.4
1.832	48.4	−0.255	53.4	−0.697	52.4	0.709	56.4
1.767	47.9	−0.229	53.6	−1.047	52.1	0.605	56.0
1.608	47.6	−0.007	53.7	−1.218	52.3	0.501	55.2
1.265	47.5	0.254	53.8	−1.183	53.0	0.603	54.0
0.790	47.5	0.330	53.8	−0.873	53.8	0.943	53.0
0.360	47.6	0.102	53.8	−0.336	54.6	1.223	52.0
0.115	48.1	−0.423	53.3	0.063	55.4	1.249	51.6
0.088	49.0	−1.139	53.0	0.084	55.9	0.824	51.6
0.331	50.0	−2.275	52.9	0.000	55.9	0.102	51.1
0.645	51.1	−2.594	53.4	0.001	55.2	0.025	50.4
0.960	51.8	−2.716	54.6	0.209	54.4	0.382	50.0
1.409	51.9	−2.510	56.4	0.556	53.7	0.922	50.0
2.670	51.7	−1.790	58.0	0.782	53.6	1.032	52.0

续表

天然气速率 （ft./min）	CO₂浓度 （%）	天然气速率 （ft./min）	CO₂浓度 （%）	天然气速率 （ft./min）	CO₂浓度 （%）	天然气速率 （ft./min）	CO₂浓度 （%）
2.834	51.2	−1.346	59.4	0.858	53.6	0.866	54.0
2.812	50.0	−1.081	60.2	0.918	53.2	0.527	55.1
2.483	48.3	−0.910	60.0	0.862	52.5	0.093	54.5
1.929	47.0	−0.876	59.4	0.416	52.0	−0.458	52.8
1.485	45.8	−0.885	58.4	−0.336	51.4	−0.748	51.4
1.214	45.6	−0.800	57.6	−0.959	51.0	−0.947	50.8
1.239	46.0	−0.544	56.9	−1.813	50.9	−1.029	51.2
1.608	46.9	−0.416	56.4	−2.378	52.4	−0.928	52.0
1.905	47.8	−0.271	56.0	−2.499	53.5	−0.645	52.8
2.023	48.2	0.000	55.7	−2.473	55.6	−0.424	53.8
1.815	48.3	0.403	55.3	−2.330	58.0	−0.276	54.5
0.535	47.9	0.841	55.0	−2.053	59.5	−0.158	54.9
0.122	47.2	1.285	54.4	−1.739	60.0	−0.033	54.9
0.009	47.2	1.607	53.7	−1.261	60.4	0.102	54.8
0.164	48.1	1.746	52.8	−0.569	60.5	0.251	54.4
0.671	49.4	1.683	51.6	−0.137	60.2	0.280	53.7
1.019	50.6	1.485	50.6	−0.024	59.7	0.000	53.3
1.146	51.5	0.993	49.4	−0.050	59.0	−0.493	52.8
1.155	51.6	0.648	48.8	−0.135	57.6	−0.759	52.6
1.112	51.2	0.577	48.5	−0.276	56.4	−0.824	52.6
1.121	50.5	0.577	48.7	−0.534	55.2	−0.740	53.0
1.223	50.1	0.632	49.2	−0.871	54.5	−0.528	54.3
1.257	49.8	0.747	49.8	−1.243	54.1	−0.204	56.0
1.157	49.6	0.900	50.4	−1.439	54.1	0.034	57.0
0.913	49.4	0.993	50.7	−1.422	54.4	0.204	58.0
0.620	49.3	0.968	50.9	−1.175	55.5	0.253	58.6
0.255	49.2	0.790	50.7	−0.813	56.2	0.195	58.5
−0.280	49.3	0.399	50.5	−0.634	57.0	0.131	58.3
−1.080	49.7	−0.161	50.4	−0.582	57.3	0.017	57.8
−1.551	50.3	−0.553	50.2	−0.625	57.4	−0.182	57.3
−1.799	51.3	−0.603	50.4	−0.713	57.0	−0.262	57.0

资料来源：易丹辉，王燕.应用时间序列分析[M].5版.北京：中国人民大学出版社，2019.

A5.5 1990—2021年中国国内生产总值和第一产业增加值　　　　单位：亿元

年份	国内生产总值	第一产业增加值
1990	18872.9	5017.2
1991	22005.6	5288.8
1992	27194.5	5800.3
1993	35673.2	6887.6
1994	48637.5	9471.8
1995	61339.9	12020.5
1996	71813.6	13878.3
1997	79715.0	14265.2
1998	85195.5	14618.7
1999	90564.4	14549.0
2000	100280.1	14717.4
2001	110863.1	15502.5
2002	121717.4	16190.2
2003	137422.0	16970.2
2004	161840.2	20904.3
2005	187318.9	21806.7
2006	219438.5	23317.0
2007	270092.3	27674.1
2008	319244.6	32464.1
2009	348517.7	33583.8
2010	412119.3	38430.8
2011	487940.2	44781.5
2012	538580.0	49084.6
2013	592963.2	53028.1
2014	643563.1	55626.3
2015	688858.2	57774.6
2016	746395.1	60139.2
2017	832035.9	62099.5
2018	919281.1	64745.2
2019	986515.2	70473.6
2020	1013567.0	78030.9
2021	1143669.7	83085.5

资料来源：国家统计局官网.

A5.6　1960—2021年我国进口和出口总额　　　　　　　单位：亿元

年份	出口总额	进口总额	年份	出口总额	进口总额
1960	63.30	65.10	1991	3827.10	3398.65
1961	47.70	43.00	1992	4676.29	4443.33
1962	47.10	33.80	1993	5284.81	5986.21
1963	50.00	35.70	1994	10421.84	9960.06
1964	55.40	42.10	1995	12451.81	11048.13
1965	63.10	55.30	1996	12576.43	11557.43
1966	66.00	61.10	1998	15223.54	11626.14
1967	58.80	53.40	1997	15160.68	11806.56
1968	57.60	50.90	1999	16159.77	13736.46
1969	59.80	47.20	2000	20634.44	18638.81
1970	56.80	56.10	2001	22024.44	20159.18
1971	68.50	52.40	2002	26947.87	24430.27
1972	82.90	64.00	2003	36287.89	34195.56
1973	116.90	103.60	2004	49103.33	46435.76
1974	139.40	152.80	2005	62648.09	54273.68
1975	143.00	147.40	2006	77597.89	63376.86
1976	134.80	129.30	2009	82029.69	68618.37
1977	139.70	132.80	2007	93627.14	73296.93
1978	167.65	187.39	2008	100394.94	79526.53
1979	211.70	242.90	2010	107022.84	94699.50
1980	271.19	298.84	2015	141166.83	104336.10
1981	367.61	367.73	2016	138419.29	104967.17
1982	413.83	357.54	2011	123240.56	113161.39
1983	438.33	421.82	2012	129359.25	114800.96
1984	580.56	620.47	2014	143883.75	120358.03
1985	808.86	1257.85	2013	137131.43	121037.46
1986	1082.11	1498.26	2017	153309.43	124789.81
1987	1469.95	1614.21	2018	164127.81	140880.32
1988	1766.72	2055.07	2020	179278.83	142936.40
1989	1956.06	2199.86	2019	172373.63	143253.69
1990	2985.84	2574.28	2021	217348.00	173661.00

资料来源：国家统计局官网．

A5.7　1960—2021年中国国民总收入和社会消费品零售总额（部分数据）　　　单位:亿元

年份	社会消费品零售总额	国民总收入	年份	社会消费品零售总额	国民总收入
1960	696.9	1470.1	1991	9415.6	22050.3
1961	607.7	1232.3	1992	10993.7	27208.2
1962	604.0	1162.2	1993	14240.1	35599.2
1963	604.5	1248.3	1994	18544.0	48548.2
1964	638.2	1469.9	1995	23463.9	60356.6
1965	670.3	1734.0	1996	28120.4	70779.6
1966	732.8	1888.7	1997	30922.9	78802.9
1967	770.5	1794.2	1998	32955.6	83817.6
1968	737.3	1744.1	1999	35122.0	89366.5
1969	801.5	1962.2	2000	38447.1	99066.1
1970	858.0	2279.7	2001	42240.4	109276.2
1971	929.2	2456.9	2002	47124.6	120480.4
1972	1023.3	2552.4	2003	51303.9	136576.3
1973	1106.7	2756.2	2004	58004.1	161415.4
1974	1163.6	2827.7	2005	66491.7	185998.9
1975	1271.1	3039.5	2006	76827.2	219028.5
1976	1339.4	2988.6	2007	90638.4	270704.0
1977	1432.8	3250.0	2008	110994.6	321229.5
1978	1558.6	3678.7	2009	128331.3	347934.9
1979	1800.0	4100.5	2010	152083.1	410354.1
1980	2140.0	4587.6	2011	179803.8	483392.8
1981	2350.0	4933.7	2012	205517.3	537329.0
1982	2570.0	5380.5	⋮	⋮	⋮

资料来源:国家统计局官网.

A6.1　2019年1月10日—2022年1月10日中国联通A股日开盘价（列数据,部分数据）　　　单位:元

5.05	5.57	6.87	6.40	5.81	5.95	5.79	5.27
5.05	5.53	6.75	6.47	5.85	5.94	5.77	5.28
5.14	5.53	6.75	6.38	5.78	5.82	5.74	5.12
5.12	5.61	6.82	6.71	5.59	5.85	5.80	5.18
5.14	5.54	6.92	6.61	5.65	5.97	5.81	5.29
5.16	5.57	6.95	6.58	5.77	5.88	5.79	5.15
5.13	5.60	6.88	6.95	5.70	6.03	5.76	5.50
5.14	5.95	6.60	7.06	5.59	6.00	5.76	5.42
5.16	6.00	6.59	6.85	5.52	6.01	5.67	5.71
5.10	5.85	6.39	6.83	5.64	5.90	5.69	5.73
5.23	6.34	6.37	6.54	5.70	5.96	5.78	5.98
5.22	6.27	6.36	6.50	5.70	6.01	5.74	5.96
5.19	6.47	6.67	6.42	5.69	6.11	5.77	5.77
5.11	6.34	6.76	6.22	5.71	6.14	5.78	5.84
5.08	6.63	6.67	5.89	5.93	6.10	5.76	5.85
5.05	6.63	6.72	5.72	5.97	6.02	5.72	5.76
5.08	6.45	6.72	5.68	6.15	6.04	5.57	5.81
5.13	6.19	6.51	5.65	5.89	6.00	5.51	5.67
5.22	6.71	6.56	5.74	5.95	5.79	5.32	5.78
5.22	7.07	6.54	5.64	6.00	5.79	5.30	⋮

资料来源:东方财富网.

A6.2　2020年1月6日—2021年12月30日上证指数收盘价(列数据,部分数据)

3083.408	2976.528	2975.402	2943.291	2764.911	2811.174	2871.523	2846.547
3104.802	2746.606	3030.154	2996.762	2772.203	2819.935	2895.344	2836.804
3066.893	2783.288	3039.669	2968.517	2747.214	2838.495	2894.802	2846.222
3094.882	2818.088	3031.233	2923.486	2750.296	2852.553	2891.556	2852.351
3092.291	2866.510	3013.050	2887.427	2734.522	2827.013	2898.050	2915.431
3115.570	2875.964	2987.929	2789.254	2780.638	2843.980	2870.342	2921.398
3106.820	2890.488	2991.329	2779.641	2763.987	2838.499	2868.459	2923.371
3090.038	2901.674	2880.304	2728.756	2820.763	2808.529	2875.418	2919.251
3074.081	2926.899	2970.931	2702.130	2815.369	2815.495	2898.576	2930.799
3075.496	2906.074	2992.897	2745.618	2825.904	2810.024	2883.738	2937.771
3095.787	2917.008	3011.666	2660.167	2796.631	2822.442	2867.924	2956.112
3052.142	2983.622	3071.677	2722.438	2783.048	2860.082	2813.765	2943.753
3060.755	2984.972	3034.511	2781.591	2827.283	2878.140	2817.970	⋮

资料来源:英为财情官网.

A6.3　某股票连续若干天的收盘价(行数据)　　　　　　　　　单位:元

304	303	307	299	296	293	301	293	301	295	284
286	286	287	284	282	278	281	278	277	279	278
270	268	272	273	279	279	280	275	271	277	278
279	283	284	282	283	279	280	280	279	278	283
278	270	275	273	273	272	275	273	273	272	273
272	273	271	272	271	273	277	274	274	272	280
282	292	295	295	294	290	291	288	288	290	293
288	289	291	293	293	290	288	287	289	292	288
288	285	282	286	286	287	284	283	286	282	287
286	287	292	292	294	291	288	289			

资料来源:王燕.应用时间序列分析[M].4版.北京:中国人民大学出版社,2016.

A6.4　2020年1月6日—2021年12月31日 B 股指数每日收盘价（列数据，部分数据）

261.54	259.72	224.30	237.46	244.91	238.59	233.30	215.00	215.58	215.01	213.55
264.16	258.14	227.46	235.20	244.51	240.02	229.35	217.28	216.88	217.94	214.40
262.28	260.15	231.33	235.07	242.59	243.56	224.06	220.56	216.03	215.95	212.07
264.08	260.68	233.20	240.14	240.30	243.05	222.98	219.08	219.58	214.19	210.72
263.44	257.29	233.25	240.31	239.61	237.20	220.94	218.91	219.70	214.66	209.92
261.26	257.52	235.76	239.43	230.73	237.89	220.01	215.14	219.71	216.49	210.99
260.65	248.58	235.73	244.11	238.09	237.46	222.33	216.00	217.63	214.80	⋮

资料来源：英为财情官网.

A6.5　2021年4月1日—2021年7月30日 WTI 原油期货收盘价（行数据）　　单位：美元

61.45	58.65	59.33	59.77	59.60	59.32	59.70
60.18	63.15	63.46	63.13	63.38	62.44	61.35
61.43	62.14	61.91	62.94	63.86	65.01	63.58
64.49	65.69	65.63	64.71	64.90	64.92	65.28
66.08	63.82	65.37	66.27	65.49	63.36	62.05
63.58	66.05	66.07	66.21	66.85	66.32	66.59
66.96	67.72	68.83	68.81	69.62	69.23	70.05
69.96	70.29	70.91	70.88	72.12	72.15	71.04
71.64	73.66	73.06	73.08	73.30	74.05	72.91
72.98	73.47	75.23	75.16	75.14	76.25	73.37
72.20	72.94	74.56	74.10	75.25	73.13	71.65
71.81	66.42	67.42	70.30	71.91	72.07	71.91
71.65	72.39	73.62	73.95			

资料来源：英为财情官网.

A6.6　2012年1月—2022年1月美元指数月收盘价（行数据）

79.29	78.74	79.00	78.78	83.04	81.63	82.64	81.21	79.94	79.92	80.15	79.77
79.21	81.95	83.22	81.75	83.26	83.14	81.45	82.09	80.22	80.19	80.68	80.03
81.31	79.69	80.10	79.47	80.37	79.78	81.46	82.75	85.94	86.92	88.36	90.27
94.80	95.32	98.36	94.60	96.91	95.48	97.34	95.82	96.35	96.95	100.17	98.63
99.61	98.21	94.59	93.08	95.89	96.14	95.53	96.02	95.46	98.44	101.50	102.21
99.51	101.12	100.35	99.05	96.92	95.63	92.86	92.67	93.08	94.55	93.05	92.12
89.13	90.61	89.97	91.84	93.98	94.64	94.49	95.14	95.13	97.13	97.27	96.17
95.58	96.16	97.28	97.48	97.75	96.13	98.52	98.92	99.38	97.35	98.27	96.39
97.39	98.13	99.05	99.02	98.34	97.39	93.35	92.14	93.89	94.04	91.87	89.94
90.58	90.88	93.23	91.28	90.03	92.44	92.17	92.63	94.23	94.12	95.99	95.97
96.54											

资料来源：英为财情官网.

A7.1 1821—1934年加拿大捕获的猞猁数目

单位:个

年份	猞猁数	年份	猞猁数	年份	猞猁数	年份	猞猁数
1821	269	1850	361	1879	201	1908	345
1822	321	1851	377	1880	229	1909	382
1823	585	1852	225	1881	469	1910	808
1824	871	1853	360	1882	736	1911	1388
1825	1475	1854	731	1883	2042	1912	2713
1826	2821	1855	1638	1884	2811	1913	3800
1827	3928	1856	2725	1885	4431	1914	3091
1828	5943	1857	2871	1886	2511	1915	2985
1829	4950	1858	2119	1887	389	1916	3790
1830	2577	1859	684	1888	73	1917	674
1831	523	1860	299	1889	39	1918	81
1832	98	1861	236	1890	49	1919	80
1833	184	1862	245	1891	59	1920	108
1834	279	1863	552	1892	188	1921	229
1835	409	1864	1623	1893	377	1922	399
1836	2285	1865	3311	1894	1292	1923	1132
1837	2685	1866	6721	1895	4031	1924	2432
1838	3409	1867	4254	1896	3495	1925	3574
1839	1824	1868	687	1897	587	1926	2935
1840	409	1869	255	1898	105	1927	1537
1841	151	1870	473	1899	153	1928	529
1842	45	1871	358	1900	387	1929	485
1843	68	1872	784	1901	758	1930	662
1844	213	1873	1594	1902	1307	1931	1000
1845	546	1874	1676	1903	3465	1932	1590
1846	1033	1875	2251	1904	6991	1933	2657
1847	2129	1876	1426	1905	6313	1934	3396
1848	2536	1877	756	1906	3794		
1849	957	1878	299	1907	1836		

资料来源:R软件tyDyn程序包.

A7.2 1970年1月—2022年3月的3个月期美国国库券二级市场利率(部分数据)

日期	利率	日期	利率	日期	利率	日期	利率
1970－01－01	7.21	1971－10－01	4.23	1973－07－01	8.32	1975－04－01	5.39
1970－04－01	6.68	1972－01－01	3.44	1973－10－01	7.50	1975－07－01	6.33
1970－07－01	6.33	1972－04－01	3.77	1974－01－01	7.62	1975－10－01	5.63
1970－10－01	5.35	1972－07－01	4.22	1974－04－01	8.15	1976－01－01	4.92
1971－01－01	3.84	1972－10－01	4.86	1974－07－01	8.19	1976－04－01	5.16
1971－04－01	4.25	1973－01－01	5.70	1974－10－01	7.36	1976－07－01	5.15
1971－07－01	5.01	1973－04－01	6.60	1975－01－01	5.75	⋮	⋮

数据来源:https://fred.stlouisfed.org/series/TB3MS/ .

A7.3　1975 年 2 月—2022 年 3 月的美元—欧元月最低汇率(部分数据)

时间	汇率	时间	汇率	时间	汇率	时间	汇率
1975 年 2 月	1.3847	1975 年 9 月	1.2243	1976 年 4 月	1.1798	1976 年 11 月	1.2037
1975 年 3 月	1.3561	1975 年 10 月	1.2636	1976 年 5 月	1.1719	1976 年 12 月	1.2171
1975 年 4 月	1.3524	1975 年 11 月	1.2346	1976 年 6 月	1.1756	1977 年 1 月	1.1985
1975 年 5 月	1.3708	1975 年 12 月	1.2356	1976 年 7 月	1.1748	1977 年 2 月	1.2032
1975 年 6 月	1.3622	1976 年 1 月	1.2228	1976 年 8 月	1.1797	1977 年 3 月	1.2015
1975 年 7 月	1.2637	1976 年 2 月	1.2127	1976 年 9 月	1.1983	1977 年 4 月	1.2118
1975 年 8 月	1.2582	1976 年 3 月	1.1906	1976 年 10 月	1.2039	⋮	⋮

资料来源:https://cn.investing.com/currencies/eur-usd-historical-data.

A7.4　1980 年 1 月—2022 年 3 月的美国劳工统计局中的失业率(列数据,部分数据)　　单位:%

6.3	7.7	7.4	7.9	9.4	10.8	9.4	7.8	7.3	7.3
6.3	7.5	7.2	8.3	9.6	10.4	9.5	7.8	7.4	7.2
6.3	7.5	7.5	8.5	9.8	10.4	9.2	7.7	7.2	7.4
6.9	7.5	7.5	8.6	9.8	10.3	8.8	7.4	7.3	7.4
7.5	7.2	7.2	8.9	10.1	10.2	8.5	7.2	7.3	7.1
7.6	7.5	7.4	9.0	10.4	10.1	8.3	7.5	7.2	7.1
7.8	7.4	7.6	9.3	10.8	10.1	8.0	7.5	7.2	⋮

资料来源:https://fred.stlouisfed.org/series/UNRATE.

A7.5　1970 年 1 月—2022 年 3 月的逐月的美国有效联邦基金利率(列数据,部分数据)

8.98	6.62	3.71	5.20	4.27	5.33	10.40	8.97	11.34	5.49
8.98	6.29	4.16	4.91	4.46	5.94	10.50	9.35	10.06	5.22
7.76	6.20	4.63	4.14	4.55	6.58	10.78	10.51	9.45	5.55
8.10	5.60	4.91	3.51	4.81	7.09	10.01	11.31	8.53	6.10
7.95	4.90	5.31	3.30	4.87	7.12	10.03	11.93	7.13	6.14
7.61	4.14	5.57	3.83	5.05	7.84	9.95	12.92	6.24	6.24
7.21	3.72	5.55	4.17	5.06	8.49	9.65	12.01	5.54	⋮

资料来源:https://fred.stlouisfed.org/series/FEDFUNDS.